岩土工程原体试验

——大型电力工程典型实践分析

主编　吴军帅　汪保明　王松江

黄河水利出版社
·郑州·

内 容 提 要

本书以河南省电力勘测设计院完成的较为典型的电力工程岩土原体试验为基础，结合具体工程的岩土及地基基础设计条件，依据岩土工程原体试验理论，对试验中的成功经验及缺点、不足进行系统梳理与分析，对较为成熟的原体试验的程序、工作内容、施工质量控制手段、检测手段与方法进行了总结，对原体试验桩身受力分析、复合地基受力特性分析及不同桩型在不同岩土条件下的适用性进行了重点分析，对不同类型原体试验重点质量控制点及控制方法进行了较为详细的阐述。

全书共分18章，分别对不同类型原体试验进行分析，包括的地基基础类型有支盘灌注桩、PHC预制桩、普通灌注桩、普通预制桩、高压注浆、CFG复合地基、夯实水泥土复合地基、强夯、高压旋喷桩、干振碎石桩与CFG联合复合地基、砂砾石垫层处理等。

本书可供从事岩土工程勘察、设计、施工、检测及科研、教学人员参考。

图书在版编目(CIP)数据

岩土工程原体试验：大型电力工程典型实践分析/吴军帅，汪保明，王松江主编. —郑州：黄河水利出版社，2010.12

ISBN 978-7-80734-951-8

Ⅰ.①岩…　Ⅱ.①吴…　②汪…　③王…　Ⅲ.①电力工程：岩土工程-试验　Ⅳ.①TM7-33　②TU4-33

中国版本图书馆CIP数据核字(2010)第249179号

出 版 社：黄河水利出版社

地址：河南省郑州市顺河路黄委会综合楼14层　　邮政编码：450003

发行单位：黄河水利出版社

发行部电话：0371-66026940、66020550、66028024、66022620(传真)

E-mail：hhslcbs@126.com

承印单位：黄河水利委员会印刷厂

开本：787 mm×1 092 mm　1/16

印张：17.25

字数：395千字　　印数：1—1 000

版次：2011年10月第1版　　印次：2011年10月第1次印刷

定价：48.00元

《岩土工程原体试验——大型电力工程典型实践分析》

编委会

前　言

伴随电力工业的高速发展，高参数、大容量、大电网的格局已经形成。作为重要基础设施之一的电力建（构）筑物，尤其是发电厂建（构）筑物，其建筑形式日趋复杂化，结构体系更具特殊性。其中的建（构）筑物诸如高烟囱、筒仓、储煤罐、大跨度结构、大型汽轮机基座、锅炉基础等具有荷载大且集中、基础埋藏深、对变形和不均匀沉降要求严格等特点，对地基基础设计提出了更加严格的要求。

岩土工程作为地基基础设计的基础专业，是一门实践性很强的学科，来源于实践，服务于实践。它依靠各种成熟的工程学科理论，解决各种复杂的岩土工程实践问题。岩土工程原体试验是一种集勘察、设计、施工、试验、检测于一体的实践性极强的技术手段。通过试验优化地基基础方案，确定合理的设计参数、最佳的施工工艺、可靠的施工控制参数和适宜的检测手段等。同时，从技术发展的角度看，原体试验还可以检验岩土工程的理论，丰富地基基础设计理论，是以实践检验理论、进而推动理论发展的重要途径。

高密度的电力建设为岩土工程原体试验提供了丰富的实践机会。近十余年来，由河南省电力勘测设计院负责完成的原体试验项目涵盖了河南及周边地区主要的地层类型和主要的地基处理、桩基类型。由于这些工程场地的地基土是经历了漫长而复杂的地质演化过程才形成的，故可反映自然地理地质环境的复杂性，加之岩土体工程特性的复杂性及人们对其本构关系认识的局限性，同样的地基基础方案在不同地基土中表现出很大的差异性。从这点上讲，本书提供的实例更显得弥足珍贵。

本书除对岩土工程原体试验进行综述外，对不同地基土上典型的地基基础类型的原体试验过程均以实例方式呈现。这些实例都是针对电力工程的特点而设计、实施的，既有操作过程的详述，也有较深入的技术分析，是一个融会贯通的过程，是各位岩土工程师亲历亲为的成果。此外，结合各项目咨询专家的意见，以及在工程实施过程中对建设方、设计方、施工方、质量检测方意见的收集整理，展现了岩土工程技术的全过程，我们希望能使之升华为一种财富，它的富有体现在它的综合性上，体现在它的过程中，体现在每一处细节的设计上。它不是一般意义上的资料堆砌，也不仅仅是提供试验方案的设计、检测方法的采用、参数指标的确定等具体操作方法，更重要的是，它能为读者提供以综合分析为方向的思路，提供丰富且宝贵的工程经验，而这也正是岩土工程师必须具有的综合分析的能力。

参与本书编撰的各位岩土工程师均饱含热忱，希望把曾经的忙碌与思考沉淀成珍贵的资料，使之变成可与业内同行共享的财富。在此过程中，我们再次认识到将感性经验升华为理性思辨的必要性，也体验到了能对本专业理论的丰富与进步有所贡献而获得的一丝成就感。

本书由吴军帅、汪保明、王松江、郭军辉、王瑞来统编，在资料收集和编审过程中得到了河南省电力勘测设计院土建部的大力支持，也得到了黄河物探研究院有限公司等单位的积极配合。河南省电力勘测设计院张思军教授级高级工程师给予了具体指导，王宇教授级高级工程师等亦给予了大力支持，在此一并表示感谢。

限于作者水平和经验，不当之处在所难免，敬请读者批评指正。

编　者

2010 年 11 月

目　录

第一章　岩土工程原体试验概述

第一节　原体试验的意义和内容

一、原体试验的定义

原体试验(prototype test)是一项针对地基或基础的综合性试验,全称为“岩土工程原体试验”,在《电力工程地基处理技术规程》(DL/T 5024—2005)中是这样定义的:通过对可能采用的地基方案进行适宜性分析和比较,推荐出一个或几个技术可靠、经济合理的地基基础方案,按实际工程工况条件进行的地基基础现场实体试验。

通过这个定义我们可以看出,原体试验是为了确定地基基础方案而进行的试验工作,同时它是模拟将来的工程情况来进行的,是在地基岩土中以同工程作用的条件,在有限的场地范围内进行的工程实体试验。

二、开展原体试验的原因和意义

(一)对岩土体的本构关系认识不充分,计算理论不完善

我们知道岩土体是一个非线形、非弹性、各向异性的弹塑性黏滞体。虽然岩土理论经过百年的发展,理论和计算有了较大的进步,出现了各种解析和数值计算方法,但至今还没有哪个计算模型能很好地解决这些问题,这就需要我们通过现场原体试验来取得可靠全面的计算参数和不断积累工程经验,提供可贵的工程实例,广大岩土工程人员根据这些结果去分析、类比和反演,不断验证和推动岩土理论的成熟和发展。

(二)地基土具有区域性、地区性的特点

地基土是经历了漫长而复杂的地质演化过程而形成的。不同区域工程场地的地基土的地质作用、地质演化和地质过程等是不尽相同的,这些差别体现在许多指标相近的地基土在相同荷载作用下的变形和强度差异。而现有岩土体指标的局限性,不能很好地反映出这些差异。例如,同是硬塑的黏性土,由于其经历的地质历史不同,其桩侧阻力就会有较大的差别。为了保证地基基础设计的针对性和工程的安全经济运行,这就需要通过原体试验来取得针对该地区或工程场地的设计计算参数,而不是在现有规范提供的范围值中盲目地取值,造成不必要的浪费或工程隐患。

(三)不同的施工质量标准和施工工艺,其工程参数也不同

影响地基基础工程的因素很多,不同的施工工艺对地基土产生的影响是不同的,而施工条件和施工工艺是十分复杂的,如挤密形成的桩和排土形成的桩、干作业形成的桩和泥浆护壁形成的桩、不同的桩底沉渣厚度和不同的泥浆比重形成的桩等,而这些差别体现在桩侧阻力和桩端阻力、承载力和变形特征等工程参数也是不相同的。不同的施工工艺在不同场地、不同地区、不同地层的适用性也是不同的,特别是新材料和新工艺的应用等,这些都需要进行原体试验,对工程场地拟采用的地基处理或桩基处理方案进行验证和取得相应的施工工艺时的工程参数。

三、原体试验的目的

(一)检验地基基础方案的适宜性及效果,为设计方案优化提供依据

不同的地基处理方法或桩基形式的适用性是不同的,即使是同一种地基处理方法或桩基形式在不同地区和不同地层的适用性也是不同的。这就需要通过原体试验的实施过程对其适宜性进行检验,确定合适的设计方案。

适合同一场地的地基处理方法和桩基形式可以是多种的,通过原体试验可以预先对几种地基处理方法和桩基形式或者不同的设计条件进行对比:一方面,可以采用两种桩型进行对比,或者不同的桩长、不同桩间距等进行测试对比,确定到底采用哪一种方案效果最好;另一方面,通过原体试验测得每层地基土的桩侧阻力和桩端阻力,再分析考虑采用不同的桩长或桩径进行优化,以达到理想的经济效果。

(二)为工程的地基基础方案设计提供设计计算参数

通过原体试验来获取地基基础方案的设计计算参数是原体试验较为直接的目的。因为我国地域辽阔,规范不可能提供一个准确的设计参数,往往提供一个范围值,或者勘察单位根据地区或工程经验提供一个推荐值,但这些数值都存在一定的偏差,这为地基基础方案设计时的取值带来了一定的麻烦。原体试验可以较为直接地测定该工程场地的设计计算参数,较好地解决工程建设中的经济和安全的平衡点问题。

(三)为工程施工提供参数,提前发现施工中可能出现的问题并采取处理或预防措施

原体试验的施工是大规模工程施工的一个预演,通过试验性施工可以找到该场地地层条件下适合的施工工艺参数。例如,沉管法挤密桩施工可以通过试验确定出能满足设计要求的复挤压振动次数与时间、每次填料量、提升高度和速度、挤压次数和时间、电机的工作电流、密实电流、留振时间等施工参数。避免大面积施工时走弯路,既可节约工期又可保证质量。

另外,通过原体试验施工也能遇到原来没有预想到的问题,如降水困难、易缩颈塌孔等情况。这就要求施工单位通过施工把发现的问题采用不同的办法或施工工艺来解决,为将来大面积施工提供经验和解决方法或预防措施,保证工程的顺利进行。

因此,通过原体试验,施工单位可以对将来的大规模工程施工制订出一个针对性强、工序合理的施工组织计划;同时监理单位也可以根据原体试验情况制定一个有的放矢的监理细则,保证工程的安全和高质量得以实施。

通过原体试验这样的小规模施工,建设方也可以预估出将来大面积工程施工的工期、费用等工程管理控制制约因素,以对工程方案进行综合取舍或采取一定的措施加强管理,保证工程顺利开展。

(四)了解施工所引起的地基土的变化及环境工程地质问题,并制定相应的对策

地基基础的施工不可避免地对周围产生影响,如挤密桩施工引起孔隙水压力的上升、

降水引起附近建筑物的沉降、预制桩挤密施工引起地基土的上浮、强夯引起附近建筑的振动、泥浆护壁桩的泥浆排放等。通过原体试验我们可以测定和了解这些影响的程度,同时针对这些问题制定相应的对策,并对对策的效果进行检验,确保将来大面积施工时能有效地避免或解决对地基土或周围环境的影响。

(五)确定地基基础施工的检测手段和标准

原体试验是一项综合性的试验,检测手段一般不止一种。通过原体试验的检测可以对多种检测手段得出的结果进行分析对比,最终确定出检测效果较好的一种或几种检测手段。同时,通过各种检测手段的测试数据也较容易确定将来大面积施工时的检测标准。例如,桩基的承载力检测可以采用高应变动测和静力载荷试验对同一种桩型进行,通过动静两种检测的对比资料可以得出其相互关系。在大面积施工时就可以减少费用高、周期长的静力载荷试验,而采用高应变动测去进行承载力的检测,既缩短了检测周期,又节约了检测费用。

四、原体试验工作的内容

基于原体试验的上述目的,可以看出原体试验是一个涉及岩土勘察、设计、施工、检测等各个方面的综合性试验,各方面既相对独立又相互关联。要对试验涉及的各个方面进行精心策划,认真实施才能很好地完成。原体试验过程是一个设计优化、施工工艺优化的过程。通过试验是为了达到节约工程投资、确保施工质量、确定合理施工周期的目的。因此,我们把原体试验工作的内容划分为以下四个方面:①原体试验设计;②原体试验施工;③原体试验检测;④原体试验成果报告编制。

之所以把原体试验成果报告编制作为原体试验的一个单独的内容,是因为成果报告编制不是设计、施工、检测内容的简单堆砌,而是前三个内容的结晶、升华,是经过整编和分析,对施工工期、质量、投资、效果等技术经济指标进行综合分析研究,最后推荐出优化方案,优化的设计参数、施工工艺、质量检测的方法和标准。编制报告的目的:对于工程来说,是优化设计、节约投资;对于岩土专业来说,是根据测试数据依据岩土理论来进行深入的综合分析研究,不断提高岩土工程的设计水平。如果仅局限于检验地基或基础施工方法是否可行、承载力是否大于预估,那样的话只能称做“试验性施工”,将失去原体试验的意义。

五、开展原体试验的时间

当需要直接检验不同岩土整治效果、核实技术标准和施工条件,进行整治方案优化时,应进行岩土原体试验。原体试验一般在初步设计阶段进行,这是因为随着勘测的进一步深入,对整个场地地层的分布和工程特性等岩土条件有了较为深入的认识,具备了对原体试验结果进行进一步分析的条件。另外,初步设计阶段地基基础各种方案已经充分论证,且场地条件和总平面布置基本确定,具备了开展原体试验的条件。同时,开展施工图设计所必需的设计参数和方案优化等又要以原体试验结果为依据。所以,原体试验一般是在初步设计阶段进行的。

六、原体试验大纲的主要内容

原体试验一般花费相对较大,且需要相对较长的周期。试验方案的成败直接决定大面积地基基础工程施工的成败,因此原体试验前应编制试验大纲,对试验方案进行详细而周全的策划。

原体试验大纲一般应包括以下内容:

(1)工程概况;

(2)场地的岩土工程条件;

(3)执行的规程、规范和标准;

(4)原体试验的目的、要求、内容、方法和工作量;

(5)原体试验方案的设计;

(6)原体试验的检测手段、工作量及布置方案和标准要求;

(7)原体试验的施工组织设计及施工要点;

(8)质量、职业健康与环境、安全控制要点和保证措施;

(9)试验成果报告的主要内容;

(10)工期计划;

(11)经费概算;

(12)相关的图表和附件。

正因为原体试验的重要性,所以试验大纲应经相关权威部门的审查论证后,根据审查专家意见对试验方案进行优化和补充修改后方可实施。

七、原体试验的位置选取

试验区、段、点位置的选定首先要考虑建筑的总平面布置,不能影响到将来有建筑物的施工。其次,所选位置的地层要有代表性。所谓代表性,是指试验区地层的岩土条件要和拟采用该方案的地段的岩土条件一致,属于同一个地质分区,有着同样的岩土工程特性。只有这样,在试验区得到的试验成果才可以类比到将来的施工地段。

另外,在进行岩土试验前,应先对试验区进行勘察。这样做:一是为了验证地层的代表性;二是为了更准确地了解地层,为应力测试之类的仪器布设提供依据,或确定地基处理深度、桩长等参数。另外,对于某些地基处理,如液化、湿陷等的处理,要进行处理前后地层工程特性指标的对比,检验处理效果。

第二节　岩土工程原体试验要点

一、原体试验分类

原体试验可根据试验对象的不同进行分类,本书主要论述地基处理原体试验和桩基原体试验两种。天然地基的载荷试验因为试验条件和内容相对简单,一般不作为原体试验的内容。

地基处理原体试验根据地基处理方式的不同，又可以分为换填垫层原体试验、强夯原体试验、CFG 桩复合地基原体试验、灰土挤密桩复合地基原体试验等。

桩基原体试验又叫综合试桩，它和一般试桩的区别就在于“综合”二字，原体试验是各种桩基设计方案、监测和检测及应力应变分析的综合试验，目的是进行桩基的设计优化。

桩基原体试验项目一般包括单桩（或桩、台组合）竖向抗压静载荷试验、竖向抗拔静载荷试验、水平静载荷试验、动刚度试验、桩身应力应变测试及竖向静载与高应变动力检测的对比试验（动静对比）等。根据工程实际情况选择和组合，构成综合试桩，实现综合评价。

二、原体试验设计

（一）桩基原体试验设计

桩基原体试验设计一般应有以下内容。

1. 确定桩型和试验目的

根据工程场地的岩土地层条件和可行性研究阶段的审查意见确定要试验的桩型及施工工艺，分析施工时可能对场地和周围环境造成的影响。桩型可能是适合场地条件的一种或多种，原体试验的目的也可以是一种或几种。

2. 原体试验桩型和位置

当要测得桩基的极限值（破坏性试验）时，选取位置一般以不影响以后的基础设计、施工和试验地段具有代表性为原则。当考虑作为今后工程桩使用时，需结合总平面的布置在拟利用区布置试验桩。这样的桩将来的载荷试验终止值应是设计值的 2 倍，不能加载到极限值。

3. 确定试验项目、方法和数量

该步骤为原体试验设计中较为关键的一步，应根据试验目的针对性地确定试验项目，要明确想了解和想得到什么，以及用什么方法去得到的问题。常用的试验项目有桩的竖向静载荷试验、水平静载荷试验、桩身应力应变测试、高应变测试、低应变测试等。对于湿陷性黄土区还要进行浸水条件下的竖向静载荷试验。

一般的检测项目有打桩前后的地基土勘察和测试、桩端的沉降观测、打桩引起的土体位移测试、振动和噪声对周围环境的影响测试、桩体位移测试等。

不同的试验项目目的也不同：竖向静载荷试验确定单桩竖向极限承载力，水平静载荷试验确定单桩水平极限承载力，桩身应力、桩端反力测试分析桩身阻力和桩端、盘端反力，低应变确定桩身完整性，高应变测试确定单桩极限承载力、桩侧阻力、桩身完整性和确定将来工程桩的检测方式。

考虑到测试结果的离散性，同一桩体的试验数量一般应保证 1 组，即 3 根。同样，同一种测试试验项目一般也宜保证到 3 个。

各个试验项目看似独立，实际上是相互关联的，每个试验的进行必须保证下一个试验能正常进行，因此破坏性的试验是要放在最后的。另外，由于有些试验对地基土有一定的扰动，需要间歇一定的时间使地基土得以恢复。因此，合理地安排试验的顺序是十分必要的。如灌注桩要在施工完成,混凝土达到设计强度后开始进行检测,预制桩要在沉桩后休止时间满足规范要求时间后进行检测(但一般沉桩结束后即对试桩先做一次高应变,用以测试其承载力恢复系数),先进行低应变,然后进行高应变,在高应变结束待满足休止时间后进行桩的竖向静载荷试验(同时进行应力应变观测。但测试前有个前提条件,即必须保证测试开始前连续 3 d 的测量差值小于测量值的 5%,才可认为初始值达到稳定,可以进行应力应变测试了),休止期满后最后进行水平静载荷试验。

对于打入桩从沉桩后到载荷试验的休止时间:砂类土地基一般不应少于 7 d,黏性土和粉土地基一般不应少于 15 d,淤泥和淤泥质地基一般不应少于 25 d,灌注桩则一般应满足混凝土 28 d 龄期的要求。高应变检测后应有一周的恢复期,方可进行其他测试。水平载荷试验与竖向载荷试验的间隔时间宜在 10 d 以上。

需要特别指出的是,应力应变测试目前主要采用两类装置:一类是钢筋计、应力计、应变计和压力盒,另一类是滑动测微计、光纤等。钢筋计、应力计一般按某一间距并考虑地层变化对称布置于桩身某些截面,并与主筋焊在一起;压力盒一般设置于桩底;滑动测微计则是在桩身预埋竖向测微管和光纤,可测量任意截面的桩身应变,但造价一般较高。桩身应力应变测试一般与竖向静载荷试验、水平静载荷试验同时进行,即在桩顶受到各级竖向荷载或水平荷载作用时测量桩身不同截面处产生的应力或应变,通过应变和其他有关参数计算桩身轴力、分段桩侧阻力或桩身弯矩等,成果一般包括不同荷载作用下的桩身轴力图、桩侧阻力分布图、桩身弯矩图等。对于分析和掌握桩的荷载传递、桩的工作性状、综合分析桩的承载能力及优化桩基设计起到了重要作用。桩身应力应变测试成果除通常应用于分析确定桩侧阻力的大小和分布、桩侧阻力和桩端阻力的发挥程度、最大弯矩截面位置、水平临界荷载和水平极限荷载外,还可用于分析某些情况下的桩侧负摩阻力,确定中性点位置。应力应变测试对于分析桩的受力性状十分重要,因此只要条件许可,应尽量设计进行应力应变的测试。

另外一个需要关注的是桩端沉降观测。在桩的竖向抗压静载荷试验中,通常只进行桩顶沉降和回弹观测,其成果虽然能确定桩的承载能力,分析荷载变形性状,但对于桩的破坏方式,桩侧阻力、桩端阻力的发挥程度及其划分均难有明确的判断。如果试验中在观测桩顶沉降的同时,观测桩端沉降量,则对解决上述问题有相当作用。若再配合进行桩身应力应变测试,则对桩周土、桩端土的应力应变特性,桩身残余应力的状况,判别桩的破坏形式等,将会有更深刻而全面的认识,为桩基优化设计提供更充分、科学的依据。目前,在一些工程的试桩中进行了桩端沉降观测,并有一定研究应用成果,为进一步提高对桩与地基土的作用的认识和分析水平,条件适宜时也尽量进行桩端的沉降观测。

4. 确定试桩的直径和桩长

因在试验区已先进行了勘察,根据勘察资料确定合适的持力层,然后根据 0 m 高程、基坑深度等设计指标确定桩顶高程,进而确定桩长。根据结构要求和承载力的估算情况确定桩径等,然后根据规范的规定对试桩进行配筋和混凝土强度等级设计。

需要指出的是,由于试桩一般要进行高应变动测和大压力下的静载荷试验,在试验中往往由于高应变大锤的冲击或是静载荷时受力不均导致桩顶应力集中而使桩头破坏,进而使试验无法进行下去,难以测得极限值。因此,在设计时应考虑对桩头部分进行加强处理，一般可采取提高混凝土强度、加多层钢筋网片、外箍钢板等措施。

5. 桩位布置

首先确定桩的竖向静载荷试验的加荷方式是采用堆重还是采用锚桩反力。

为减小反力装置影响，减小试验结果的误差，现行规程、规范对试桩与锚桩（或压重平台支墩边）、试桩与基准桩、基准桩与锚桩（或压重平台支墩边）之间的中心距离都作出了明确规定（$\geqslant 4d$，且$\geqslant 2.0$ m）。在实际工程中，锚桩法一般都能满足要求，但堆载法则难以满足，尤其是大吨位堆载几乎都未能满足规范要求。因此，建议优先采用布置锚桩来提供反力。

其次估算单桩的抗压、抗拔极限承载力，估算锚桩的个数，根据试验桩和锚桩的个数进行桩位布置。

桩位布置一般宜集中布置，便于施工、检测和减少试验辅助工作量。为减小试验区面积和节约费用，锚桩尽量布置成相邻试桩，可以重复使用。为防止锚桩施工及上拔时影响到试桩，规范要求其间距要大于$4d$，且大于2.0 m。

根据规范规定和锚桩钢筋需提供的拉力对试桩进行配筋和混凝土强度等级设计时，因实际试验过程中各锚桩提供的拉力不一定平均分配，所以配筋时主筋的设计应有一定的富裕度。另外，因为要充分发挥整个桩长内的抗拔力，所以锚桩主筋要通长配筋。

需要说明的是，锚桩抗拔力计算时，因上拔作用使桩侧土层减压松散，所以上拔时的桩侧阻力比下压时的桩侧阻力小，为此计算时应按抗压极限桩侧阻力的0.6～0.8倍计算，且其抗拔力应大于试桩最大设计加荷时各锚桩平均上拔力的1.2～1.5倍。

桩位布置完成后，根据基坑深度和坡度确定基坑的尺寸。最后提出试验区的桩位平面布置图。

6. 确定桩基的施工工艺

原体试验设计应确定施工指标及工艺需满足的规范和标准。不同的施工机具和施工工艺对地基土的影响不同，原体试验设计时应予以考虑采用的机具和工艺，设计时仅是原则性的说明和相关技术要求，如成桩方法、沉渣厚度等，具体的施工参数有待试验过程中确定。

（二）地基处理原体试验设计

地基处理原体试验设计和桩基原体试验设计大同小异，下面仅对不同点进行叙述。一般应有以下内容。

1. 确定地基处理形式和试验目的

首先根据工程场地的岩土地层条件和可行性研究阶段的审查意见确定要试验的地基处理方法和施工工艺，明确设计要求，是为了提高承载力和抗变形能力还是为了处理湿陷、液化等问题。再确定具体的处理要求，如承载力要求多高、变形多大、湿陷或液化处理多深，是完全消除还是部分消除等内容。然后分析施工时可能对场地和周围环境的影响。最后根据地基处理的设计要求和对周围环境的影响确定原体试验的目的。

2. 原体试验位置

确定了试验目的后就要选取一个和拟处理区岩土工程条件相当的地段作为试验场地，根据地基处理后的区域是否还要结合总平面选择合适的试验区域。

3. 确定试验项目、方法和数量

根据地基处理形式和处理目的的不同,针对性地确定试验项目,一般分两个试验检测部分。一是对处理目的的检验,如垫层处理要提高承载力和抗变形能力,就要用载荷试验来检测。处理湿陷或液化就要通过探井试样或钻探进行标准贯入试验来测试。二是对增强体的检验,如垫层自身的质量要通过密度检验来完成,处理湿陷或液化的桩体的密实度检验等。还有一个需要考虑的试验内容是对环境的影响,如强夯对附近产生振动的影响,挤密桩对临近桩体、建筑物引起地表隆起等影响等,这些都要根据实际情况采取必要的监测措施。

在地基处理原体试验时,除了解地层的勘测孔外,为了对地基处理前后加固效果或消除不良地质作用效果进行检验,试验前后都要进行各种手段的岩土勘察和原位测试,以对比处理前后的效果。

考虑到测试结果的离散性,同一种试验数量一般应满足至少保证 1 组,即 3 个的要求。

4. 确定处理深度和平面布置等

确定 0 m 高程、基底高程和基坑深度。因在试验区已先进行了勘察,根据勘察资料和设计要求确定合适的处理深度。估算不同布置的承载力情况并进行对比,确定合适的桩径、桩间距或夯击能、夯点间距等设计参数。最后根据计算情况确定试验区的平面布置图。

不同间距试验区的布置一般宜集中布置,便于施工、检测和减小试验辅助工作量。但需要指出的是,地基处理的试验区相对较小,如 CFG 桩的地基处理,在试验区内要进行单桩、桩间土、复合地基各 3 个静载荷试验和桩后的各种钻孔测试等内容,若采用不同的桩间距对比,试验数目将更多。载荷试验都采用堆载,需要一定的场地,而试验相距太近对邻近地基土也将产生影响。因此,在布置时要考虑将来检测时的实际操作情况,试验区面积应满足测试要求。

5. 确定地基处理的施工工艺

提出地基处理的施工设备、施工工艺、施工质量的要求,如不同的夯击能、桩身材料、桩体强度、成孔方式、控制干密度数据等。

三、原体试验施工要点

好的原体试验施工是好的原体试验设计的先决条件,没有规范合格的施工,再好的设计意图也不能得到体现,所以说原体试验施工质量的优劣决定了试验的成败。负责原体试验的单位往往是勘测设计单位或检测单位,缺少施工和工程管理经验,容易重设计轻施工,因此更应充分认识和重视施工质量管理工作。进行原体试验时往往还没有监理单位,作为原体试验的负责单位不能使施工现场管理失控,应委派有能力的工程技术人员对施工进行管理或监控,对施工单位的人、设备、材料、现场管理都要有严格细致的要求,在施工中充分贯彻设计意图的同时,还要了解收集施工工艺、设备和工序等各个环节情况,获取各种施工参数等资料,及时发现问题并会同设计方和施工方及时解决。只有对整个施工全过程有细致的了解和管控才能更好地完成原体试验报告,结论才能更好地指导将来顺利施工。

作为原体试验负责单位，应要求施工单位事前要充分策划，提供详尽的施工组织计划。加强自检措施，发现问题及时反馈解决。事后提供详细的竣工报告对施工进行总结。

需要强调的是，施工中需要注意对测试元件的准确埋设、安装到位和采取对测试元件与测线等的保护措施，保证将来测试工作的正常进行。桩头的加强工作也在该阶段完成，要注意桩头混凝土的强度满足设计的要求。

四、原体试验检测要点

原体试验检测阶段是取得试验数据的阶段，该阶段按照原体试验设计时制定的内容进行即可。对于测试时的具体步骤和规定，在相关的规范中都有较详尽的规定，这里就不赘述了。但是对于检测过程中遇到的特殊问题，需要试验单位的工程技术人员综合各种测试手段，缜密分析后才能确定如何处理。如某工程的支盘桩竖向抗压静载荷试验，前几级的沉降较小，加压到 4 200 kN 时，沉降加大，沉降增量大于前一级荷载作用下沉降量的 2 倍，且 24 h 未达到稳定，符合静载荷试验的终止条件，检测单位终止了试验。而此时的总沉降量仅为 20 mm，实际上此时的试桩还没有达到极限状态，只是上部支盘在该级荷载下达到极限状态，该支盘处地基土局部破坏，引起沉降加大，而此时下部支盘还未发挥作用，整个桩还远没有达到极限状态。后来的应力应变测试数据分析、高应变测试和另外两根试桩的检测都证明了这一点。如果仅死板地套用规范而不对支盘桩这种特殊的桩身结构分析的话，得出的结论将会和实际有较大的偏差，造成试验的缺憾。因此，当试验中出现异常情况时，特别是和已有理论或经验差别较大时，要综合分析原因，确定下一步如何做。除非安全原因，一般不要贸然终止试验，造成试验数据不完备，给原体试验报告的分析和编制带来困难。

竖向载荷试验如果采用锚桩提供反力，在试验中则要对锚桩的上拔量进行观测。当上拔量增加较快或上拔量较大时(一般按 20 mm 控制)要停止加荷，对锚桩进行处理，确认安全后才可继续进行。

载荷试验时的加荷分级对于第一根桩可按预估加荷值的 1/10 ~ 1/12 确定，等第一根桩试验结束后，要及时根据第一根的试验结果重新调整分级，以使测试结果更加合理。

对于复合地基的检测，因检测数目多、场地小，一般采用堆载，人杂车多，容易对附近地基土的地表或桩体产生扰动，使还未进行的试验区受到破坏，影响测试结果。因此，对还未进行试验的区域应采取保护措施。

五、原体试验报告编制要点

只要原体试验施工和检测、监测按照预先确定的试验设计意图得以贯彻实施，编制报告工作也就相对简单了。报告要提供各种测试数据结果和施工的工艺参数等内容，但是应注意原体试验报告的编制不能是施工和检测结果的堆砌。要根据试验结果进行综合分析，特别是试验时的异常情况。要对原体试验设计时的试验目的一一作答，依据分析结论提出并推荐经过优化的地基基础方案和有关参数。依据试验情况，对将来大面积施工可能引起的其他环境和岩土工程问题作出预测并提出对策。

另外，报告要体现指导施工、检测和监理工作的内容。确定应采用哪种施工工艺，通过分析试验过程，对影响施工和控制质量的关键点提出建议，对检测、监测提出建议的具体内容和标准。

原体试验报告一般应包括以下内容：

(1)工程概况。

(2)场地的岩土工程条件。

(3)执行的规程、规范和标准。

(4)原体试验目的、内容和工作量。

(5)原体试验设计。

(6)原体试验施工的情况，采用的施工设备、施工工艺及参数和质量分析。

(7)检测、监测的手段、方法、布置方案、工作量，检测的结构和分析。

(8)对各试验的地基基础方案的试验成果进行综合分析，提出优化方案和设计参数。

(9)结论和建议。

(10)相关的附表和附件(包括施工报告和检测报告等)。

第二章 石灰岩地层注浆原体试验

第一节 工程概述

某电厂工程规模为 2×1 000 MW。厂区竖向呈自南向北三级上升台阶状布置,本期主体建筑处于东西长度 250 m、南北宽度 230 m 的矩形场地内,该建筑地段的设计 ±0.00 m 标高为 150.30 m,拟采用天然地基。

根据施工图设计阶段岩土工程勘测资料,主厂房区地基岩土以碳酸盐岩系的石灰岩为主,岩体中岩溶呈微弱发育,存在有小型溶蚀洞隙和岩石破碎带。根据 1 000 MW 机组主厂房对地基稳定性、岩土强度与变形程度的要求,需要对局部地基岩体中的裂隙、溶蚀洞隙和破碎带进行充填加固处理,拟采用浅部换填、深部注浆的地基加固处理方案。

为了验证水泥注浆地基加固方案的适宜性和可行性,为大面积施工、检测提供相关参数和依据,本次在拟加固的主厂房区,选择代表性地段完成了注浆试验方案设计与注浆试验施工及注浆效果检测。

第二节 岩土工程条件

一、地形地貌

场地处于伏牛山东北麓的山前缓倾斜丘陵地带,原始地貌为山前剥蚀残丘,地貌较为单一,地势开阔,地形呈缓波状起伏,高差较大,总体地势西北高、东南低。主厂房区处于一向东南伸出的舌形垄岗边缘、场地自然地面标高为 145.80～155.20 m,东北侧较低洼。场地内分布有较多的人工采石坑,使得地形较为零乱。检测时,场地经过平整,地形平坦,地面高程在 150 m 左右。

二、地质构造

拟建场地区域地质构造上处于中朝准地台的边缘地带,南邻秦岭纬向复杂构造带东延部分的西部,构造单元属于中朝准地台之华熊坳陷的渑池—确山陷褶断束。该区域经历了漫长的地质构造演化历史,形成错综复杂的构造面貌,表现为形成于嵩阳—中条期的基底褶皱、燕山期的盖层褶皱和北西向、北东向的韧性剪切带及近东西向、北西向、北东向的断裂。厂址场地小区域上位于伏牛山东北麓的平顶山凸起带上,处于近东西向的辛集背斜的北翼,基底构造较为简单,基底为古生代石炭系(C)、寒武系(∈)海陆交互相和海相沉积的陆源碎屑岩、碳酸盐岩和元古界(Pt)浅变质岩类地层,轴部为太古界(Ar)片麻岩。新生代以来,本区处于北东—南西向拉张应力状态,北西西向断层强烈拉张,形成了北西西向宝郏和鲁叶断陷，接受了几千米的早第三纪沉积，平顶山凸起则处于剥蚀状态。总体来说，本区的地质活动相对较弱，主要表现为区域性的缓慢抬升。除断陷区外，第四系和第三系陆相沉积地层分布零星、覆盖层厚度相对较小。区内地质构造较为简单，拟建场地地基岩层的总体倾向基本一致、倾角变化不大，可以确定厂区处于一单斜构造上。前期各阶段勘测成果表明，场地的构造线走向主要为北西、北北西和北北东向，其中北西向岩石破碎带分布较多，但延续性差，场地内不存在大规模的断裂构造，也未发现贯穿场地的较大规模的破碎带。

三、岩土地层构成与特征

主厂房区处于场地中部，地基岩土主要由下古生界寒武系下统上部馒头组（$\in_{1m}$）石灰岩组成，北部上覆与南部下伏地层均为页岩，表层不均匀覆盖有新生界第四系中更新统社旗组（Q_{2s}^{sl+el}）坡残积黏性土和本期场平所形成的素填土，烟囱南侧附近局部范围存在早期人类活动形成的杂填土（已清挖回填成毛石混凝土层）。岩层走向呈由南西西—南东向向北部展开的扇弧状，总体倾向北北东，倾角平缓，为 6°～14°。勘探深度内揭露的岩土地层依据其形成年代和物理性质与工程特性的差异自上而下可以综合为三个主层（编号为层①、层③、层④），岩层中按风化、破碎和溶蚀等因素又分出若干亚层。为了便于辨别、不致混淆，对亚层根据其性质统一编号，各层号下标的含义为：1—强风化带；2—空洞隙；3—含碎石黏性土（即洞隙充填物）；4—破碎带；5—其他岩性夹层。由于场平回填和厂区施工图勘测新发现了早期人类动土形成的杂填土，故在浅部增加了两个亚层，分别编为$①_1$ 和$①_2$ 以示区别。施工图勘测时与试验区有关的岩土地层构成与特征分述如下：

（1）层$①_1$ 素填土。为场平填方形成，主要分布于场地东侧和东北侧原始地形低洼处表层，西南部挖方区缺失。颜色与物质成分复杂，由于场地缺少土体，故大部分为岩块岩片，小部分为土，呈岩块或岩片堆积及土混碎块碎片状或岩块混岩石碎片等，密实度和湿度变化大。层底埋深与厚度为 0.30～6.40 m，层底标高为 141.91～149.85 m。

（2）层①粉质黏土。黄褐、棕红、棕褐等色，不均匀含钙质结核和下伏基岩风化残核或残斑，局部为黏土。以硬塑为主（局部有可塑和坚硬土体存在），具中压缩性，局部有膨胀性。本地段西南侧挖方区不存在该层，主要分布在东侧和东北部大面积原始地形低洼处，层底埋深一般在 7 m 以上，厚度在 5 m 以内，层底标高为 132.57～149.82 m。

（3）层③石灰岩。浅灰—灰色，隐晶或碎屑结构，中厚层—厚层状构造，浅部及下部泥质含量高且常夹薄层状泥灰岩。以中等—微风化为主，属易软化的较硬质岩石。岩体节理裂隙较发育，多为高角度细微剪切裂隙且大部分被方解石脉充填，部分为泥质充填，岩质总体较为新鲜。该层分布于整个场地范围，层厚大于 50 m。

（4）层$③_1$ 石灰岩强风化带。分布于场地岩石的浅部，局部缺失。岩体节理裂隙较发育，沿裂隙面风化溶蚀作用较强，部分已蚀变为土状，岩体呈碎块混土状，风化程度随深度增加而减弱。密实，稍湿。层底埋深为 0.30～8.80 m，厚度为 0.20～4.00 m，层底标高为 140.08～150.18 m。

（5）层$③_2$ 空洞隙。零星分布，因构造破碎而沿裂隙或层面溶蚀形成，规模较小，层底埋深为 5.40～6.10 m，竖向尺寸为 0.40～1.10 m，层底标高为 142.64～143.15 m。

(6)层③$_3$ 含碎石粉质黏土。灰黄、黄褐、棕红、棕褐等色，不均匀含钙质结核，下部混少量石灰岩风化残核或残斑，局部为黏土。以硬塑为主（局部有可塑和坚硬土体存在），具中压缩性和膨胀性。分布零星不规律，属于洞隙充填物。层底埋深为 1.60 ~ 17.00 m，竖向尺寸为 0.30 ~ 4.90 m，层底标高为 132.01 ~ 148.30 m。

(7)层③$_4$ 石灰岩破碎带。浅灰白、灰黄等色，主要成分为石灰岩，带内岩体呈碎片、碎块状，岩面具弱溶蚀现象，缝隙中充填有溶蚀残渣及泥质物，浅部风化程度较重。中密—密实，稍湿。零星分布，层底埋深为 2.50 ~ 23.00 m，竖向尺寸为 0.40 ~ 5.70 m，层底标高为 125.12 ~ 146.00 m。

(8)层④页岩。紫红色为主夹浅灰色，砂泥质结构，页状层理构造。偶夹薄层灰岩、泥灰岩及钙质页岩。以中等—微风化为主，属易软化的软质岩石，具较强的崩解性。岩体裂隙较发育，多为高角度剪切细微裂隙且大部分被方解石脉充填，岩质总体较为新鲜。该层为层③石灰岩的下卧层，层厚 20 m 左右。

各岩土地层的主要物理性质及工程特性指标见表 2-1、表 2-2。

表 2-1　各土层的主要物理性质及工程特性指标

地层编号及岩性	含水量 ω (%)	湿重度 $\gamma_{湿}$ (kN/m^3)	孔隙比 e	液限 ω_L (%)	塑性指数 I_P	液性指数 I_L	自由膨胀率 δ_{ef} (%)	膨胀力 p_e (kPa)	压缩系数 a_{1-2} (MPa^{-1})	压缩模量 E_{s1-2} (MPa)	黏聚力 c (MPa)	内摩擦角 φ(°)
层①粉质黏土	21.9	19.4	0.726	38.8	17.5	0.03	40.2	35	0.17	11.1	46	16.7

表 2-2　各岩层的主要物理性质及工程特性指标

地层编号及岩性	含水量 ω (%)	湿重度 $\gamma_{湿}$ (kN/m^3)	孔隙比 e	液限 ω_L (%)	塑性指数 I_P	液性指数 I_L	自由膨胀率 δ_{ef} (%)	膨胀力 p_e (kPa)	压缩系数 a_{1-2} (MPa^{-1})	压缩模量 E_{s1-2} (MPa)	黏聚力 c (MPa)	内摩擦角 φ(°)
层②页岩	4.2	27.2	5.27	5.34	1.00	11.7	37.0	10.4	21.1	0.13	0.27	
层③石灰岩	1.6	27.4	1.71	1.88	1.00	5.4	57.4	22.4	28.6	12.8	0.15	0.34
层④页岩	3.8	27.1	5.29	4.41	1.00	10.9	40.1	6.1	56.6	0.16	0.17	

四、地下水条件

拟建场地地下水为溶隙裂隙水，稳定水位埋深在 20 m 以下，可不考虑地下水对地基基础设计、施工和运行的影响。

五、不良地质作用

主厂房区地基岩土主要为碳酸盐岩系石灰岩，属于可溶性岩类，岩体裂隙较发育但地表水不易下渗，且地下水径流条件差，因此从客观条件上，不具备形成大规模岩溶的外在条件，勘测时未发现大规模的溶蚀洞隙和强溶蚀带。场地地基岩土的不良地质作用主要为构造变动所引起的岩石破碎与裂隙，其次为岩石破碎引起的风化程度加深和碳酸盐岩系岩石的溶蚀作用。

六、场地与地基的地震效应

(一)地震动参数

拟建场地 50 年超越概率 10% 危险水平的地震动峰值加速度为 30.0 gal，属于小于 0.05g 区，相应的地震基本烈度小于 6 度，地震动反应谱特征周期为 0.60 s。

(二)场地土类型与建筑场地类别

主厂房区场地处于场平挖方区和填方厚度较小区，根据场地施工图勘测成果综合判定：拟建场地土类型为岩石，建筑的场地类别为 I 类，处于对建筑抗震有利地段。

第三节　注浆试验设计

一、注浆方案设计

(一)注浆试验目的

(1)确定不同深度的注浆压力。

(2)确定凝胶时间。

(3)确定注浆材料、配合比及附加剂的掺和比例。

(4)确定注入布置间距。

(二)注浆试验要求

(1)注浆压力大于 1.0 MPa，注浆结束条件为在注浆最大设计压力下，注入率小于 1 L/min且延续 30 min。

(2)保证剖面图中注明需要处理的破碎带密实。

(3)保证剖面图中注明需要处理的溶蚀洞隙填满、密实。

(三)注浆试验地段岩体特征

注浆试验地段与加固段全部为石灰岩。岩体溶蚀洞隙微弱发育，溶洞零星分布，规模不大，洞隙竖向尺寸为 0.30 ~ 1.40 m，以全充填为主，充填物为可塑—硬塑的黏性土，下部混有少量石灰岩风化残核或残斑。岩体中节理裂隙较为发育，零星不连续分布有竖向尺寸为 0.70 ~ 2.80 m 的岩石破碎带，带内以中等风化灰岩为主，岩体呈碎片、碎块状，岩面具弱溶蚀现象，缝隙中充填有溶蚀残渣及泥质物，中密—密实，稍湿。浅部岩体风化程度相对稍重。

(四)注浆试验方案设计

本次注浆试验设计有两个方案，位置分别选择在主厂房区 1# 电除尘器和 1# 锅炉地段。由于注浆流向沿裂隙或孔隙注入，岩体裂隙和溶洞发育不规则，考虑到各种缝隙的连通性及方向性，钻孔深度控制在处理对象 2 ~ 3 m 以下。注浆试验时，试验 1 区场地已浅挖整平，地形平坦，地面高程为 148.00 m，高出基础底面 1.20 m。试验 2 区场地已按设计基础埋深和预留保护层的要求进行过施工爆破预开挖，表面呈北高南低、东高西低的矩形台阶状，地面高程为 142.80 ~ 147.90 m。

1. 试验 1 区

位于 1#电除尘器中南部，平面范围 33.00 m × 18.20 m。钻孔孔底高程控制在 139.00 m，孔深 9.00 m ，注浆加固段长 5.20 m。

(1)所有注浆孔平面均采用正三角形布置：孔距 3.00 m，共布置 92 个注浆孔。具体布置见图 2-1。

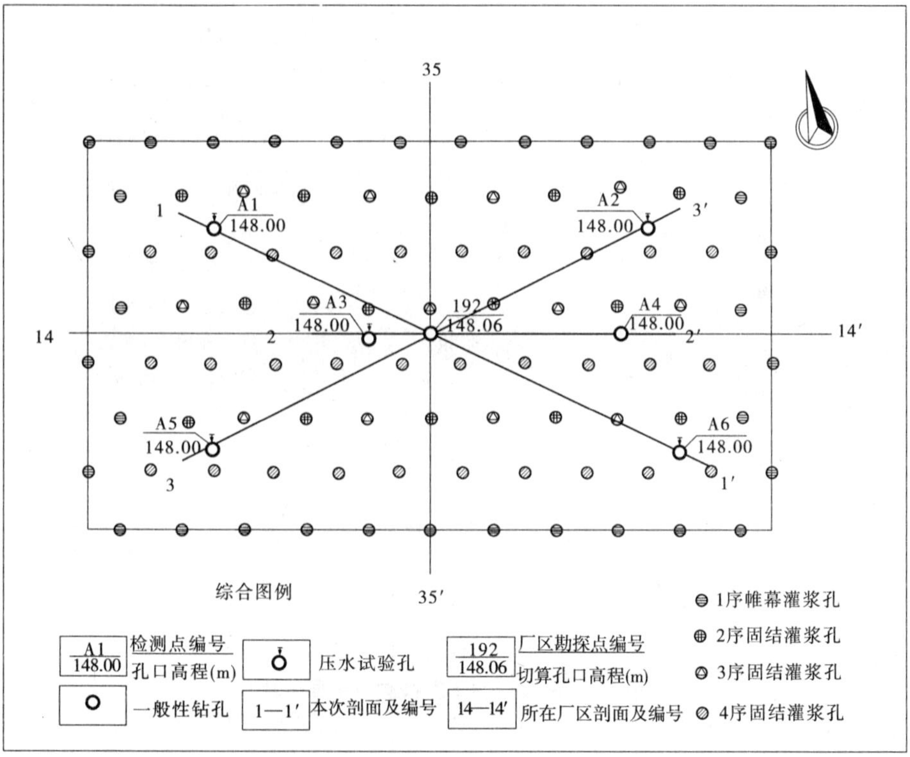

图 2-1　注浆试验 1 区检测点平面位置

(2)平面施工分四序进行：1 序孔(帷幕孔)布置在外围一圈，首先施工；其他三个序次孔均在帷幕内部，为固结灌浆孔，按序号顺序依次施工，而每一序次施工按照由外向内的施工顺序进行。其中：1 序帷幕孔 35 个，2 序(地质取心)孔 14 个，3 序孔 13 个，4 序孔 30 个。

(3)注浆孔钻孔孔径设计为 90 mm，局部观测孔径设计为 110 mm，下入注浆 50 mm 外套管。

2. 试验 2 区

位于 1#锅炉中南部，平面范围 24.00 m × 14.00 m。由于试验区地面高程不一，故钻孔孔底高程控制在 136.50 m，对应孔深 6.30 ~ 11.40 m，注浆加固段长 6.30 ~ 8.70 m。

(1)注浆孔平面布置采用外密内疏布置，帷幕孔间距 2 m，内部固结灌浆钻孔间距 4.00 m，排距 3.00 m，共布置 63 个注浆孔。具体布置见图 2-2。

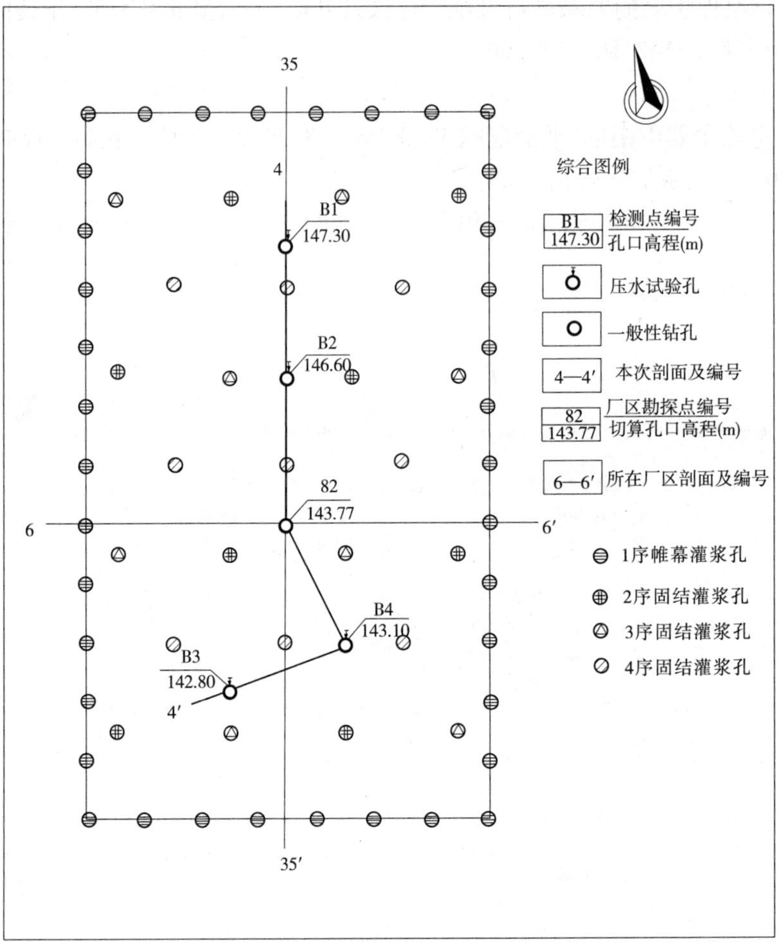

图 2-2　注浆试验 2 区检测点平面位置

(2)平面施工仍分四序进行:1 序孔(帷幕孔)布置在外围一圈,首先施工,其他三个序次孔在帷幕内部,也为固结灌浆孔,按序号顺序依次施工,而每一序次施工按照由外向内的施工顺序进行。其中:1 序帷幕孔 38 个,2 序(地质取心)孔 8 个,3 序孔 8 个,4 序孔 9 个。

(3)注浆孔钻孔孔径设计为 90 mm,局部观测孔孔径设计为 110 mm,下入注浆 50 mm 外套管。

(五)注浆材料及配合比

注浆按施工序次采用不同浆材,结合现场材料供应,一般原材料为:32.5 级水泥、水、Ⅱ级粉煤灰和水玻璃,可采用如下注浆材料及配合比优化参数。

1. 试验 1 区

(1)1 序孔配合比为水泥∶粉煤灰∶水玻璃 = 1∶1∶0.015,水灰比根据施工情况在0.6 ~ 1.0 之间优选。

(2)2 序孔配合比为水泥∶粉煤灰 = 1∶0.3,水灰比根据施工情况在 0.6 ~ 1.0 之间优选。

(3)3 序孔配合比为水泥∶粉煤灰 = 1∶0.3,水灰比根据施工情况在 0.6 ~ 1.0 之间优选。

(4)4 序孔配合比为纯水泥浆液,水灰比 1∶1。

2. 试验 2 区

(1)1 序孔配合比为水泥∶粉煤灰 = 1∶1,水灰比根据施工情况在 0.6 ~ 1.0 之间优选。

(2)2 序孔配合比为水泥∶粉煤灰 = 1∶0.5,水灰比根据施工情况在 0.6 ~ 1.0 之间优选。

(3)3 序孔配合比为纯水泥浆液,水灰比根据施工情况在 0.6 ~ 1.0 之间优选。

(4)4 序孔配合比为纯水泥浆液,水灰比为 1∶1。

二、检测方案设计

(一)检测目的

查明注浆处理后裂隙、溶蚀洞隙和破碎带的充填密实情况,验证注浆加固处理方案的处理效果,评价注浆加固处理地基的质量。通过两方案实际效果对比,推荐出较优的方案作为主厂房区注浆加固的施工方案。

(二)检测手段的选择

为了获得准确的加固效果资料和可靠的岩土工程参数,根据掌握的地层特点与规律,本次现场检测主要采用钻探手段。采用现场钻探记录描述与孔内标准贯入试验、重型动力触探试验等原位测试及钻孔压水试验相结合的方法,对试验区场地注浆加固处理效果进行综合评价。各检测手段及主要目的见表 2-3。

表 2-3　检测手段及主要目的

检测手段	主要目的
钻　探	直观了解地层构成、岩性及其分布规律,查明裂隙、溶蚀洞隙和岩石破碎带分布、大小及观察注浆水泥充填结石特征,进行标准贯入、重型动力触探原位测试
标准贯入试验	评价充土洞隙内充填物的工程特性
动力触探试验	评价岩石破碎带和溶洞充填物的工程特性
钻孔压水试验	测定注浆处理后岩体的裂隙发育特征和渗透性,评价岩体裂隙、溶蚀洞隙及岩石破碎带注浆处理的充填密实情况

(三)检测工作布设

依据有关规程、规范要求,检测点在平面上应均匀布置:一般位于两个注浆孔的中间或三个注浆孔组成的正三角形的形心上。检测孔数量不宜少于注浆孔总数的 5%,检测孔深度与注浆地基处理深度基本保持一致。

本次在试验 1 区布设检测孔 6 个,孔深 8.50 m,其中 5 个压水试验孔,1 个一般性钻孔,检测点分区编号为 A1 ~ A6;在试验 2 区布设检测孔 4 个,孔深因高程不同而与注浆孔对应,为 5.60 ~ 10.50 m,全部为压水试验孔,检测点分区编号为 B1 ~ B4。所有检测点设计孔深均稍小于对应范围的注浆孔深(0.50 m 左右)。两试验区检测点平面布置分别见图 2-1、图 2-2。

(四)质量评定标准

由于注浆的目的是改善地基的整体变形性能,属于对岩石地基局部破碎岩体进行加固的固结灌浆,故确定的标准是要求加固后岩体的透水率达到较完整的程度,即透水率

$q < 10$ Lu。具体的质量评定标准为:钻孔压水试验试段的合格率在 85% 以上,不合格试段的透水率不超过设定标准的 150%,且不集中。

因注浆试验点数量较少,造成检测点与试验段数量不多,分区合格率受配合比的影响会较大,因此具体评定时结合钻进过程、记录描述和透水率超标比例综合评价。

第四节　注浆试验施工

地质取心孔采用工程地质钻机进行全断面取心钻进,掌握试验区溶蚀破碎情况,然后制订注浆具体实施计划;依据钻进记录及简易抽水试验观测、孔内地层录像确定注浆层位,下入注浆塞,进行加固注浆或充填注浆。

注浆孔采用气动潜孔锤冲击回转钻进方法成孔,由于本场地勘测深度内无地下水,岩石溶蚀程度不高,故采用孔口封闭全孔段注浆法。浆液分三个比级由稀至浓逐级变换,即开始注浆时采用稀浆灌注,然后逐渐提高浆液浓度。注浆结束条件为在注浆段最大设计压力下,注入率小于 1 L/min,延续 30 min。

1 序孔主要以帷幕填充为目的,注浆压力较小,一般为 0.1～0.2 MPa。其余各序孔注浆试验时不同注浆深度段采用的优化注浆压力见表 2-4。

表 2-4　注浆试验注浆压力

序号	注浆段埋深(m)	注浆压力(MPa)		
		2 序孔	3 序孔	4 序孔
1	5～10	0.8	1.0	1.2
2	10～20	1.0	1.25	1.5

第五节　注浆试验检测

一、检测施工

本次注浆试验的检测工作于注浆施工结束 14 d 后进行。现场钻进使用两台 GJ－150S 型非车装立轴回转式油压钻机,专门配备有压水试验设备。钻进过程采用液压加压、硬质合金或复合片钻头的回转钻进(岩心钻进)方式:浅部土层无水干钻,当无水干钻无法进尺时采用回水钻进;钻探岩心管孔径为 108 mm。压水试验在每个钻孔结束后随即于孔内进行。检测完成的实物工作量统计见表 2-5。

二、加固效果分析

(一)钻探过程比较

主厂房区在厂区勘探遇到破碎带和充土洞隙时,钻进速度会突然变快,偶尔遇见空洞隙时有掉钻现象。回水钻进过程中,大部分钻孔遇此部位回水量有所变小,少数钻孔漏水严重,个别钻孔甚至不回水。注浆加固处理后钻探过程中,虽有钻进速度突然变快的现象，但耗水量比厂区勘探时明显减小，亦未发现掉钻现象。

表 2-5　检测完成的实物工作量统计

试验分区	项目	数量	钻探深度（m）	累计进尺（m）	原位测试数量
试验 1 区	压水试验孔	5 个	8.50	42.50	
	一般性钻孔	1 个	8.50	8.50	
	孔内压水试验	5 段			
试验 2 区	压水试验孔	4 个	5.60 ~ 10.50	31.60	标贯 1 次
	孔内压水试验	5 段			

（二）钻探抽心检测分析

通过钻孔抽心检测手段，检测区工程地质条件与施工图岩土勘测结论一致：溶洞微弱发育，破碎带零星分布、规模不大且倾角陡立。本次检测仅在 2 区 B4 孔深度 1.60 ~ 3.00 m见到溶蚀洞隙，洞高 1.40 m，由硬塑的黏性土充填。A1 ~ A3、B1 和 B4 五个孔深度 5.50 ~ 7.20 m 范围见到破碎带，竖向尺寸为 0.70 ~ 2.80 m。钻探抽心，仅在破碎带内见少量 3 ~ 4 mm 大小的半成型水泥结石，手搓即粉，大部分情况是在遇到破碎带时钻进回水变为灰色浑浊，表明水泥砂浆已压入破碎带但固结度较弱，强度较低。溶蚀洞隙充填物本身比较密实，未见水泥浆液劈裂压入的迹象。

（三）溶洞充填物原位测试成果分析

施工图勘测和本次检测均对发现的溶蚀洞隙充填物进行了原位测试，由于场地洞隙稀少且规模较小，故测试数据很少，仅在试验 2 区前期 82#孔和本次 B4 孔各取得一组标贯对比数据，实测击数 N 分别为 37 击、20 击，不具可比性，但测试成果均反映试验区洞隙充填物处于硬塑状态，密实度为中密—密实，强度较高。

（四）钻孔压水试验成果分析

1. 主厂房区岩体透水情况

根据施工图勘测成果，主厂房区场地石灰岩岩体的总体评价为较破碎，局部岩石相对破碎、节理裂隙发育、溶蚀较为严重，具体表现在勘测回水钻进过程中，大部分钻孔遇此部位回水量有所变小，少数钻孔漏水严重，个别钻孔甚至不回水。

注浆试验前，在试验 1 区 A8 – 5 的注浆孔深度 3.00 ~ 8.20 m（注浆段内）和 2 区 B1 – 38的注浆孔深度 1.90 ~ 10.20 m（注浆段内）分别进行了钻孔压水试验：前者在深度 4.80 ~ 5.10 m 和 6.60 ~ 6.90 m 发现有充土洞隙且 6.90 ~ 7.30 m 岩石破碎，透水率达 476.9 Lu（试验压力仅能达到 0.1 MPa）；后者在 3.20 ~ 3.90 m 发现有充土洞隙，在试验压力 0.4 MPa 下，透水率为 73.5 Lu，表明场地岩体完整程度差异很大。

2. 注浆处理后压水试验成果

本次注浆试验两个区检测孔的压水试验试验段长度一般不大于 5 m，采用三级压力、五个阶段的五点法，三级压力分别设定为 0.25 MPa、0.50 MPa、0.80 MPa（不大于注浆段最大灌浆压力的 80%）。主要试验成果见表 2-6。

表 2-6　注浆处理后钻孔压水试验成果

试验分区	检测点编号	试验段深度(m)	试验段长度(m)	最大压力 p (MPa)	最大流量 Q (L/min)	透水率 q(Lu)	p ~ Q 曲线类型	岩体评价
试验1区	A1	3.80 ~ 8.50	4.70	0.82	16.0	4.15	D	节理较发育
	A2	4.80 ~ 8.50	3.70	0.81	32.0	10.68	D	节理裂隙发育
	A3	3.80 ~ 8.50	4.70	0.82	4.5	1.17	D	节理较发育
	A5	3.90 ~ 8.50	4.60	0.83	11.5	3.01	D	节理较发育
	A6	4.10 ~ 8.50	4.40	0.82	25.0	6.93	D	节理较发育
试验2区	B1 - 1	3.10 ~ 7.00	3.90	0.81	14.5	4.59	D	节理较发育
	B1 - 2	6.80 ~ 10.50	3.70	0.82	7.0	2.31	D	节理较发育
	B2	3.20 ~ 9.70	6.50	0.81	11.0	2.09	D	节理较发育
	B3	1.00 ~ 5.80	4.80	0.83	1.5	0.38	C	完整
	B4	1.00 ~ 5.60	4.60	0.83	3.5	0.92	D	完整

需要指出的是，1 区 A6 孔最大压力时透水率并不大，但压力减小到最小压力段时，透水率突然增大到 10.25 Lu，究其原因认为是注浆结石强度较低，压力的降低造成裂隙的反向贯通所致。两注浆试验区检测压水试验成果曲线分别见图 2-3 和图 2-4。

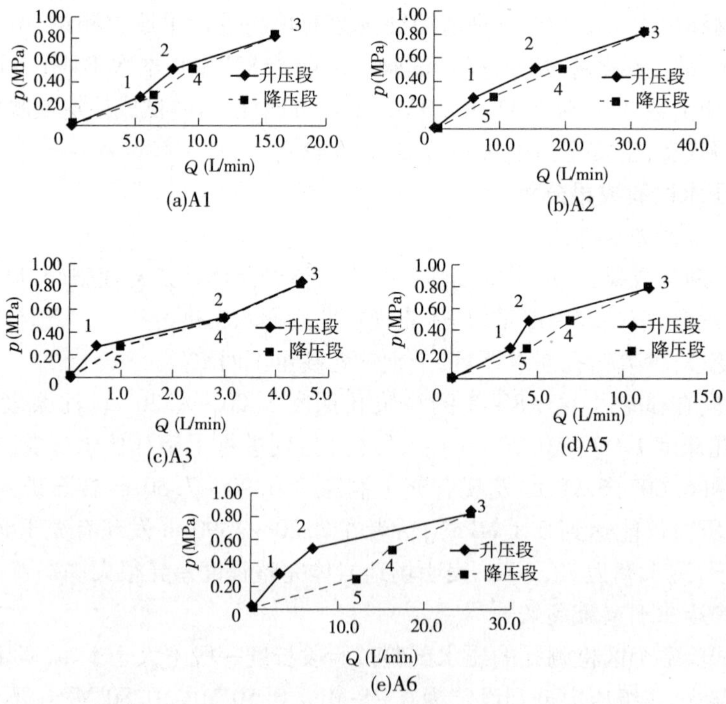

图 2-3　试验 1 区压水试验 $p \sim Q$ 曲线

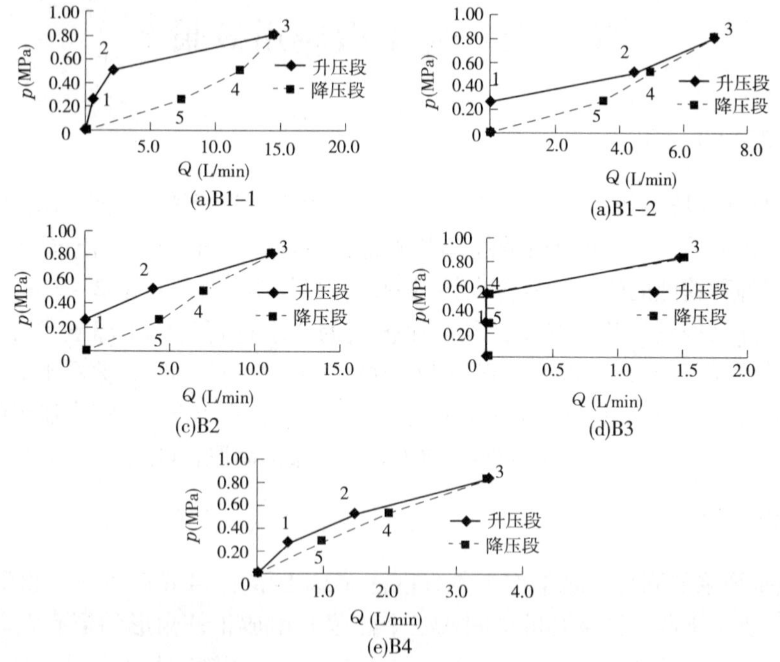

图 2-4　试验 2 区压水试验 $p \sim Q$ 曲线

3. 压水试验成果分析

从压水试验成果分析可看出，加固后岩体透水率明显降低，表明岩体内的破碎带和溶蚀洞隙等得到了有效充填，注浆加固方法对该场地是适宜的。

两区压水试验均可稳定在 0.50 MPa 压力下，0.80 MPa 以上压力时，1 区局部透水率有一定幅度的提高，个别点透水率超过 10 Lu 但增幅较小（小于 10%），表明破碎带与裂隙中的注浆物部分已被压碎贯通，这也从侧面反映注浆结石强度较低。2 区压水试验透水率普遍较 1 区低，分析认为，并非注浆效果优于 1 区，主要与基岩挖除深度较 1 区大有关，靠近地面的岩层挖除较多，受靠近大气带岩石风化裂隙的影响相对较小、岩石相对新鲜，故其能达到的试验压力相对较高。

两区压水试验 $p \sim Q$ 曲线以 D（冲蚀）型为主，分析其中原因，认为主要是注浆充填物固结强度低、受钻孔压水试验的高压水流冲蚀所致。建议工程注浆时除对注浆压力、浆液的配合比等施工参数进行优化外，检测时，在工期允许的条件下应尽可能地延长注浆物的固结周期。

综合上述分析认为，两区注浆加固效果均较良好，两种注浆方案没有明显的优劣之分。

三、处理方案建议

由于厂区岩体中溶蚀洞隙、张性裂隙与岩石破碎带分布状况的不规律性，注浆加固孔平面上宜保持一定的密度和采用均匀布点法控制，故建议工程注浆施工中采用 1 区试验方案，采用孔口封闭全孔段注浆法进行地基灌浆加固处理。

第六节　施工后应用效果

一、工程注浆工作量

工程注浆加固段主要为石灰岩，南部小部分可见下卧层页岩。注浆加固分别在厂房、锅炉和炉后（电除尘器）三个地段的局部基础范围内进行。由于注浆流向沿裂隙或孔隙注入，考虑到各种缝隙的连通性及方向性，钻孔深度控制在处理对象 2 ~ 3 m 以下。注浆时，场地大部分已按设计基础埋深和预留保护层的要求进行过施工爆破预开挖（仅炉后部分地段在场平高程附近），地面高程为 141.00 ~ 150.00 m。所有注浆孔平面均采用正三角形布置，孔距为 3.00 m，共布置 1 084 个注浆孔。由于各分区地面高程、基底埋深和处理对象位置不一，故钻孔孔底深度为 5.50 ~ 18.00 m，注浆加固段长度为 5.50 ~ 18.00 m。

二、检测工作量

本次地基注浆加固的检测工作于各分区注浆施工结束 14 d 后进行。检测点平面上均匀布置：一般位于两个注浆孔的中间或三个注浆孔组成正三角形的形心上。检测孔数量不宜少于注浆孔总数的 5%，检测孔深度与注浆地基处理深度基本保持一致。

本次在注浆区布设检测孔共 56 个，检测点编号与工程注浆分区相对应而顺序编号，全部为压水试验孔。孔深因高程、处理深度不同而与注浆孔对应为 5.00 ~ 17.50 m，所有检测点设计孔深均稍小于(0.50 m 左右)对应范围的注浆孔深。检测合格并通知甲方后，及时由施工单位按同区注浆工艺封堵检测孔。累计完成检测工作量为：总进尺 539.70 m，标准贯入测试 3 次，重型动力触探测试 0.30 m，压水试验 80 段。

三、注浆加固效果分析

为验证注浆加固的效果，分别从钻孔过程、钻探抽心检测、溶洞充填物原位测试成果和钻孔压水试验成果四个方面进行了分析。

（一）钻孔过程分析

注浆加固处理后钻探过程与注浆试验检测时类似，虽有钻进速度突然变快的现象，但耗水量比厂区勘探时明显减小，亦未发现掉钻现象，说明岩体内的各种缝隙已得到了一定程度的封堵。

（二）钻探抽心检测分析

本次检测零星见到些溶蚀洞隙，竖向尺寸为 0.30 ~ 4.50 m，充填物多为硬塑的含碎石黏性土密实全充填（仅在 CFB2 孔底深度 8.00 ~ 8.30 m 范围见到一个竖向尺寸 0.30 m 的空洞隙，被水泥结石全充填）。而零星分布的破碎带，竖向尺寸为 0.90 ~ 4.00 m，钻探抽心仅在破碎带内见少量 3 ~ 4 mm 的半成型水泥结石，手搓即粉，大部分情况是在遇到破碎带时钻进回水变为灰色浑浊，表明水泥砂浆已压入破碎带但固结度较弱，强度较低。溶蚀洞隙充填物本身比较密实，未见水泥浆液劈裂压入的迹象。注浆加固后检测洞隙与破碎带情况见表 2-7。

表 2-7　注浆加固后检测洞隙与破碎带情况

检测点编号	分层编号	孔口高程（m）	不良地质体类型	层顶埋深（m）	层底埋深（m）	竖向尺寸（m）	充填特征
CFC1	层③$_3$	143.80	充土洞隙	3.80	5.00	1.20	密实全充填
GLC1	层③$_3$	144.80	充土洞隙	2.30	2.90	0.60	密实全充填
LHB10	层③$_3$	148.00	充土洞隙	2.30	6.80	4.50	密实全充填
LHC1	层③$_3$	150.00	充土洞隙	13.70	15.30	1.60	密实全充填
LHC4	层③$_3$	148.00	充土洞隙	4.80	6.10	1.30	密实全充填
CFB2	层④$_2$	144.00	空洞隙	8.00	8.30	0.30	水泥结块全充填
CFA5	层④$_3$	146.80	充土洞隙	9.00	10.40	1.40	密实全充填
CFB3	层④$_3$	146.80	充土洞隙	7.50	8.40	0.90	密实全充填
CFD2	层④$_3$	143.30	充土洞隙	4.20	5.50	1.30	密实全充填
CFA3	层③$_4$	146.80	灰岩破碎带	3.60	5.10	1.50	见少量结石碎渣
GLA1	层③$_4$	144.80	灰岩破碎带	1.80	5.80	4.00	碎石混黏性土
GLA1	层③$_4$	144.80	灰岩破碎带	6.50	9.50	3.00	碎石混黏性土
GLA4	层③$_4$	144.80	灰岩破碎带	2.20	3.10	0.90	碎石混黏性土
GLA12	层③$_4$	144.80	灰岩破碎带	1.80	5.50	3.70	碎石混黏性土
GLA12	层③$_4$	144.80	灰岩破碎带	6.30	8.70	2.40	碎石混黏性土
LHB2	层③$_4$	146.00	灰岩破碎带	4.10	5.50	1.40	碎石混黏性土
LHB3	层③$_4$	142.50	灰岩破碎带	7.80	10.00	2.20	碎石混黏性土

（三）溶洞充填物原位测试成果分析

本次检测对发现的溶蚀洞隙充填物和破碎带进行了标准贯入或重型动力触探原位测试，由于场地洞隙及破碎带分布稀少且规模较小，故测试数据相对较少，注浆前后成果可比性较差或不具可比性，但测试成果均反映注浆区洞隙充填物和破碎带或处于硬塑状态，或密实度为中密—密实，强度较高。

（四）钻孔压水试验成果分析

1. 主厂房区岩体透水情况

根据施工图勘测成果，主厂房区场地石灰岩与页岩岩体的总体评价为较破碎和破碎，局部岩石相对破碎、节理裂隙发育、溶蚀较为严重，岩体完整程度差异很大，局部存在破碎岩体。

2. 注浆处理后压水试验成果

本次工程注浆区检测孔钻孔压水试验的试验段长度一般不大于 5 m，采用三级压力、五个阶段的五点法，三级压力分别设定为0.25 MPa、0.50 MPa、0.80 MPa（不大于注浆段最大灌浆压力的80%）。三大区钻孔压水试验主要成果见表2-8～表2-10。

表2-8 厂房区注浆处理后钻孔压水试验成果

工程注浆分区	检测点编号	分段号	试验段深度 h(m) 起始	试验段深度 h(m) 终止	试验段长度 L(m)	最大压力 p_3 (MPa)	最大流量 Q_3 (L/min)	透水率 q(Lu)	$p\sim Q$ 曲线类型	分项评价	分区合格率(%)	成果评价
厂房A区	CFA1	1	1.10	6.50	5.40	0.81	5.5	1.26	E	合格	100	合格
厂房A区	CFA1	2	6.30	12.00	5.70	0.81	5.0	1.08	C	合格	100	合格
厂房A区	CFA2	1	1.20	6.80	5.60	0.82	15.0	3.27	C	合格	100	合格
厂房A区	CFA2	2	6.30	12.20	5.90	0.81	8.5	1.78	C	合格	100	合格
厂房A区	CFA2	3	11.90	17.50	5.60	0.82	8.5	1.85	A	合格	100	合格
厂房A区	CFA3	1	1.20	6.40	5.20	0.81	23.5	5.58	A	合格	100	合格
厂房A区	CFA3	2	6.10	12.20	6.10	0.81	8.5	1.72	C	合格	100	合格
厂房A区	CFA3	3	11.80	17.50	5.70	0.81	8.5	1.84	E	合格	100	合格
厂房A区	CFA4	1	1.20	6.50	5.30	0.82	10.5	2.42	E	合格	100	合格
厂房A区	CFA4	2	6.10	11.50	5.40	0.81	11.0	2.51	C	合格	100	合格
厂房A区	CFA5	1	2.10	7.20	5.10	0.81	11.5	2.78	C	合格	100	合格
厂房A区	CFA5	2	7.20	12.10	4.90	0.82	8.5	2.12	D	合格	100	合格
厂房A区	CFA5	3	11.80	17.50	5.70	0.81	9.0	1.95	C	合格	100	合格
厂房A区	CFA6	1	1.20	6.30	5.10	0.81	7.5	1.82	B	合格	100	合格
厂房A区	CFA6	2	6.20	12.00	5.80	0.81	14.0	2.98	C	合格	100	合格
厂房A区	CFA6	3	11.50	17.50	6.00	0.81	31.5	6.48	D	合格	100	合格
厂房B区	CFB1	1	1.40	6.60	5.20	0.82	21.5	5.04	D	合格	100	合格
厂房B区	CFB1	2	6.40	11.30	4.90	0.81	6.5	1.64	E	合格	100	合格
厂房B区	CFB2	1	2.40	8.30	5.90	0.81	6.0	1.26	C	合格	100	合格
厂房B区	CFB3	1	1.30	6.30	5.00	0.81	12.0	2.96	D	合格	100	合格
厂房B区	CFB3	2	6.30	11.30	5.00	0.82	10.0	2.44	C	合格	100	合格
厂房B区	CFB4	1	1.80	6.50	4.70	0.82	3.0	0.78	C	合格	100	合格
厂房B区	CFB4	2	6.20	11.30	5.10	0.81	4.5	1.09	E	合格	100	合格
厂房B区	CFB5	1	1.20	6.30	5.10	0.82	13.5	3.23	D	合格	100	合格
厂房B区	CFB5	2	6.20	11.30	5.10	0.81	12.0	2.90	D	合格	100	合格
厂房C区	CFC1		1.50	5.00	3.50	0.82	27.0	9.41	D	合格	100	合格
厂房C区	CFC2		1.30	5.00	3.70	0.82	25.0	8.24	D	合格	100	合格
厂房D区	CFD1		1.50	6.50	5.00	0.82	11.0	2.68	D	合格	100	合格
厂房D区	CFD2		2.30	8.50	6.20	0.81	31.0	6.17	C	合格	100	合格
厂房D区	CFD3		1.50	8.50	7.00	0.81	3.0	0.53	E	合格	100	合格
厂房D区	CFD4		2.40	8.50	6.10	0.81	2.5	0.51	B	合格	100	合格

厂房区四个分区共进行17个检测点31段钻孔压水试验，各分区试验结果全部合格，综合合格率达100%。

表 2-9　锅炉区注浆处理后钻孔压水试验成果

工程注浆分区	检测点编号	分段号	试验段深度 h(m)		试验段长度 L(m)	最大压力 p_3 (MPa)	最大流量 Q_3 (L/min)	透水率 q(Lu)	p～Q 曲线类型	分项评价	分区合格率(%)	成果评价
			起始	终止								
锅炉A区	GLA1	1	2.10	5.90	3.80	0.81	8.5	2.76	C	合格	100	合格
		2	5.90	10.00	4.10	0.81	9.0	2.71	C	合格		
	GLA2		2.90	9.50	6.60	0.83	48.5	8.85	C	合格		
	GLA3	1	2.20	6.20	4.00	0.82	3.6	1.10	D	合格		
		2	6.20	9.50	3.30	0.82	5.5	2.03	D	合格		
	GLA4		1.30	7.50	6.20	0.83	6.5	1.26	D	合格		
	GLA5		2.60	7.50	4.90	0.83	37.5	9.22	D	合格		
	GLA6		2.20	7.50	5.30	0.82	1.5	0.35	E	合格		
	GLA7	1	2.10	5.50	3.40	0.81	3.0	1.09	D	合格		
		2	5.50	9.50	4.00	0.81	3.5	1.08	C	合格		
	GLA8		2.30	7.50	5.20	0.83	2.5	0.58	D	合格		
	GLA9		2.50	7.50	5.00	0.83	0.5	0.12	B	合格		
	GLA10	1	2.10	5.60	3.50	0.83	4.5	1.55	C	合格		
		2	5.60	9.50	3.90	0.83	3.0	0.93	D	合格		
	GLA11	1	2.00	5.50	3.50	0.81	2.5	0.88	C	合格		
		2	5.50	9.50	4.00	0.81	2.5	0.77	D	合格		
	GLA12	1	2.10	6.00	3.90	0.82	9.0	2.81	D	合格		
		2	6.00	9.50	3.50	0.83	7.5	2.58	D	合格		
锅炉B区	GLB1		2.30	8.50	6.20	0.82	11.0	2.16	D	合格	100	合格
	GLB2		1.90	8.50	6.60	0.81	13.0	2.43	D	合格		
	GLB3		2.40	8.50	6.10	0.81	25.0	5.06	D	合格		
锅炉C区	GLC1		1.80	7.50	5.70	0.82	17.0	3.64	D	合格	100	合格
	GLC2		1.80	7.50	5.70	0.81	5.0	1.08	D	合格		
	GLC3		3.50	9.00	5.50	0.83	9.0	1.97	E	合格		
锅炉D区	GLD1		1.80	7.50	5.70	0.81	43.0	9.31	D	合格	100	合格
	GLD2		1.70	7.50	5.80	0.82	5.0	1.05	E	合格		
	GLD3		1.50	7.50	6.00	0.81	7.5	1.54	E	合格		

锅炉区四个分区共进行 21 个检测点 27 段钻孔压水试验，各分区试验结果全部合格，综合合格率达 100%。

表 2-10　炉后区注浆处理后钻孔压水试验成果

工程注浆分区	检测点编号	分段号	试验段深度 h(m)		试验段长度 L(m)	最大压力 p_3 (MPa)	最大流量 Q_3 (L/min)	透水率 q(Lu)	$p \sim Q$ 曲线类型	分项评价	分区合格率(%)	成果评价
			起始	终止								
炉后A区	LHA1	1	2.50	5.80	3.30	0.81	12.0	4.49	E	合格	100	合格
		2	5.80	9.80	4.00	0.82	20.0	6.10	D	合格		
	LHA2		1.80	7.80	6.00	0.82	23.0	4.67	D	合格		
	LHA3	1	2.50	5.80	3.30	0.82	15.5	5.73	D	合格		
		2	5.70	9.80	4.10	0.82	5.0	1.49	A	合格		
炉后B区	LHB1		4.50	10.50	6.00	0.82	2.0	0.41	E	合格	85	合格
	LHB2		1.10	5.50	4.40	0.82	31.5	8.73	D	合格		
	LHB3	1	1.90	6.00	4.10	0.81	31.0	9.33	D	合格		
		2	5.80	10.00	4.20	0.82	8.0	2.32	D	合格		
	LHB4	1	1.50	6.50	5.00	0.82	27.5	6.71	D	合格		
		2	6.40	10.50	4.10	0.82	32.0	9.52	D	合格		
	LHB5		1.80	7.50	5.70	0.82	36.0	7.70	D	合格		
	LHB6		1.50	7.50	6.00	0.81	38.0	7.82	D	合格		
	LHB7		1.30	7.50	6.20	0.82	54.0	10.62	D	不合格		
	LHB8		1.30	7.50	6.20	0.81	11.0	2.19	D	合格		
	LHB9		1.30	7.50	6.20	0.81	32.5	6.47	D	合格		
	LHB10		1.50	7.50	6.00	0.81	112.0	23.05	D	不合格		
	LHB11		1.30	7.50	6.20	0.82	28.0	5.51	D	合格		
炉后C区	LHC1		8.80	15.30	6.50	0.84	46.5	8.52	D	合格	100	合格
	LHC2		8.80	15.50	6.70	0.80	51.0	9.51	D	合格		
	LHC3		6.80	13.50	6.70	0.85	29.0	5.09	D	合格		
	LHC4		7.00	13.50	6.50	0.84	44.0	8.06	D	合格		

炉后区三个分区共进行 18 个检测点 22 段钻孔压水试验，除炉后 B 区有两个点分别超过规定标准的 6.2% 和 130.5%、合格率为 85% 外，其余两个分区试验结果全部合格，综合合格率达 90.9%。

由综合压水试验成果可以看出：各分区钻孔压水试验成果的合格率达 85% ~100%，注浆质量符合预期要求。在全部 56 个检测孔的 80 个试验段内，仅有 2 段透水率不合格，整个注浆区综合合格率达到 97.5%，表明本工程地基注浆处理质量优良。

3. 压水试验成果分析

从压水试验成果分析可以看出，加固后岩体透水率明显降低，表明注浆加固地基处理方法是适宜的。根据透水率的试验成果分析，注浆区岩体中的破碎带与裂隙绝大部分已被堵塞充填。

当各注浆区压水试验可稳定在 0.50 MPa 压力下，压力大于 0.80 MPa 时，局部透水率有一定幅度的提高，个别点透水率超过 10 Lu 但增幅不大，表明破碎带与裂隙中的注浆物部分已被压碎贯通，这也从侧面反映注浆结石强度较低。炉后区压水试验透水率普遍较其他两区高，分析认为并非注浆效果差于他区，主要是因为基岩挖除深度较另外两区小，靠近地面的岩石风化程度相对较重，岩体裂隙也相对较发育，其次与靠近烟囱早期人类动土区近、受岩体卸荷作用的影响较大有关。

对比各区压水试验 $p \sim Q$ 曲线可以看出：厂房区曲线类型复杂，总体以 C（扩张）型居多、D（冲蚀）型次之；锅炉区则以 D 型居多、C 型次之；炉后区则完全以 D 型为主。总体看来，自南向北有渐变趋势。分析其中原因，认为一方面是由于岩性变化、压水试验时压力变化造成裂隙弹性扩张，另一方面则是注浆充填物固结强度低、受钻孔压水试验的高压水流冲蚀所致。

第七节　结　语

（1）随着我国经济的快速发展，耕地矛盾与环境保护问题日益突出，很多火电项目将“上大压小”且逐步集中到远离市区的山前荒地地带，而这些地带常是基岩区，且石灰岩又是基岩中分布面积最广的岩石，因此本工程的地基处理经验可以作为借鉴。

（2）由于地基中通常破碎带、裂隙及溶蚀洞隙在勘探钻进过程中揭露的尺寸占钻孔进尺的比例很小或较小，实际地基注浆检测中靠揭露注浆体观察与原位测试不容易达到目的，故评价注浆质量优劣最有效的方法是压水试验。

（3）当场地为基岩时，勘探过程中应在平面上尽量均匀地布置原始基岩的压水试验孔，并选择适宜的压水试验段，以对地基岩体完整程度有较清晰合理的认识，便于设计采用注浆加固时对处理质量有可靠的对比资料。

（4）水泥浆体在地下相对封闭的环境中，由于参与固结的因素与地面混凝土凝结不同，达到有效强度的时间应相应延长，因此建议在以后的注浆工程中，尽早安排施工前地基基岩的注浆试验，使注浆液体达到合理强度有足够的凝固时间。

第三章　黏性土地层 PHC 桩原体试验

第一节　工程概述

豫南某热电厂扩建工程装机容量 2×300 MW。工程场地为开阔平坦的农田，地形平坦，地貌单一，交通便利。

工程场地地层工程特性不能满足主要建(构)筑物对天然地基的要求，拟采用桩基础。本工程选择 PHC 桩与支盘桩作为比选桩型，并通过原体试验进行桩基选型。本章仅对其中的 PHC 桩原体试验情况进行介绍。

第二节　岩土工程条件

一、地形地貌

场地处于山前缓倾斜冲洪积平原地带，地势开阔，地貌单一，地形平坦，总体地势西南高东北低，地面标高为 69.38 ~71.15 m(采用 1985 国家高程基准，下同)。

二、岩土地层构成及特征

场地内地基土主要由第四系冲洪积的黏性土地层组成，根据地基土物理性质及工程特性的差异，试验区勘探深度内揭露的地层自上而下可以划分为 9 个主层(编号为层①~层⑨)和 1 个亚层(编号为层$③_1$)。试验区各土层特征分述如下：

(1)层①黏土。灰褐色，含铁锰质氧化物，土体裂隙发育。可塑—硬塑状态，中压缩性。层厚 1.80 ~2.00 m，层底标高 67.32 ~67.66 m。

(2)层②粉质黏土。灰黄、浅黄等色，含蜗牛壳碎片，土体较均匀。软塑—可塑状态，中压缩性。层位连续稳定，层厚 1.10 ~1.40 m，层底埋深 3.10 ~3.20 m，层底标高 66.12 ~66.49 m。

(3)层③粉质黏土。灰黄色、黄褐色，含铁锰氧化物和少量高岭土斑纹。可塑状态，局部软塑，中压缩性。层厚 2.80 ~3.60 m，层底埋深 6.00 ~6.70 m，层底标高 62.86 ~63.46 m。

(4)层$③_1$ 粉质黏土。黄褐色，含铁锰氧化物和少量高岭土斑纹。软塑状态，中(偏高)压缩性。层厚 2.00 ~2.50 m，层底埋深 8.50 ~8.70 m，层底标高 60.64 ~60.96 m。

(5)层④黏土。褐黄、黄褐等色，含少量铁锰质氧化物，含氧化铁和锰质结核。硬塑状态为主，中(偏低)压缩性。层厚 3.60 ~4.00 m，层底埋深 12.30 ~12.50 m，层底标高 56.94 ~57.29 m。

(6)层⑤黏土。黄褐色、褐黄色，含氧化铁和少量锰质结核。可塑状态，中压缩性。

层厚 2.00 ~ 2.60 m，层底埋深 14.40 ~ 14.90 m，层底标高 54.66 ~ 54.96 m。

(7)层⑥黏土。褐黄色，含氧化铁和少量锰结核。可塑—硬塑状态，中压缩性。层厚 4.30 ~ 4.50 m，层底埋深 18.70 ~ 19.00 m，层底标高 50.46 ~ 50.66 m。

(8)层⑦黏土。黄褐色、褐黄色，含铁锰氧化物，局部混少量小姜石，粒径 2 ~ 15 mm。硬塑状态，低压缩性。层厚 4.30 ~ 4.80 m，层底埋深 23.00 ~ 23.60 m，层底标高 45.82 ~ 46.24 m。

(9)层⑧黏土。棕黄、浅褐黄等色，含铁锰氧化物，见绿灰色高岭土斑块，局部混少量小姜石。硬塑状态为主，中压缩性。层厚 2.60 ~ 3.50 m，层底埋深 26.20 ~ 26.50 m，层底标高 42.74 ~ 43.26 m。

(10)层⑨黏土。棕黄、褐黄等色，含铁锰质氧化物，局部混高岭土团块，见小姜石。硬塑，中(偏低)压缩性。最大揭露厚度 8.50 m，层顶埋深 26.20 ~ 26.50 m，层顶标高 42.74 ~ 43.26 m。

各岩土地层的主要物理性质及工程特性指标见表 3-1。

表 3-1　各岩土地层的主要物理性质及工程特性指标

地层编号及岩性	含水量 ω(%)	湿重度 $\gamma_{湿}$ (kN/m³)	孔隙比 e	液性指数 I_L	标贯原始击数 N(击)	双桥静探试验	
						锥尖阻力 q_c(MPa)	侧摩阻力 f_s(kPa)
层①黏土	21.3	19.4	0.736	0.20	8	1.09	51.9
层②粉质黏土	27.1	19.4	0.800	0.60	4	0.66	29.6
层③粉质黏土	24.8	19.5	0.750	0.55	5	0.98	39.1
层$③_1$粉质黏土	25.3	19.7	0.790	0.85	4	0.83	32.4
层④黏土	22.9	20.3	0.655	0.20	15	2.40	121.3
层⑤黏土	23.9	20.2	0.675	0.40	11	1.62	70.4
层⑥黏土	24.0	20.2	0.677	0.25	17	2.59	132.1
层⑦黏土	23.1	20.3	0.660	0.06	24	3.91	195.8
层⑧黏土	23.7	20.2	0.677	0.12	18	2.91	116.3
层⑨黏土	22.4	20.3	0.666	0.04	32	—	—

原体试验区地质剖面见图 3-1。

三、地下水条件

场地内地下水为黏性土孔隙裂隙潜水。地下水水质清洁，无嗅无味。原体试验期间，试验区地下水稳定水位埋深为 2.45 ~ 2.58 m，相应标高为 66.74 ~ 66.88 m。

地下水对混凝土结构和钢筋混凝土结构中的钢筋均具微腐蚀性。

四、地震动参数

工程场地 50 年超越概率 10% 危险水平的地震动峰值加速度为 49.4 gal(0.05g)，相

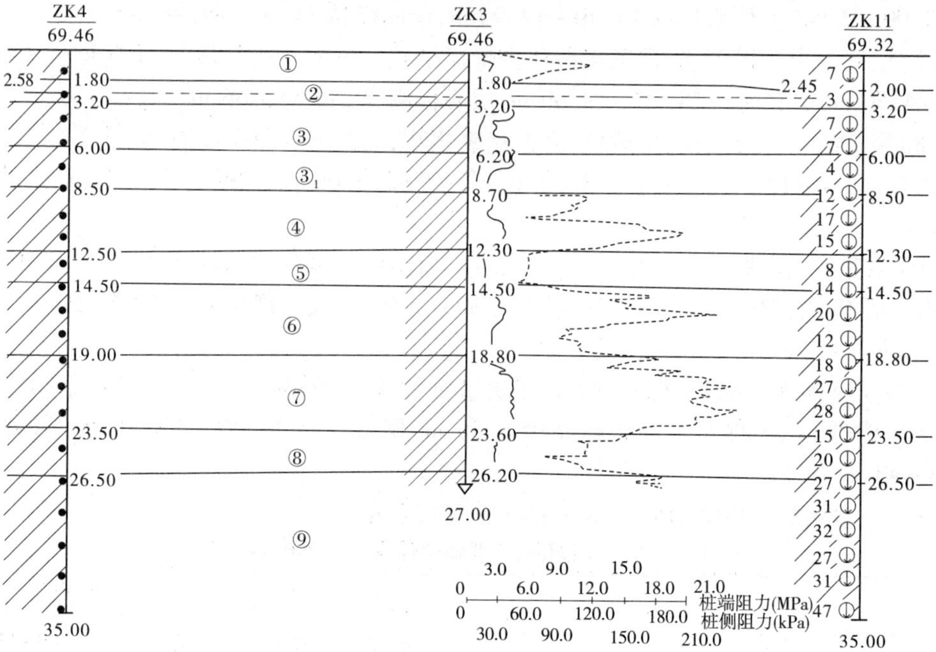

图 3-1　原体试验区地质剖面

应的地震基本烈度为 6 度。

第三节　原体试验设计

一、原体试验目的和要求

（1）检验桩基方案对场地岩土工程条件的适宜性及效果，确定施工机械、配套设备及合理的施工工艺等有关参数。

（2）确定单桩竖向抗压承载力特征值和水平极限承载力，综合确定相应土层的极限桩侧阻力和极限桩端阻力。

（3）为桩基方案的优化、工程桩基的设计提供岩土参数。

（4）确定工程桩的施工参数和工艺，为制定工程桩的施工组织措施、施工管理标准及保证施工质量的措施提供依据。

（5）研究工程桩施工时对场地和周围环境的影响，以便采取相应的工程措施。

（6）确定工程桩的施工质量检验方法和标准。

（7）进行桩的高、低应变测试，检测桩身质量。

（8）通过单桩静载荷试验和动力检测，获取静、动力试桩对比资料，为施工图设计、工程桩检测提供依据。

（9）通过单桩水平静载荷试验，确定单桩水平临界荷载、桩侧土水平抗力系数的比例系数，获取桩基设计所必需的计算参数。

二、桩基参数设计

为充分模拟工程桩实际状态，以验证沉桩及桩体上浮的可能性，本次试桩采用 5 × 5 = 25 根桩集中布置形式。试验区平面尺寸为 7.5 m × 7.5 m，由 4 根试桩一（编号为 P11 ~ P14）和 21 根试桩二（编号为 P21 ~ P221）组成，试桩呈正方形布置，桩间距 1.75 m。试验区自然地面标高在 69.50 m 左右（ ±0.0 m 标高为 71.50 m），试桩桩顶位于地面下 4.0 m。桩位布置见图 3-2。

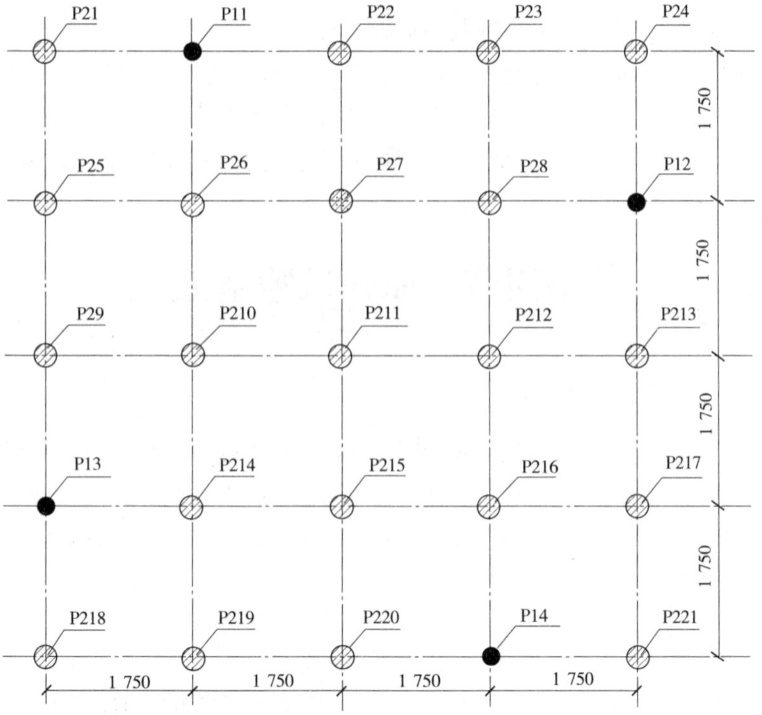

图 3-2　桩位布置　（单位：mm）

PHC 桩的制作符合《预应力混凝土管桩》（03SG409）的要求，试桩一和试桩二的编号分别为 PHC – AB500（100） – 26b 和 PHC – AB500（100） – 29b，有效桩长分别为 23.0 m 和 26.0 m，桩端分别位于层⑧和层⑨。桩身混凝土强度等级采用 C80，每根桩分上、下两段制作，接头为 1 个。

三、检测方案

根据沉桩施工情况，若所有 PHC 桩沉桩顺利，则只对试桩二进行检测；若试桩二出现沉桩困难、桩身破损或总击数过大等不利于工程桩施工的任一情况，则只对试桩一进行检测。

检测内容和工作量见表 3-2。

表 3-2 检测内容和工作量

桩型	竖向静载	水平静载	高应变	低应变	说明
PHC 桩	4 根	3 根	6 根	25 根	在沉桩结束后和检测前对 3 根桩分别进行高应变测试,对比测定其承载力恢复系数

检测顺序:沉桩完成休止 15 d 后进行检测。先进行低应变、高应变,之后进行桩的竖向抗压静载荷试验,最后进行水平静载荷试验。

试验面标高:试桩施工期间地下水位埋深在 2.5 m 左右(±0.00 m 下 4.5 m 左右),因此在施工时把两种试桩均上延加长至 -3.0 m(自然地面下 1.0 m,绝对标高为 68.5 m),则实际桩长试桩一为 26 m,试桩二为 29 m,桩底标高不变,以利检测,缩短工期,并节省井点降水和基坑开挖费用。

第四节 原体试验施工

一、工艺流程及控制指标

采用锤击沉桩工艺,桩锤为 D62 型筒式柴油锤;停锤标准以控制桩端设计标高为主,以贯入度为辅;施工顺序为由里向外。施工工艺主要流程为:商品桩运至试验场地→定位放线→桩位校核→桩机就位→调平→吊桩→对中、调直→锤击沉桩→接桩→锤击沉桩→满足桩停止锤击的控制原则→停锤。

二、施工过程

外业工作历时 7 d,其中有效工期为 4 d。每根桩平均施工用时约 2 h。

三、施工效果分析

通过施工记录可知,8 m 以上土层较软,容易贯入,沉桩锤头难以起跳;8 m 以下随着贯入深度增加,桩侧阻力增大,地层工程特性变好,每米锤击数逐步增加;进入层⑦后每米锤击数多为 50 ~ 80 击,但可顺利穿过;桩端进入层⑨后每米锤击数多数为 110 ~ 220 击,最大击数达 285 击,沉桩难度增大,但沉桩仍可正常进行。

按照由里到外的施工顺序,25 根桩全部打到了设计深度,试桩一进入层⑧黏土的深度约为 2.0 m,试桩二进入层⑨黏土的深度约为 3.0 m,此时的贯入度为 30 ~ 110 mm(多数为 60 ~ 100 mm)。平均总锤击数为 1 321 击,最大总锤击数为 P210 号桩 1 710 击(由于机械故障,P210 号桩施工至 -26.0 m 时被迫停止,6 h 后恢复施工,造成击数偏大),最小总锤击数为 P28 号桩 1 195 击(仅对试桩二进行统计)。

25 根桩的每米锤击数及总锤击数见表 3-3。PHC 桩沉桩施工见图 3-3。

考虑到沉桩过程中的挤土效应,施工过程中对 PHC 桩内"土塞"高度、桩及场地地面

表 3-3　25 根桩的每米锤击数及总锤击数

沉桩序号	桩号	深度(m)																														击数（击）
		1	2	3	4	5	6	7	8	9	10	11	12	13	14	15	16	17	18	19	20	21	22	23	24	25	26	27	28	29	30	
1	P211	3	3	2	3	5	5	5	5	6	9	15	21	23	24	27	38	39	42	45	48	53	62	72	64	63	68	77	121	172	172	1 292
2	P212	3	3	3	2	3	5	5	5	6	14	18	20	20	21	22	35	34	33	39	43	48	54	67	73	81	83	98	106	110	168	1 222
3	P216	3	3	2	3	4	5	5	5	6	9	16	15	17	23	25	32	34	38	43	45	49	57	70	76	87	89	94	103	173	231	1 362
4	P215	3	3	3	3	5	6	6	7	10	17	21	26	28	28	31	39	48	49	46	50	58	66	70	74	83	95	99	111	166	179	1 430
5	P28	3	3	3	3	5	6	8	10	10	19	23	24	26	23	21	32	35	32	34	35	45	46	58	71	89	91	90	97	103	150	1 195
6	P27	3	3	3	2	6	6	5	6	8	17	24	25	27	26	28	30	38	42	47	55	60	62	67	70	74	80	88	105	130	151	1 288
7	P214	3	5	7	4	5	6	6	10	7	11	17	17	18	25	28	30	32	38	40	42	50	65	71	77	84	87	94	105	135	154	1 273
8	P210	3	4	4	4	6	7	10	10	11	13	16	20	19	24	28	31	40	46	50	54	61	63	69	74	80	91	200	220	167	285	1 710
9	P26	3	4	4	6	6	6	10	14	26	25	28	30	31	30	36	52	40	39	41	56	68	74	80	84	91	102	118	128	142	192	1 566
10	P11	3	3	4	4	5	6	11	17	19	21	23	28	27	36	42	41	44	45	47	57	61	63	76	83	90	99	107	—	—	—	1 062
11	P21	3	3	3	4	3	4	5	7	9	14	18	20	20	21	32	30	31	33	32	40	48	51	62	67	81	92	100	111	139	125	1 208
12	P25	3	3	3	5	5	6	9	10	15	17	19	25	30	30	32	47	46	47	54	60	69	77	85	91	97	93	103	122	120	110	1 433
13	P29	3	3	3	4	5	5	6	8	10	13	17	21	23	23	28	35	37	35	38	40	45	59	68	81	94	106	126	154	156	144	1 390
14	P13	3	3	3	5	6	6	8	13	14	19	23	25	22	30	35	38	40	39	40	45	62	77	82	88	90	93	112	—	—	—	1 021
15	P218	3	3	3	5	5	7	10	14	15	18	19	23	24	26	25	37	42	41	43	49	54	66	73	86	95	102	113	116	124	144	1 385
16	P219	3	3	3	5	5	6	9	15	16	16	20	23	23	25	28	35	40	42	50	51	53	61	69	81	94	104	117	121	123	157	1 398
17	P220	3	3	3	5	5	6	10	13	16	17	20	24	27	28	29	30	31	33	37	44	58	73	84	93	95	108	113	125	139	171	1 443
18	P14	3	3	3	5	5	6	7	15	17	20	22	25	24	25	26	30	35	37	42	49	55	64	78	89	95	101	129	—	—	—	1 010
19	P221	3	3	3	4	5	5	9	14	15	18	20	23	26	30	32	31	33	34	37	48	55	69	78	97	101	106	119	127	135	150	1 430
20	P217	3	3	3	3	5	5	8	16	15	19	22	21	24	29	31	31	35	32	40	43	49	57	69	83	96	108	113	129	141	171	1 404
21	P213	3	3	3	4	5	7	7	14	16	19	21	22	22	24	29	34	33	32	34	46	59	67	84	88	96	108	116	149	207	212	1 564
22	P12	3	3	4	5	4	6	9	14	18	23	22	24	25	28	30	32	37	40	43	47	53	61	74	86	93	105	130	—	—	—	1 019
23	P24	3	3	3	4	5	6	7	9	11	18	20	23	23	25	27	34	33	35	38	45	53	71	78	85	93	98	105	118	123	141	1 337
24	P23	3	3	3	3	6	5	8	11	10	16	19	20	23	25	29	31	33	32	39	54	61	65	77	75	82	91	103	120	132	148	1 327
25	P22	3	3	3	3	5	7	15	17	10	14	18	21	23	25	26	29	30	31	35	43	55	59	68	76	80	84	96	107	127	154	1 267

图 3-3　PHC 桩沉桩施工

上浮量进行了测量。桩内土塞高度多为 6 ~ 10 m，小于桩长的 1/3；通过对 12 根具代表性的桩上浮量测量（水准仪观测）发现，桩普遍存在上浮情况，上浮量为 18 ~ 142 mm，具体表现为：中心 P211 号桩上浮量最大，达 142 mm；内环桩上浮量稍小，为 99 ~ 112 mm；外环桩上浮量最小，为 18 ~ 30 mm。沉桩施工前后的场地地面标高差异不大，说明地面无明显上浮。综合以上情况，说明挤土效应较明显。12 根 PHC 桩的上浮量详见表 3-4。

表 3-4　12 根 PHC 桩的上浮量

桩号	P211	P212	P216	P215	P28	P27	P219	P220	P217	P221	P213	P24
上浮量（mm）	142	110	99	102	109	112	18	22	30	22	20	23

第五节　原体试验检测

一、低应变检测

试验采用 RS1616K（p）型检测仪，对 25 根桩进行了低应变测试，每一根桩均进行 4 次以上的重复测试，出现异常波形在现场及时研究，排除影响测试的不良因素后重复测试，当重复测试的波形具有较好的一致性时，再进行下一根桩的测试工作。

根据波形分析桩身完整性，25 根桩中 Ⅰ 类桩 21 根，占总桩数的 84%；Ⅱ 类桩 3 根，占总桩数的 12%；Ⅳ 类桩 1 根，占总桩数的 4%。低应变测试成果见表 3-5。

二、高应变检测

沉桩施工结束后，立即选择 3 根试验桩进行了高应变测试，待竖向静载荷试验开始前，对其 3 根桩再次进行高应变测试，以测定试桩的承载力恢复系数。高应变测试成果见表 3-6

表 3-5 低应变测试成果

桩号	桩径(mm)	施工桩长(m)	桩身完整性评价	分类	说明
P11	500	26	完整	Ⅰ类	
P12	500	26	完整	Ⅰ类	
P13	500	26	完整	Ⅰ类	
P14	500	26	完整	Ⅰ类	
P21	500	29	完整	Ⅰ类	
P22	500	29	基本完整	Ⅱ类	桩浅部轻微损伤
P23	500	29	完整	Ⅰ类	
P24	500	29	基本完整	Ⅱ类	桩浅部轻微损伤
P25	500	29	完整	Ⅰ类	
P26	500	29	完整	Ⅰ类	
P27	500	29	完整	Ⅰ类	
P28	500	29	完整	Ⅰ类	
P29	500	29	完整	Ⅰ类	
P210	500	29	完整	Ⅰ类	
P211	500	29	桩焊接处脱开	Ⅳ类	断桩
P212	500	29	完整	Ⅰ类	
P213	500	29	基本较完整	Ⅱ类	桩浅部轻微损伤
P214	500	29	完整	Ⅰ类	
P215	500	29	完整	Ⅰ类	
P216	500	29	完整	Ⅰ类	
P217	500	29	完整	Ⅰ类	
P218	500	29	完整	Ⅰ类	
P219	500	29	完整	Ⅰ类	
P220	500	29	完整	Ⅰ类	
P221	500	29	完整	Ⅰ类	

表 3-6 高应变测试成果

桩号	桩长(m)	桩径(mm)	测试次序	高应变测试结果			
				单桩竖向极限承载力标准值 Q_{uk}(kN)	总极限桩侧阻力标准值 Q_{sk}(kN)	总极限桩端阻力标准值 Q_{pk}(kN)	恢复系数
P22	29	500	初打	4 141.3	3 253.9	887.4	1.18
			复打	4 883.8	3 992.3	891.5	
P23	29	500	初打	3 745.6	3 049.7	695.9	1.23
			复打	4 607.0	3 751.1	855.9	
P217	29	500	初打	3 697.4	2 977.4	720.0	1.21
			复打	4 477.8	3 662.2	815.6	

从表3-6可以看出，PHC桩极限承载力恢复系数平均值为1.21。

三、桩侧阻力及桩端阻力计算

根据高应变测试成果，将桩侧阻力根据所在层位进行分层统计、整理，计算得出各土层极限桩侧阻力，根据桩端阻力计算得出极限桩端阻力。根据计算结果，参照竖向抗压静载荷试验结果综合分析，确定各土层极限桩侧阻力及极限桩端阻力，计算成果见表3-7。

表3-7　各土层极限桩侧阻力及极限桩端阻力

地层编号及岩性	极限桩侧阻力标准值 q_{sik}(kPa)	极限桩端阻力标准值 q_{pk}(kPa)
层①黏土	42	—
层②粉质黏土	48	—
层③粉质黏土	56	—
层$③_1$粉质黏土	46	—
层④黏土	78	—
层⑤黏土	75	—
层⑥黏土	85	—
层⑦黏土	94	—
层⑧黏土	105	—
层⑨黏土	111	4 500

四、单桩竖向抗压静载荷试验

鉴于试验桩普遍存在上浮现象，故分别选择了无上浮的P22桩（最后施工）、上浮量较小的P24桩（上浮量23 mm）、上浮量较大的P216桩（上浮量99 mm）和上浮量最大的P211桩（上浮量142mm）共4根桩进行竖向抗压静载荷试验，以对比分析各种上浮量对单桩承载力的影响程度。4根桩的竖向抗压静载荷试验分别于沉桩后15 d、18 d、22 d、26 d进行，试验采用堆载平台反力装置。

试验采用JCQ－503A型静力载荷测试仪，自动完成整个测试过程。试验根据《电力工程地基处理技术规程》（DL/T 5024—2005）和《建筑基桩检测技术规范》（JGJ 106—2003）要求进行，采用慢速维持荷载法，分级加载至破坏。

加荷等级：荷载分10～15级，每级加载量为预估单桩极限承载力的1/12，第一级按2倍分级荷载加载。实际加载分级见表3-8。

各桩静载荷试验的 $Q \sim s$ 曲线见图3-4～图3-7。

表 3-8　竖向静载荷试验加载分级

分级		1	2	3	4	…	10	11	12	…	15
荷载（kN）	P24	660	990	1 320	1 650	…	3 630				
	P211	660	990	1 320	1 650	…	3 630	3 960			
	P22、P216	660	990	1 320	1 650	…	3 630	3 960	4 290	…	5 280

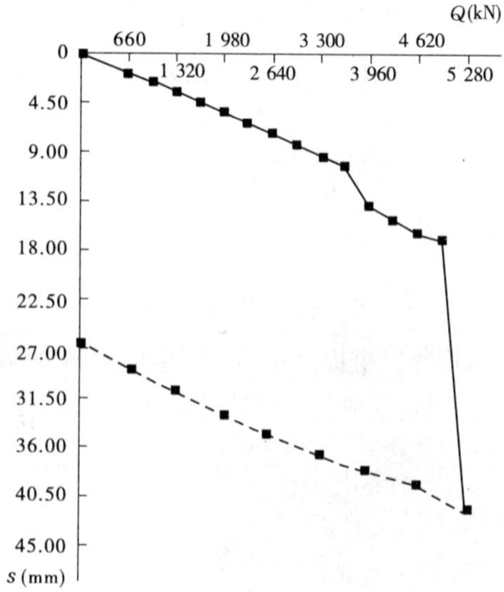

图 3-4　P22 桩 $Q \sim s$ 曲线

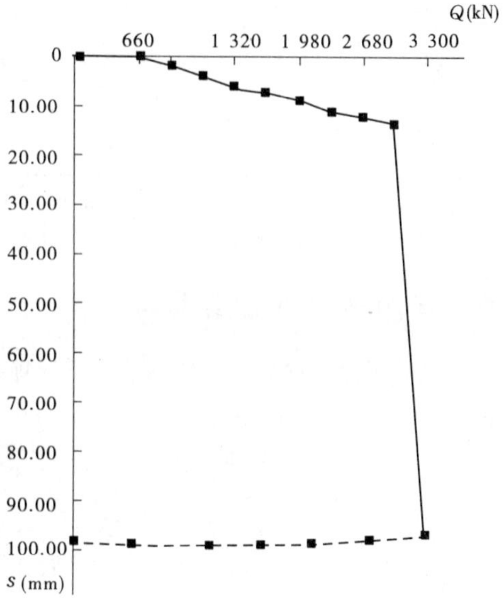

图 3-5　P24 桩 $Q \sim s$ 曲线

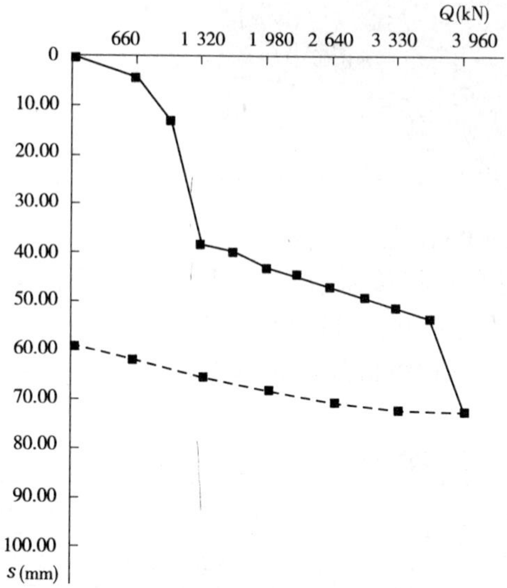

图 3-6　P211 桩 $Q \sim s$ 曲线

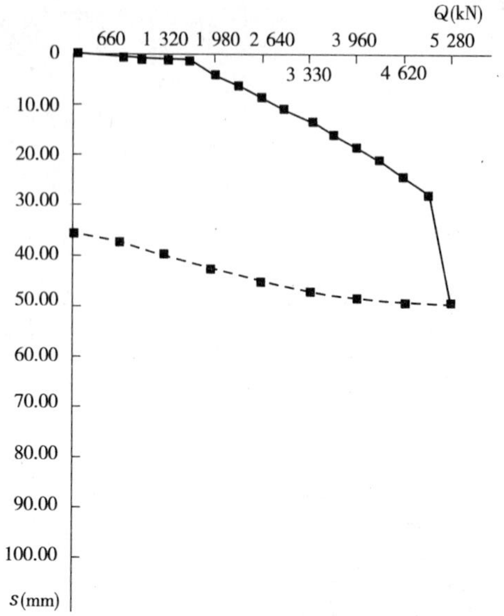

图 3-7　P216 桩 $Q \sim s$ 曲线

根据4根桩的竖向静载荷试验实测数据，依据相关规范确定其单桩承载力。试验成果见表3-9。

表3-9　单桩竖向静载荷试验成果

桩号	最大加载量 Q(kN)	实测单桩竖向极限承载力 Q_u(kN)	单桩竖向极限承载力统计值 (kN)	变形分析		
				最大沉降量 s (mm)	最大回弹量 (mm)	回弹率 (%)
P24	3 630	3 300	4 950	96.69	-2.04	-2.1
P211	3 960	—		72.37	13.31	18.4
P22	5 280	4 950		42.02	15.58	37.1
P216	5 280	4 950		49.76	14.20	28.5

注：1. P24桩在加至3 630 kN荷载时桩头破裂，致使试验终止，故试验结果未采用。

2. P211桩因上浮导致上、下两节桩在接头处脱开，试验结果只作参考。

五、单桩水平静载荷试验

试验采用力球架-力传感器-千斤顶装置，采用相邻试桩提供反力。试验面标高为58.5 m(±0.00 m以下3.0 m)。采用RS-JYB型静载荷测试仪完成整个测试过程(见图3-8)。

图3-8　单桩水平静载荷试验

试验采用单向多循环加载试验法。试验过程严格按照《电力工程地基处理技术规程》(DL/T 5024—2005)和《建筑基桩检测技术规范》(JGJ 106—2003)进行。

加荷等级：荷载分9～10级，每级加载量为预估单桩极限承载力的1/12，加载分级见表3-10。

表3-10　水平静载荷试验加载分级

分级		1	2	3	4	5	…	8	9	10
荷载(kN)	P213	16	32	48	64	60	…	128	144	—
	P29、P220	18	36	54	72	90	…	144	162	180

单桩水平静载荷试验结果见表 3-11。

表 3-11　单桩水平静载荷试验结果

桩号	最大加载量（kN）	水平极限承载力（kN）	水平临界荷载（kN）	临界荷载统计值（kN）	最大水平位移（mm）
P29	180	162	108		37.24
P220	180	162	108	104	41.17
P213	144	128	96		42.70

根据试验结果计算桩侧土水平抗力系数的比例系数和桩的水平变形系数。计算公式如下：

$$m = \frac{(\nu_y H)^{\frac{5}{3}}}{b_0 Y_0^{\frac{5}{3}} (EI)^{\frac{2}{3}}} \tag{3-1}$$

$$\alpha = \left(\frac{mb_0}{EI}\right)^{\frac{1}{5}} \tag{3-2}$$

式中：m 为桩侧土水平抗力系数的比例系数，kN/m^4；α 为桩的水平变形系数，m^{-1}；ν_y 为桩顶水平位移系数，$\nu_y = 2.441$；H 为作用于地面的水平力，kN；Y_0 为水平力作用点的水平位移，m；EI 为桩身抗弯刚度，$kN \cdot m^2$，其中 E 为桩身材料弹性模量，I 为桩身换算截面惯性矩；b_0为桩身计算宽度 m，$b_0 = 0.9(1.5D + 0.5)$。

计算结果见表 3-12。

表 3-12　各试桩 m 和 α 计算结果

序号	P29 桩				P213 桩				P220 桩			
	H（kN）	Y_0（mm）	m（MN/m^4）	α（m^{-1}）	H（kN）	Y_0（mm）	m（MN/m^4）	α（m^{-1}）	H（kN）	Y_0（mm）	m（MN/m^4）	α（m^{-1}）
1	18	0.47	81.1	0.988	16	0.42	80.4	0.986	18	0.45	87.2	1.003
2	36	2.02	22.7	0.766	32	1.5	30.6	0.813	36	1.27	49.1	0.894
3	54	3.30	19.7	0.744	48	3.54	14.4	0.699	54	3.31	19.6	0.743
4	72	5.52	13.5	0.690	64	6.27	9.0	0.636	72	5.41	13.9	0.695
5	90	8.51	9.5	0.643	80	10.16	5.8	0.583	90	8.24	10.0	0.650
6	108	11.65	7.6	0.616	96	15.04	4.1	0.544	108	11.98	7.3	0.610
7	126	15.73	6.0	0.587	112	21.61	2.9	0.507	126	17.65	4.9	0.564
8	144	21.01	4.6	0.557	128	31	2.0	0.470	144	23.09	3.9	0.540
9	162	26.96	3.7	0.533	144	42.7	1.4	0.440	162	32.90	2.7	0.499
10	180	37.24	2.6	0.496	—	—	—	—	180	41.17	2.2	0.479

临界荷载所对应 m 值的平均值为 6.3 MN/m^4。

第六节　原体试验成果分析

通过对25根桩进行的低应变测试及对其中3根桩进行的高应变测试结果，结合竖向静载荷试验过程来看，桩身质量及完整性不够理想，25根桩中有3根Ⅱ类桩和1根Ⅳ类桩。分析其原因，Ⅱ类桩均为桩身浅部轻微损伤，应为沉桩过程中锤击对桩身浅部造成的损伤；对于Ⅳ类桩P211，结合竖向抗压静载荷试验 $Q \sim s$ 曲线和高应变测试结果分析，应为接头处开焊，上下两节桩脱开，造成断桩。

通过对比P211桩和P22桩的 $Q \sim s$ 曲线可以看出，P211桩最大加载量较P22桩的最大加载量小得多，说明桩体上浮对单桩承载力存在影响（主要表现为上浮破坏了桩体完整性，进而影响单桩承载力）；而P211桩的 $Q \sim s$ 曲线本身说明桩体出现断桩（高应变证实从上下两节桩接头处断裂），从曲线上看，上下两节桩脱开近40 mm，而P211桩桩顶上浮量为142 mm，说明下节桩上浮了100 mm左右。

分析PHC桩在黏性土中沉桩导致桩体上浮主要存在两大因素：一是上部软塑—可塑状态的黏性土在地下水位埋深较浅的情况下，由于PHC桩沉桩形成挤土效应，使桩周土中超孔隙水压力急剧增大（因黏性土渗透系数较小，孔隙水消散很慢），降低土的不排水抗剪强度，促使桩周邻近土体因不排水剪切而破坏，与桩体积等量的土体在沉桩过程中向桩周发生较大的侧向位移和隆起，同时由于超孔隙水压力向四周消散及土体低压缩性的影响，加之群桩施工中的叠加因素，扩大了位移和土体隆起的范围，造成已打入桩的侧向位移及上浮；二是下部硬塑—坚硬状态的黏性土压缩性很小，在群桩施工中桩进入该层后，会对硬塑—坚硬状态的土层产生强烈扰动，导致地基土强度降低，局部发生剪切破坏，且后续沉桩的侧向挤土余地不足，导致桩间土体上隆，带动先行沉入的邻桩上浮（P211桩下半节桩体出现上浮就是例证）。

竖向抗压静载荷试验结果受到桩身质量及完整性的影响，P22桩（Ⅱ类桩）和P216桩（Ⅰ类桩）竖向极限承载力较大（二者单桩极限承载力相当，也说明在桩体完整性能够保证的情况下，一定范围内的上浮量对单桩承载力影响不大），P24桩（Ⅱ类桩）在加载至3 630 kN荷载时桩头破裂，致使试验终止，未达到单桩极限工作状态，故试验结果未采用。P211桩（Ⅳ类桩）因上浮导致上下两节桩在接头处脱开，不能反映单桩实际工作状态，试验结果只作参考，故本次竖向静载荷试验最后采用两根桩的竖向静载荷试验结果。由于试桩桩顶处于 -3.0 m处，而工程桩桩顶处于 -6.0 m处，因此本次单桩竖向极限承载力标准值减去 -3.0 ~ -6.0 m段的极限桩侧阻力后，即可得出工程桩的单桩竖向极限承载力。

根据对竖向静载荷试验成果及高应变测试成果综合分析，并考虑到PHC - AB500（100）型桩桩身结构对应的单桩竖向承载力最大特征值为2 300 kN，综合确定单桩竖向承载力、各岩土地层极限桩侧阻力及极限桩端阻力，各设计参数推荐值见表3-13。

表 3-13　单桩竖向承载力及设计参数推荐值

桩型	实测单桩竖向极限承载力 Q_u(kN)	设计基底标高以上桩侧阻力(kN)	单桩竖向极限承载力(按有效桩长)(kN)	单桩竖向承载力特征值 R_a(kN)	地层及岩性	极限桩侧阻力标准值建议值 q_{sik}(kPa)	极限桩端阻力标准值建议值 q_{pk}(kPa)
PHC 桩	4 950	298	4 652	2 300	层①黏土	42	—
					层②粉质黏土	48	—
					层③粉质黏土	56	—
					层③$_1$ 粉质黏土	46	—
					层④黏土	78	—
					层⑤黏土	75	—
					层⑥黏土	85	—
					层⑦黏土	94	—
					层⑧黏土	105	—
					层⑨黏土	111	4 500

注:单桩竖向承载力特征值由桩身结构对应的单桩竖向承载力最大特征值进行控制。

根据高应变测试成果计算得出的各土层极限桩侧阻力与《建筑桩基技术规范》(JGJ 94—2008)给出的经验值相比,表现出地基土的桩侧阻力不仅与土层的岩性、状态有关,而且随着土层埋深的增大存在增强效应,具体表现为上部土层桩侧阻力小于或接近规范给出的下限值,下部土层桩侧阻力接近或大于规范给出的上限值,桩端附近的土层桩侧阻力超出规范给出的上限值较多。分析其原因,认为随着土层埋深的增大,土层的上覆压力也随之加大,进而土层的桩侧阻力也增大,也就是说,同样岩性、状态的土层,存在因上覆压力的增大桩侧阻力增强的效应。

水平静载荷试验中,P29 桩(Ⅰ类桩)和 P220 桩(Ⅰ类桩)试验结果较一致,P213 桩(Ⅱ类桩)试验结果稍差。通过对水平静载荷试验成果分析,综合确定单桩水平承载力及桩侧土水平抗力系数的比例系数,各设计参数推荐值见表 3-14。

表 3-14　单桩水平承载力及设计参数推荐值

桩型	单桩水平极限承载力(kN)	单桩水平临界荷载(kN)	桩侧土水平抗力系数的比例系数 m(MN/m^4)
PHC 桩	150	104	6.3

3 组单桩水平静载荷试验,试验面均在自然地面以下 1.0 m(标高为 68.5 m),处于地基土层①中。

第七节　挤土效应和上浮的预防措施

为降低沉桩过程中的挤土效应,避免或减小桩体的上浮量,从而保证桩身完整性及单桩承载力,根据初步分析的影响因素,在黏性土中进行 PHC 桩施工时,可考虑采取下列一种或几种预防措施。

(1)加大桩的中心间距:通过适当增加承台面积,也可通过加大桩径、提高单桩承载力、减少桩数、加大桩距、控制布桩平面系数等,以减小挤土效应。

(2)减少 PHC 桩进入硬塑—坚硬状态黏土的深度:当以硬塑—坚硬状态黏性土作为桩端持力层时,进入持力层不宜大于 3 倍桩径,以减小对深部地基土的挤土效应。

(3)预先钻孔再沉桩:钻孔直径可比桩径小 50 ~ 100 mm,深度可根据桩距和土的密实度、渗透性确定,宜为桩长的 1/3 ~ 1/2,施工时应随钻随打,桩架宜具备钻孔和锤击双重功能。

(4)设置塑料排水板:按 1 m×1 m 方格网设置塑料排水板,深度宜为 10 ~ 12 m,对降低超静孔隙水压力会起到一定的作用,从而可减弱挤土效应,减小桩体上浮。

(5)可开挖地面防震沟:可与其他措施结合使用,防震沟宽度可取 0.5 ~ 0.8 m,深度按土质情况确定。

(6)控制沉桩速度:24 h 内休止时间不应少于 8 h,在状态较差的黏性土地基中沉桩速度过快,超静孔隙水压力几乎得不到消散而迅速上升,土体变形加剧。

(7)合理安排沉桩顺序:为减小土体位移,可采用自中间向两个方向或四周对称施打、先长后短、分段沉桩或间隔跳打、分遍沉桩。

(8)进行孔隙水压力监测:在沉桩过程中,对沉桩周围地基土中孔隙水压力进行检测,根据孔隙水压力的变化,指导沉桩速度及沉桩顺序。

(9)对不少于总桩数 10% 的桩顶进行上浮监测。

第八节 结 语

施工结果表明,PHC 桩每根桩沉桩时间约为 2 h,锤击沉桩工艺在该场地地层条件下是适宜的,沉桩施工挤土效应明显,导致桩体普遍存在上浮现象,并已影响到桩身完整性及单桩承载力,严重者可导致断桩。通过 P211 桩的 $Q \sim s$ 曲线可以看出,上下两节桩均存在上浮现象;沉桩施工过程中,引起桩体上浮的因素较多,本章初步分析了两个主要因素供探讨;工程桩施工时,为降低沉桩过程中的挤土效应,避免或减小桩体的上浮量,可考虑采取一种或几种预防措施。

规范中桩侧阻力的取值是按土的物理性质指标确定的,这种方法虽然简单实用,但却与实际工程状态有较大差别,越来越多的试验结果证明,在桩基工程中影响桩侧阻力的因素是多方面的,桩长、桩径、桩周土性质、土层深度、桩端土强度、挤土效应、休止时间等条件对桩的侧阻力均有较大影响,应考虑各种因素合理取值,加强探讨其随条件变化的规律,以在今后工程中应用。

桩侧阻力的增强效应是普遍存在的,虽然对桩侧阻力增强效应的研究尚不成熟,但可以预见,将桩侧阻力的增强效应应用于工程实践,将会产生巨大的技术和经济效益。

根据高应变测试得出的承载力恢复系数,工程桩高应变检测可在沉桩施工完成后即进行,以缩短工期,节约成本。

第四章　浅部软弱地层中的 CFG 桩复合地基原体试验

第一节　工程概述

某市新城区热电厂工程为装机容量 2×200 MW 的新建供热机组。地貌上属于黄河冲洪积平原，地形平坦，地势开阔，自然地面标高一般为 64.20～65.10 m。场地西侧紧临新 107 国道，交通便利。

由于该场地上部地层较软弱，不能满足主要建（构）筑物对天然地基的要求，拟采用 CFG 桩复合地基对冷却塔区进行处理，要求经处理后复合地基的承载力不低于 180 kPa。

第二节　岩土工程条件

场地地层主要由第四系冲洪积（Q_4^{al+pl}）粉土和粉质黏土组成，勘测深度内自上而下可分为 2 个主层和 1 个亚层，主要地层情况见图 4-1。各岩土层情况如下：

（1）层①粉土。褐黄、黄褐、灰褐等色，含铁锰质斑点与白色钙质丝纹，见螺壳碎屑，局部含 5% 的粒径 10～20 mm 的姜石。湿，密实，具中压缩性，层厚 5.50～7.50 m（不包括夹层厚度，下同），层底埋深 8.00～9.00m，层底标高 55.72～56.87 m。

（2）层①$_1$ 粉质黏土。褐黄、灰黄等色，见少量氧化铁锰斑点、灰白高岭土软斑、条纹和螺壳碎片。可塑，具中压缩性。该层为层①层夹，层厚 2.20～3.10 m，层底埋深 3.70～4.90 m，层底标高 60.05～61.37 m。

（3）层②粉土。黄褐色，含少量灰白色高岭土、铁锰质锈斑、螺片和小姜石。湿，密实，具中（偏低）压缩性。该区勘探深度止于该层，最大揭露厚度 6.20 m。

各土层主要物理性质及工程特性指标见表 4-1。

表 4-1　地基土主要物理性质及工程特性指标

地层编号及岩性	含水量 ω（%）	湿重度 $\gamma_{湿}$（kN/m^3）	孔隙比 e	饱和度 S_r（%）	液性指数 I_L	黏粒含量 ρ_c（%）	标贯击数 N（击）	双桥静探试验 锥尖阻力 q_c（MPa）	双桥静探试验 侧摩阻力 f_s（kPa）
层①粉土	22.3	20.2	0.634	94.5	—	13.5	4	1.28	45.4
层①$_1$ 粉质黏土	24.8	19.9	0.706	95.5	0.44	—	5	0.93	49.6
层②粉土	24.1	19.9	0.681	95.5	—	8.3	21	8.71	252.8

场地地下水为孔隙潜水，勘测时稳定水位埋深 3.92～4.24 m，相应高程 60.51～61.04 m。平常年变幅在 2 m 左右。根据室内水质分析试验结果，按Ⅱ类环境类型评价

时，地下水对混凝土结构具微腐蚀性；干湿交替情况下，地下水对钢筋混凝土结构中的钢筋具弱腐蚀性。场区典型钻孔柱状图见图 4-1。

地层编号	层底标高(m)	层底埋深(m)	层厚(m)	柱状图 1∶100	岩土名称及其特征	标贯击数 N(击)	稳定水位高程(m)
①	63.16	1.60	1.60		粉土，湿，密实，具中(偏高)压缩性		
①₁	60.36	4.40	2.80		粉质黏土，可塑，具中压缩性	=3.0 1.95 =6.0 2.95 =7.0 3.95	60.52
①	56.76	8.00	3.60		粉土，湿，密实，具中(偏高)压缩性	=5.0 4.95 =4.0 5.95 =4.0 6.95 =6.0	
②	50.76	14.00	6.00		粉土，湿，密实，具中(偏低)压缩性	7.95 =14.0 8.95 =30.0 9.95 =9.0 10.95 =26.0 11.95 =14.0 12.95 =19.0	
						13.95	

图 4-1　场区典型钻孔柱状图

该工程场地 50 年超越概率 10% 危险水平的地面水平运动峰值加速度 0.10g，相应的地震基本烈度为 7 度，地震动反应谱特征周期分区 1 区。利用标准贯入试验对场地地基土中的饱和粉土进行了液化判定，根据计算结果，地基的液化等级为轻微，但由于可液化饱和粉土层呈透镜体状出现，分布不连续，因此可不考虑地震液化的影响。

根据《建筑抗震设计规范》(GB 50011—2010)，场地土类型为中软场地土，建筑的场地类别为Ⅱ类，属于可进行建设的一般场地。

第三节　原体试验设计

一、原体试验目的和内容

进行原体试验的目的是检验地基处理方法对场地条件的适应性及实际效果，以便进一步优化设计，为设计和施工提供必要的参数，确定施工工艺及检测手段，以取得明显的

经济效益。本次 CFG 桩复合地基原体试验的内容主要有:

(1)单桩、复合地基和桩间土的载荷试验。测定各级荷载作用下的沉降规律,确定单桩、复合地基及桩间土的承载力特征值和变形参数。

(2)桩身低应变测试。检测桩身完整性,判定桩身缺陷的程度及位置,分析缺陷原因,指导工程桩施工。

(3)测定桩身混合料配合比及试块抗压强度。监测材料质量,积累配合比经验,指导工程桩施工。

(4)桩间土标准贯入试验、静力触探试验及室内土工试验。在成桩前、后分别进行原位测试和采取土试样进行土工试验,一方面验证试桩区域地层的代表性,另一方面检验 CFG 桩对桩间土的挤密效果。

本次原体试验工作共施工 CFG 桩 36 根,其中完成:低应变测试 25 根,单桩载荷试验 4 组,单桩复合地基载荷试验 4 组,桩间土载荷试验 4 组,桩体试块抗压强度试验 4 组;标准贯入试验孔 3 个,进尺 42.20 m,标准贯入试验 40 次;取土试样钻孔 2 个,进尺 28.50 m,采取原状土试样 25 件;静力触探试验孔 4 个,进尺 54.40 m。

二、试验区位置

结合场地岩土地层,试桩区中心位于两座冷却塔中心连线的中点处,其坐标为:A = 5 013.00 m,B =5 143.25 m,试验区呈东西方向,平面尺寸为 6.280 m×9.425 m。±0.00 m 相应于标高 65.60 m。

试验区由 6 排共 36 根平面上呈正三角形布置的 CFG 桩组成,桩间距均为 1.45 m(见图 4-2)。

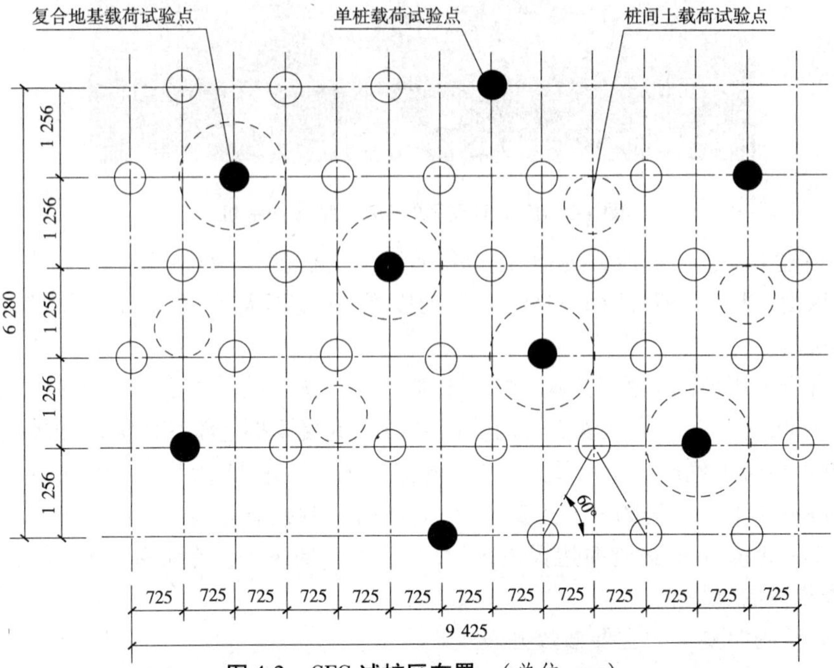

图 4-2 CFG 试桩区布置 (单位:mm)

三、CFG 桩的主要设计参数

(1)桩直径 400 mm,有效桩长 7.50 m,顶部垫层厚度 300 mm,桩顶绝对标高为 -61.90 m,桩底绝对标高为 -54.40 m(±0.00 m 相应于标高 65.60 m)。

(2)平面上呈正三角形布置,共 6 排 36 根,桩间距均为 1.45 m。

(3)桩身混合材料采用粉煤灰水泥,强度等级为 C20,混合材料中水泥、砂、石、粉煤灰、外加剂等材料配合比通过试验确定。

第四节 原体试验施工

原体试验的成桩施工采用 DZ90 型振动桩机(见图 4-3),桩机为滚管式结构,移位、成桩方便快捷,采用直径为 377 mm 的沉管,钢制式活瓣桩尖。与传统的长螺旋钻桩机施工相比,振动桩机最突出的优点就是可以对地基土进行挤密,从而提高桩间土的承载力。

图 4-3 施工时采用的 DZ90 型振动桩机

CFG 桩施工工艺主要流程为:测量定位放线→桩机就位、调整垂直度→封住桩尖,沉管至设计深度→投料(随机留取料样)→振动拔管(速度不大于 1.50 m/s)→桩管拔出,地面成桩结束。

施工现场采用商品混凝土,利用混凝土搅拌车运输。混凝土通过罐车运至施工桩位处倒入料斗中,再一斗一斗地灌入管内。向管内灌混凝土时,第一次灌满,拔管前先振动沉管,在测得混凝土确已流出沉管后,方可拔管。在拔管过程中测试管内混凝土面高度,管内应保持不少于 2 m 高的混凝土量。此外,严格控制拔管速度,一般情况下,拔管速度均应控制在 1.3 m/min,拔管时边拔边振,直至沉管全部拔出。在混凝土初凝之前灌注完毕,同时取样留取试块。

施工时使用混凝土的主要参数见表 4-2。

表 4-2　混凝土的主要参数

1 m^3 混凝土材料用量(kg)	水泥(32.5 级)	中砂	碎石(5～25 mm)	水	粉煤灰	减水剂
	342	685	1 050	185	85	6.5
坍落度(mm)	160～180					
水灰比	0.44					
砂率(%)	39.5					

第五节　原体试验检测

为检验该地基处理方案的效果，在完成试验区域的地基处理并测试了桩身完整性后，分别对复合地基、单桩和桩间土进行了检验，检测点详细位置见图 4-2。

一、低应变测试

成桩施工结束后，经过约 33 d 的养护、休止，选择 25 根 CFG 桩进行了低应变测试(反射波法，8 根要做载荷试验的桩全部进行低应变测试)。检测遵循《建筑基桩检测技术规范》(JGJ 106—2003)，根据波形分析桩身完整性。

根据测试成果，Ⅱ类桩为 25 根，占测试总桩数的 20%，应该说，缺陷率还是比较高的。综合分析施工过程、检测过程和地层情况，判定其中 3 根桩的缺陷是检测截桩头时桩身产生一定损伤造成的；另有 2 根桩由于是最后完成，所用混凝土坍落度略大于前期所用，孔壁粉土经振动后液化，挤压桩身未凝固的混凝土引起局部缩颈，最终造成了桩身缺陷。因此，工程桩施工时一定要严格控制各项施工参数，并且注意截桩头时对桩身的保护。

二、桩体试块抗压强度

在桩体混凝土浇筑过程中，随机采取混凝土制成立方体试块，每组三块，边长为 150 mm。按《建筑基桩检测技术规范》(JGJ 106—2003)，在地基处理约 28 d 后，对制成的立方体试块进行抗压强度试验。抗压强度代表值按一组三块试件强度的平均值确定，测试结果见表 4-3。

表 4-3　混凝土试块抗压强度成果

检测编号	1421	1431	060117001	060117002
抗压强度平均值(MPa)	22.6	24.4	22.5	24.4

考虑到现场实际养护条件下桩体立方体抗压强度随时间而增长，CFG 桩的抗压强度基本达到了设计的桩身强度 C20。

三、单桩竖向抗压静载荷试验

选择4根CFG桩进行了单桩竖向抗压静载试验(见图4-2)。试验在地基处理后41 d进行,截掉桩头部分的长度为0.6~1.8 m。本次试验采用堆重反力装置,使用28[#]工字钢构成反力平台,其上堆放重物,通过油压千斤顶及IFQ-01-RY型超高压油泵将反力施加到试桩或承压板,用连接在千斤顶上的压力传感器测量千斤顶施加于试验桩上的力。固定在基准梁上的磁力表架上安装位移传感器,对称放置在试验桩上,用来观测沉降量。所有传感器及超高压油泵通过电缆线与测试分析仪连接,由JYC型静载荷测试仪显示、记录、计算、分析、判断并控制超高压油泵进行加、卸荷载。

试验依据《建筑地基基础设计规范》(GB 50007—2002)、《建筑桩基技术规范》(JGJ 94—2008)及《建筑基桩检测技术规范》(JGJ 106—2003),采用慢速维持荷载法,分级加载,分级标准见表4-4。

表4-4 静载荷试验荷载分级标准

分级		1	2	3	4	5	6	7	8	9	10	11	12	13	14
荷载(kN)	DZ1	120	180	240	300	360	420	480	540	600	660				
	DZ2、DZ3	120	180	240	300	360	420	480	540	600	660	720	780	840	900
	DZ4	180	270	360	450	540	630	720	810	900	990	1 080	1 170		

沉降观测、终止加荷及卸载观测等整个试验过程严格按照规范要求进行,本次4组单桩竖向抗压静载荷试验的$Q\sim s$曲线见图4-4。

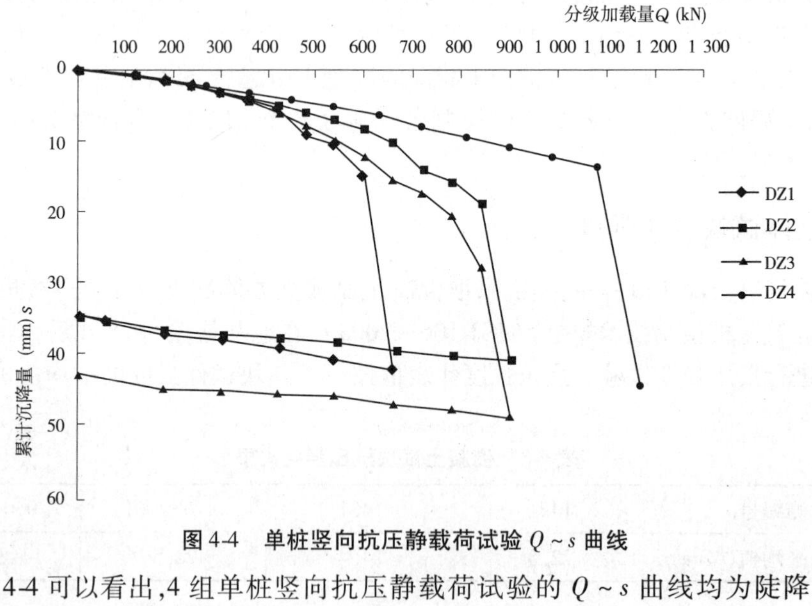

图4-4 单桩竖向抗压静载荷试验$Q\sim s$曲线

从图4-4可以看出,4组单桩竖向抗压静载荷试验的$Q\sim s$曲线均为陡降型,其中,DZ1试验工作历时2 040 min,DZ2试验工作历时2 970 min,DZ3试验工作历时4 110 min,DZ4试验工作历时1 325 min(由于桩沉降迅速,位移传感器悬空,该试桩未进行卸载回弹观测)，详细的试验成果见表4-5。

表4-5　CFG单桩竖向静载荷试验成果

检测编号	DZ1	DZ2	DZ3	DZ4
压板形状、尺寸(m)	圆形压板，直径为0.40			
试验平面标高(m)	61.90			
桩长(m)	7.5	7.5	7.5	7.5
最大加载(kN)	660	900	900	1 170
终止试验条件	累计沉降满足要求	累计沉降满足要求	累计沉降满足要求	累计沉降满足要求
累计沉降量(mm)	42.30	40.93	49.03	44.50
回弹值(mm)	7.51	6.24	5.90	—
回弹率(%)	17.75	15.25	12.03	—
单桩极限承载力(kN)	600	840	840	1 080

4根桩极限承载力的极差为480 kN，是平均值840 kN的57.1%。由于DZ1检测过程进行中，桩头被压碎，分析其原因是桩顶位置强度偏低造成的。从工程安全角度考虑，单桩竖向抗压极限承载力取低值600 kN，则单桩竖向承载力特征值为300 kN。

从检测结果可以看出，桩体质量，尤其是桩头质量对桩体承载力产生明显影响，应注意桩头施工的质量，并注意预留不少于0.5 m的桩头。

四、复合地基载荷试验

选择4组CFG桩+桩间土进行单桩复合地基载荷试验(见图4-2)。试验在地基处理后33 d进行，截掉桩头部分的长度为0.6~1.8 m。试验遵循《建筑地基处理技术规范》(JGJ 79—2002)。

荷载分级：依据规范规定及实际试验点位桩间距，选用1 500 mm直径的圆形钢板做承压板，采用慢速维持荷载法，分级加荷，分级标准见表4-6。

表4-6　复合地基荷载分级标准　(单位:kPa)

试点编号	分级										
	1	2	3	4	5	6	…	18	19	20	21
F1	26	52	78	104	130	156	…	469	495	521	547
F2、F3	45	91	136	181	226	272	317	362	407	452	498
F4	85	170	255	340	424	509	594	679	764	849	

沉降观测、终止加荷及卸载观测等整个试验过程严格按照规范要求进行，本次4组复合地基静载荷试验的$p\sim s$曲线见图4-5。

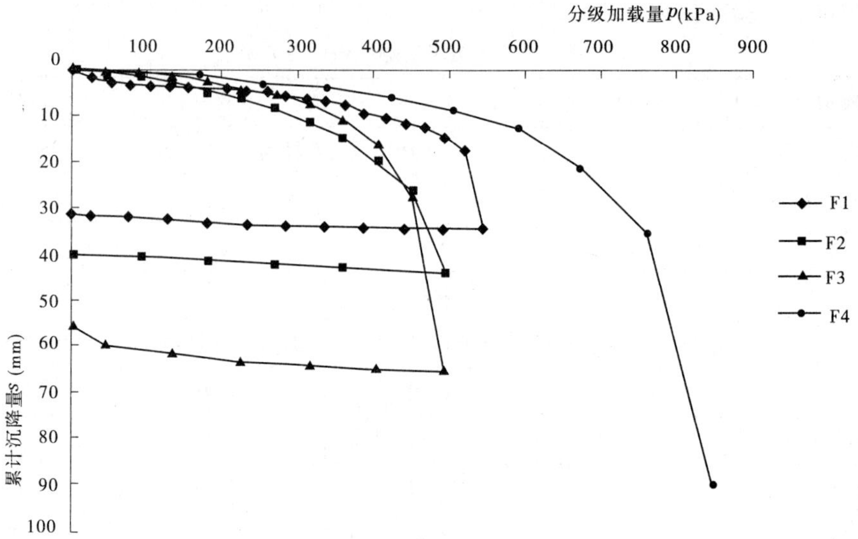

图 4-5　复合地基静载荷试验 $p \sim s$ 曲线

从图 4-5 可以看出,4 组复合地基静载荷试验的 $p \sim s$ 曲线均为陡降型,其中,F1 点试验工作历时 3 510 min,F2 点试验工作历时 2 520 min,F3 点试验工作历时 2 250 min,F4 点试验工作历时 1 830 min(由于沉降量急骤增大,位移传感器悬空,该点未能进行卸载回弹观测),详细的试验成果见表 4-7。

表 4-7　复合地基载荷试验成果

检测编号	F1	F2	F3	F4
压板形状、尺寸	圆形压板,直径 1.522 5 m			
试验平面标高	61.90 m			
最大加载(kPa)	547	498	498	849
终止试验条件	$p \sim s$ 曲线出现陡降段	$p \sim s$ 曲线出现陡降段	$p \sim s$ 曲线出现陡降段	$p \sim s$ 曲线出现陡降段
累计沉降量(mm)	34.41	44.35	65.22	90.29
回弹量(mm)	2.98	4.02	9.58	—
回弹率(%)	8.7	9.1	14.7	—
承载力极限值确定标准	曲线陡降段起始点对应的上一级荷载	曲线陡降段起始点对应的上一级荷载	曲线陡降段起始点对应的上一级荷载	曲线陡降段起始点对应的上一级荷载
承载力极限值(kPa)	521	452	453	764
承载力特征值(kPa)	260	226	226	382

4 组复合地基载荷试验实测承载力特征值的极差为 156 kPa,是平均值 274 kPa 的 57.0%。由于仅 F4 的检测结果偏大,其他三组试验结果较为接近,因此复合地基承载力特征值可取 F1、F2 和 F3 三组试验结果的平均值 237 kPa。

五、桩间土检测

为直观地反映成桩后地基土工程性状的变化，在地基处理前后分别在试验区进行了原位测试工作（标准贯入试验、静力触探试验），并采取原状土试样进行室内土工试验：处理前，在试验区周围布置检测点；处理后，检测点布置于三桩之间。原体试验工作在地基处理休止约 33 d 后进行，先进行复合地基和单桩载荷试验，再进行桩间土载荷试验。

（一）桩间土挤密效果检测

地基处理前后的原位测试成果和工程特性指标按岩土分层分别统计于表 4-8 和表 4-9。

表 4-8　地基处理前后原位测试成果比较表

地层编号及岩性	标贯击数 N（击）			锥尖阻力 q_c（MPa）			侧摩阻力 f_s（kPa）		
	前	后	增长（倍）	前	后	增长（倍）	前	后	增长（倍）
层①粉土	4.7	6.7	1.43	1.32	1.76	1.33	33.2	60.0	1.81
层①$_1$ 粉质黏土	5.3	5.1	0.96	0.69	0.77	1.12	38.9	47.6	1.22
层②粉土	18.6	21.4	1.15	8.21	10.42	1.27	207.0	302.1	1.46

表 4-9　地基处理前后工程特性指标比较表

地层编号及岩性	含水量 ω（%）		湿重度 $\gamma_{湿}$（kN/m^3）		孔隙比 e		饱和度 S_r（%）		液性指数 I_L		压缩模量 E_s（MPa）	
	前	后	前	后	前	后	前	后	前	后	前	后
层①粉土	22.3	21.2	20.2	20.0	0.634	0.631	94.5	90.6	—	—	7.8	10.6
层①$_1$ 粉质黏土	24.8	23.4	19.9	19.5	0.706	0.723	95.5	87.8	0.44	0.32	5.5	8.1
层②粉土	24.1	22.6	19.9	19.3	0.681	0.695	95.5	87.5	—	—	15.6	12.6

综合分析表 4-8、表 4-9 可知，地基处理后，各岩土分层（桩间土）的原位测试指标值（标贯击数、锥尖阻力及侧摩阻力）大多有不同程度的增加，物理及工程特性指标也大多得到了不同程度的增强，个别指标相对较差（如层①$_1$ 的标贯击数），分析其原因：一方面是土层受扰动后尚未完全恢复；另一方面是个别指标离散性较大，而采集原始数据相对较少造成的。

从整体变化趋势来看，原位测试指标值的增大和物理及工程特性指标的增强，反映出桩间土受到一定程度的挤密，工程特性得到改善，强度有所提高。

（二）桩间土载荷试验

在地基处理后的 48 d 进行桩间土载荷试验 4 组（见图 4-2），试验遵循《建筑地基基础设计规范》（GB 50007—2002）。

荷载分级依据规范规定，承压板选用 0.5 m^2 钢板，采用慢速维持荷载法，分级加荷。分级标准见表 4-10。

表 4-10 桩间土荷载分级标准

分级	1	2	3	4	…	12	13	14	15	16	17
荷载(kN)	18	27	36	45	…	117	126	135	144	153	162
荷载(kPa)	36	54	72	90	…	234	252	270	288	306	324

沉降观测、终止试验等整个试验过程严格按照规范要求进行，本次 4 组桩间土静载荷试验的 $p \sim s$ 曲线见图 4-6。

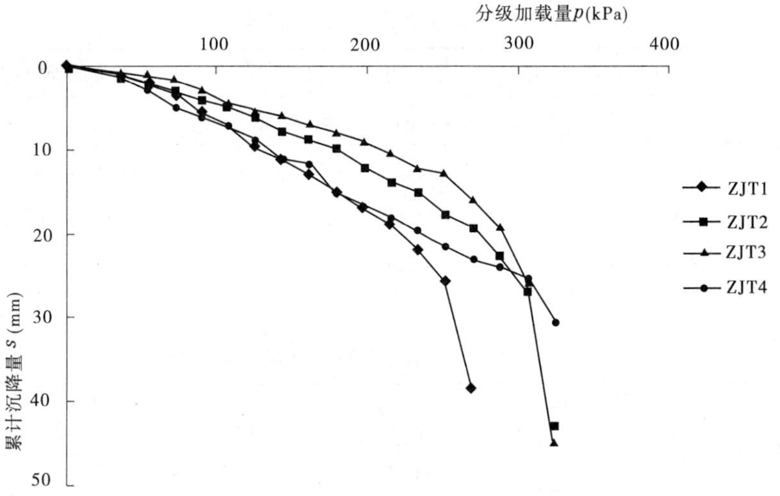

图 4-6 桩间土静载荷试验 $p \sim s$ 曲线

从图 4-6 可以看出，4 组桩间土静载荷试验的 $p \sim s$ 曲线均为陡降型，其中，ZJT1 点试验工作历时 4 080 min，ZJT2 点试验工作历时 3 150 min，ZJT3 点试验工作历时 3 510 min，ZJT4 点试验工作历时 4 080 min，详细的试验成果见表 4-11。

表 4-11 桩间土载荷试验成果

位置	ZJT1	ZJT2	ZJT3	ZJT4
压板形状、尺寸	圆形，直径 0.8 m			
所在层位、标高	层①$_1$ 粉质黏土，标高 61.90 m			
最大加载(kPa)	270	324	324	324
终止试验条件	$p \sim s$ 曲线出现陡降段	$p \sim s$ 曲线出现陡降段	$p \sim s$ 曲线出现陡降段	$p \sim s$ 曲线出现陡降段
累计沉降量(mm)	38.45	42.76	44.09	30.65
承载力极限值确定标准	曲线陡降段起始点对应的上一级荷载	曲线陡降段起始点对应的上一级荷载	曲线陡降段起始点对应的上一级荷载	曲线陡降段起始点对应的上一级荷载
承载力特征值(kPa)	126	153	153	153

4 点实测承载力特征值的极差为 27 kPa，小于平均值 146 kPa 的 30%，则桩间土承载力特征值为 146 kPa。

第六节　工程应用效果

该工程采用原体试验取得的各项参数施工,对冷却塔地基进行了整片处理。工程桩施工过程中总结了试桩施工时缺陷率较高的经验:一方面,严格控制混凝土的坍落度和拔管速度,并对基础附近需要截桩头处适当进行加强,确保成桩质量;另一方面,在截桩头施工时,谨慎操作,避免对桩头及其下部桩身造成损害。通过对工程桩的低应变测试抽检,桩身质量较好,Ⅰ类桩数量超过90%,未发现Ⅲ、Ⅳ类桩。

冷却塔建成三年来,地基稳定,未出现裂缝、塌陷、不均匀沉降等现象,运行正常,说明该地基处理方案适合这种浅部软弱,下部有相对良好持力层的地层,采用CFG桩处理后形成的复合地基安全可靠,对处理范围内土层有明显的加固作用,能够满足上部建(构)筑物对地基基础的要求。

第七节　原体试验成果分析

一、成桩质量分析及施工建议

对比分析CFG桩低应变测试、单桩抗压静载荷试验和试块抗压强度试验成果,桩身质量基本满足要求,但浅部桩段强度明显较深部桩段偏低,而且部分桩体有浅部缺陷现象。综合分析各方面因素,出现这种情况的原因主要有:①成桩过程中,振动造成桩侧粉土液化,对未成型的桩体产生挤压,造成缩颈等缺陷;②混凝土灌注过程中,由于振动会产生一定的离析,使比重较大的成分向下部聚集,而比重较小的水等成分则集中在上部,造成桩后上部桩体相对松散;③施工最后两根桩时,混凝土坍落度偏大,影响了桩身的密实度;④测试前进行截桩头施工时,由于操作不慎,对个别桩体造成了损伤,从而出现浅部缺陷的情况。

基于试桩过程中出现的上述情况,建议类似场地工程桩施工时:①严格控制混凝土坍落度,以160~180 mm为宜;②严格控制拔管速度,以1.30~1.50 m/min为宜;③桩头质量对桩体承载力影响明显,应注意桩头施工的质量,并注意预留足够长度的桩头;④截桩头施工时,一定要小心操作,避免损伤桩体。

二、桩间土挤密效应分析

从成桩前后勘探点采取原始数据的整体变化趋势来看,原位测试指标值普遍有所增大,物理及工程特性指标也有了一定程度的增强,反映出桩间土受到挤密,工程特性得到改善,强度有所提高。综合分析表4-8、表4-9可知,地基处理后,各岩土分层(桩间土)的原位测试指标值(标贯击数、锥尖阻力及侧摩阻力)大多有不同程度的增加,物理及工程特性指标也大多得到了不同程度的增强,个别指标相对较差(如层$①_1$的标贯击数),分析其原因:一方面是土层受扰动后尚未完全恢复;另一方面是个别指标离散性较大,而采集原始数据相对较少造成的。

根据地基处理前后桩间土物理力学指标变化情况，可以发现以下两条规律：

(1)粉土的挤密效果要好于黏性土，这是由于粉土在成桩过程中不仅受到挤密，而且由于振动发生液化，土体颗粒重新排列，孔隙比变小，从而提高土体的密实度，而黏性土不存在这种效应，且由于超静孔隙水压力的存在，会对挤密效果产生不良影响。

(2)松散粉土的挤密效果好于较密实的粉土：一方面，松散粉土的孔隙比较大，可压缩空间较多；另一方面，松散粉土更容易液化，从而增强挤密效果。

三、单桩承载力分析

依据《建筑桩基技术规范》(JGJ 94—2008)中提供的泥浆护壁钻孔桩参数，对 CFG 桩单桩承载力极限值进行估算。需要说明的是，由于现场采取土样受到一定程度的挤密，造成层①粉土的孔隙比偏低，根据现场实际情况及原位测试成果综合分析，该层的状态应为稍密(接近中密)。

根据土体状态查表计算 CFG 桩单桩承载力成果见表 4-12。

表 4-12　CFG 桩单桩承载力成果

地层编号及岩性	状态	q_{sik}(kPa)	q_{pk}(kPa)	土层厚度(m)	桩身周长(m)	桩截面面积(m^2)	单桩承载力极限值(kN)
层①$_1$ 粉质黏土	硬可塑	68 ~ 84	—	1.54	1.26	0.13	510 ~ 714
层①粉土	稍密	24 ~ 42	—	3.60			
层②粉土	密实	62 ~ 82	650 ~ 900	2.36			

根据表 4-12 的计算结果，单桩承载力特征值为 255 ~ 357 kN，而现场载荷试验测得的单桩竖向抗压承载力特征值为 300 kN，基本上是估算结果的中间值。这一结果说明：一方面，利用规范中所提供参数估算单桩承载力在该场地是切实可行的，估算结果对工程实践具有较强的指导意义；另一方面，选取估算用参数时，应综合土工试验、原位测试及现场描述等多方面因素综合确定土的状态，这样才能使选取的参数更切合实际，从而保证估算成果的准确性。

四、复合地基承载力分析

采用《建筑地基处理技术规范》(JGJ 79—2002)中提供的公式估算复合地基承载力：

$$f_{spk} = mR_a/A_p + \beta(1-m)f_{sk} \tag{4-1}$$

其中，单桩竖向承载力特征值 R_a 取单桩载荷试验成果 300 kN，桩截面面积取 0.125 6 m^2(桩径 400 mm)，桩土面积置换率 m 取 0.069(等边三角形布桩，桩间距 s 为 1.45 m，$m = d^2/(1.05s)^2$)，桩间土承载力折减系数 β 取 0.75。

当处理后桩间土承载力特征值 f_{sk} 取桩间土载荷试验成果 146 kPa 时，计算得复合地基承载力 f_{spk} 为 267 kPa；当 f_{sk} 取天然地基承载力特征值 100 kPa 时，计算得 f_{spk} 为 235 kPa。

本次单桩复合地基载荷试验得出的复合地基承载力特征值为 237 kPa，由此可以看出，对于该场地而言，采用天然地基承载力特征值估算复合地基承载力更准确，也更安全。《建筑地基处理技术规范》(JGJ 79—2002)中规定 f_{sk} 为“处理后桩间土承载力特征值，宜按当地经验取值，当无经验时，可取天然地基承载力特征值”，从本工程的经验来看，采用处理后桩间土承载力值估算的复合地基承载力，有可能大于实际值，这对于工程建设来说是非常危险的，为确保工程安全可靠，建议类似工程条件下，采用天然地基承载力特征值估算复合地基承载力。

五、桩体强度分析及建议

根据《建筑地基处理技术规范》(JGJ 79—2002)的要求，桩体试块抗压强度平均值应满足下式要求：

$$f_{cu} \geqslant 3R_a/A_p \tag{4-2}$$

将单桩载荷试验测得的单桩竖向承载力特征值 R_a = 300 kN 代入式(4-2)，计算得 f_{cu}≥7 166 kPa，而 f_{cu} 实测平均值为 23.5 MPa，可见桩身强度远大于规范的要求。

参照水泥土搅拌桩以桩体试块抗压强度计算单桩承载力的方式，按照下式计算 CFG 桩单桩承载力特征值：

$$R_a = \eta f_{cu} A_p \tag{4-3}$$

式中：η 为桩身强度折减系数，取 0.25；f_{cu} 取实测平均值 23 500 kPa。计算得 R_a =738 kN，远大于载荷试验实测的单桩竖向抗压承载力特征值 300 kN。

从以上两方面可以得出结论：施工采用的水泥配合比过大，以致成桩后的桩体强度远远超过了实际要求。因此，建议类似工程施工时，可根据试桩成果，适当降低水泥配合比，以节约材料，降低工程造价。

第五章　黏性土地层钻孔灌注桩原体试验

第一节　工程概述

某发电有限公司响应国家产业政策，拆除原有小机组，在原有场地建设 2 × 600 MW 热电联产机组，拟建工程场地属于沙颍河冲洪积平原。

工程场地地层工程特性不能满足主要建(构)筑物对天然地基的要求，拟采用桩基础，选择钻孔灌注桩与支盘桩作为比选桩型，并通过原体试验进行桩基选型。本章仅对钻孔灌注桩的原体试验情况进行介绍。

第二节　岩土工程条件

一、地形地貌

场地地貌上属于沙颍河冲洪积平原，地形平坦，自然地面高程 44.20 ~ 47.54 m(采用 1985 国家高程基准，下同)。

二、岩土地层构成及特征

场地内地基土主要由第四系冲洪积的粉土、黏性土及粉细砂层组成。根据地基土物理性质和工程特性差异，在勘探深度范围内地基土可分为 9 个主层(层① ~ 层⑨)和 2 个亚层(层$⑤_2$、层$⑦_1$)，试验区地层分布与整个场地一致。各层特征分述如下：

(1)层①杂填土。杂色，以粉土、黏性土为主，混大量小砖块、小石块及混凝土块。松散—稍密，稍湿。层厚 0.30 ~ 6.40 m，层底标高 39.67 ~ 45.98 m。

(2)层②粉质黏土。黄褐色、褐黄色，局部灰褐色，含有铁锰质氧化物，见有少量小姜石和蜗牛壳碎片，夹有薄层粉土。软塑—可塑，中压缩性。层厚 1.60 ~ 7.00 m，层底埋深 5.40 ~ 8.00 m，层底标高 38.04 ~ 40.81 m。

(3)层③粉质黏土。褐黄色、黄褐色，局部浅黄色，含有铁锰质氧化物，见有少量小姜石和蜗牛壳碎片，局部混有灰绿色黏土团块，夹粉土薄层。可塑，中压缩性。层厚 0.90 ~ 5.70 m，层底埋深 7.30 ~ 12.80 m，层底标高 33.61 ~ 38.95 m。

(4)层④粉土。褐黄色、浅黄色，含氧化铁，见有灰青色和灰白色斑纹、蜗牛壳碎片及少量小姜石，夹薄层粉质黏土和薄层粉砂。密实，湿，中(偏低)压缩性。层厚 0.50 ~ 6.90 m，层底埋深 11.80 ~ 18.50 m，层底标高 27.66 ~ 34.95 m。

(5)层⑤粉质黏土。褐黄色、灰黄色，局部浅灰色，含有铁锰质氧化物，见有灰青色斑纹、少量小姜石，夹多层粉土薄层。可塑—硬塑，中压缩性。层厚 0.70 ~ 7.30 m，层底埋深15.00～24.80 m,层底标高22.72～30.36 m。

(6)层⑤$_2$粉土。灰黄色,局部浅灰色,含氧化铁,见有灰白色、灰绿色斑纹及少量小姜石。密实,湿,低压缩性。层厚0.70～1.90 m,层底埋深16.60～20.80 m,层底标高25.67～29.66 m。

(7)层⑥粉土。灰黄色、褐黄色,含氧化铁,见有灰白色和灰青色斑纹、蜗牛壳碎片及少量小姜石,夹多层薄层粉质黏土和薄层粉砂。密实,湿,中(偏低)压缩性。层厚0.60～8.00 m,层底埋深20.10～29.50 m,层底标高17.28～26.36 m。

(8)层⑦粉质黏土。褐黄色、灰黄色,局部浅灰色,含有铁锰质氧化物,见有灰青色和灰白色斑纹、蜗牛壳碎片及少量小姜石,夹有薄层粉土。可塑,中压缩性。层厚0.60～7.00 m,层底埋深25.50～35.00 m,层底标高11.39～20.15 m。

(9)层⑦$_1$粉土。褐黄色、灰黄色,含有铁锰质氧化物,见有灰白色、灰绿色斑纹。稍密—中密,湿,中压缩性。层厚0.70～4.20 m,层底埋深26.30～33.10 m,层底标高13.09～19.35 m。

(10)层⑧粉土。褐黄色、浅黄色,局部灰黄色,含铁锰质氧化物,见有灰白色和灰青色斑纹及少量小姜石,该层下部近粉砂,夹薄层粉质黏土。密实,湿,中压缩性。层厚2.00～6.20 m,层底埋深34.50～37.30 m,层底标高8.43～11.49 m,层顶标高11.39～17.66 m。

(11)层⑨粉细砂。浅黄色、褐黄色,含氧化铁,成分以石英、长石为主,分选性较好,见有云母和蜗牛壳碎片,该层多呈现出由上至下颗粒直径逐渐变大的规律。密实,饱和,低压缩性。最大揭露厚度7.40 m,层顶标高8.43～11.49 m。

各岩土地层的主要物理性质和工程特性指标见表5-1。

表5-1 各岩土地层的主要物理性质和工程特性指标

地层编号及岩性	含水量 ω(%)	湿重度 $\gamma_{湿}$ (kN/m^3)	孔隙比 e	液性指数 I_L	标贯原始击数 N'(击)	双桥静探试验	
						锥尖阻力 q_c(MPa)	侧摩阻力 f_s(kPa)
层②粉质黏土	24.2	19.9	0.689	0.75	4	0.72	26.5
层③粉质黏土	23.9	20.1	0.672	0.43	11	1.73	87.6
层④粉土	24.8	20.0	0.692	—	21	8.52	169.9
层⑤粉质黏土	27.4	19.8	0.761	0.29	21	2.87	140.0
层⑤$_2$粉土	23.3	20.2	0.641	—	24	10.69	224.5
层⑥粉土	24.2	20.2	0.662	—	23	10.39	210.0
层⑦粉质黏土	23.7	20.4	0.651	0.43	14	2.37	99.2
层⑦$_1$粉土	21.5	20.6	0.750	—	11	1.70	28.5
层⑧粉土	22.1	20.4	0.708	—	32	4.26	74.9
层⑨粉细砂	26.0	20.5	0.650	—	42	9.94	411.9

原体试验区地质剖面图见图5-1。

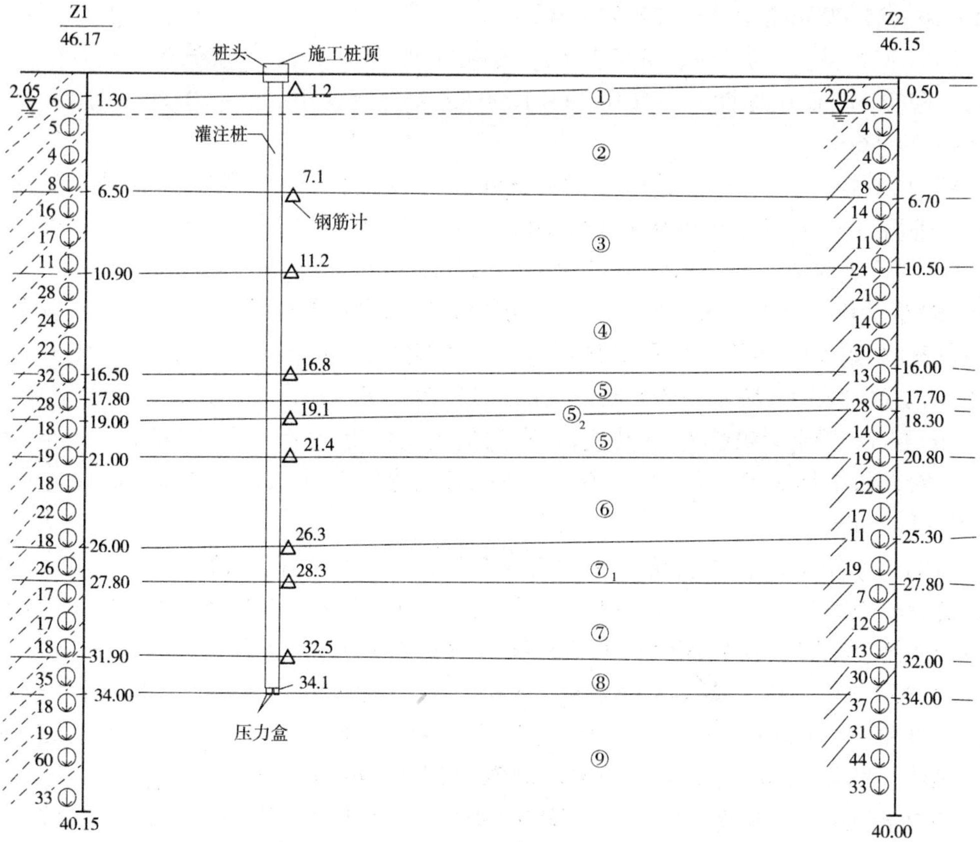

图 5-1　原体试验区地质剖面图

三、地下水条件

场地地下水为第四系孔隙潜水。地下水水质清洁，无嗅无味，为当地居民生活饮用水和牲畜用水。原体试验期间，试验区地下水稳定水位埋深 2.02 ~ 2.05 m，水位标高 44.12 ~ 44.13 m。另据调查，地下水水量较丰富，水位变化与大气降水和沙颍河蓄水水位密切相关，一般年变幅为 2 ~ 3 m。

根据水样腐蚀性分析成果，地下水对混凝土结构具微腐蚀性，在干湿交替条件下，地下水对钢筋混凝土结构中的钢筋具弱腐蚀性，在长期浸水条件下，对钢筋混凝土结构中的钢筋具微腐蚀性。

四、场地与地基的地震效应

根据该工程场地《地震安全性评价工作报告》，工程场地 50 年超越概率 10% 危险水平的地震动峰值加速度为 52.9 gal(0.054g)，相应的地震基本烈度为 6 度。据《建筑抗震设计规范》(GB 50011—2010)，设计地震分组为第一组。场地土类型为中软场地土，建筑场地类别为Ⅲ类。场地地基土中无可液化土层，可不考虑地震作用下地基土液化对地基基础设计的影响。

第三节　原体试验设计

一、原体试验目的和要求

(1)检验桩基方案对场地岩土工程条件的适应性及效果。

(2)为桩基方案的优化、工程桩基的设计提供岩土参数。

(3)确定工程桩的施工参数和工艺,为制定工程桩的施工组织措施、施工管理标准及保证施工质量的措施提供依据。

(4)研究工程桩施工时对场地和周围环境的影响,以便采取相应的工程措施。

(5)确定工程桩的施工质量检验方法和标准。

(6)在桩底埋设反力测试元件,可测定桩端阻力;处于土层界线处的灌注桩桩身埋设应力元件2个,通过测定桩身应力变化,计算相应土层的桩侧阻力。

(7)进行桩身的高、低应变动力测试,检测桩身质量。

(8)通过单桩竖向静载荷试验和动力检测,确定单桩竖向承载力,获取静、动力试验对比资料,为施工图设计、工程桩检测提供依据。

(9)通过单桩水平静载荷试验,确定单桩水平临界荷载、桩侧土水平抗力系数的比例系数,获取桩基设计所必需的计算参数。

(10)对重复使用的锚桩,要进行上拔量的观测。

二、桩基参数设计

本次试验的灌注桩,由试桩一组3根(编号为试桩1～试桩3)、锚桩8根(编号为M1～M8)组成,锚桩与试桩成正交布置,桩间距为3.11 m。试桩桩径 $d=800$ mm,桩长 $L=29\ 000$ mm,桩端进入层⑧为1.60 m,桩顶标高 −5.90 m,相应绝对标高41.55 m(±0.00 m相应于绝对标高47.45 m),试验区自然地面标高在46.15 m左右。桩位布置图5-2。

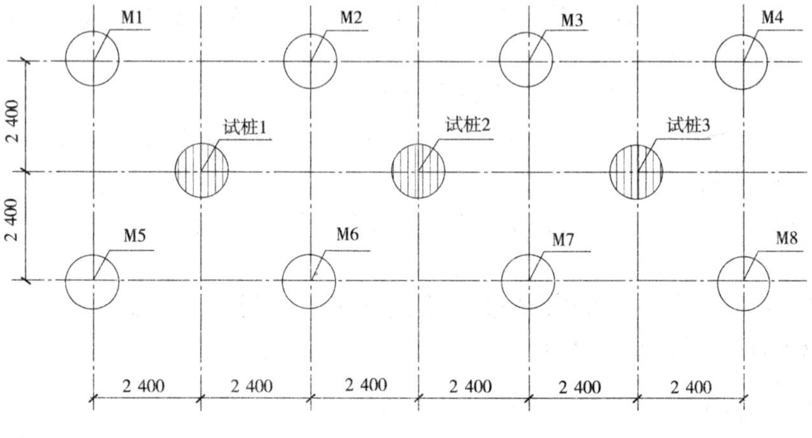

图5-2　桩位布置　(单位:mm)

由于场地地下水位较浅,试桩施工期间地下水位埋深在2.0 m左右,因此在施工时把试桩及锚桩均上延至地面(自然地面为-1.3 m),桩长加长了4.60 m,桩底标高不变,以利检测,并节省井点降水及开挖基坑的费用,且有利于缩短工期。

三、检测方案

检测内容及工作量见表5-2。

表5-2　检测内容及工作量　(单位:根)

类型	竖向抗压静载荷	水平静载荷	桩身应力	桩端反力	高应变	低应变	桩径检测	沉渣厚度检测
试桩	3	3	2	2	3	3	3	3
锚桩	—	—	—	—	—	8	—	—

检测顺序:桩径、沉渣厚度检测与试桩成孔同步进行,其他检测项目在试桩和锚桩施工完成28 d后开始进行检测。先进行低应变、次为高应变,在高应变结束一周后进行桩的竖向抗压静载荷试验(同时进行桩身应力、应变观测),最后进行水平静载荷试验。

试验面标高:试验面位于自然地面,绝对标高为46.10 m。

第四节　原体试验施工

一、工艺流程及控制指标

采用旋挖成孔施工工艺,具体工艺流程为:定位放线→校核→埋设护筒→桩机就位并校正→钻进成孔→吊放钢筋笼→下导管→清孔→水下灌注混凝土→拔出导管→拔出护筒→埋设钢箍→浇注桩头→桩头养护。

按设计配合比要求搅拌混凝土,运至试桩现场,进行灌注成桩。为熟悉地层情况,保证试桩施工质量,首先从锚桩M1开始施工,第二根是锚桩M4,然后按照避免交叉作业的原则依次进行。主要控制指标如下:

(1)钻孔。采用旋挖成孔,成孔直径为800 mm。

(2)孔径、沉渣厚度检查。成孔完成后,用盘径检测仪检查孔径,量测孔深,若沉渣厚度大于100 mm,进行清孔。

(3)吊放钢筋笼。钢筋笼分两节制作,钢筋笼入孔时,对准孔位慢慢放入孔中,使其位置居中。

(4)灌注水下混凝土。采用商品混凝土,连续灌注。混凝土强度等级为C40,坍落度为200~210 mm,充盈系数为1.14~1.25。

二、施工过程

施工工期为7 d,单桩成孔时间为4~6 h,孔径、盘径检测20~30 min,下钢筋笼约

1 h,清孔约0.5 h,混凝土灌注为60～90 min。

三、施工效果分析

由于场地地层由黏性土、粉土和粉细砂组成,在成孔过程中采用泥浆护壁,防止孔壁坍塌。成孔钻进顺利,从施工角度看,施工工艺适合该场地地层。通过对3根试验桩的孔径检测,成孔质量较好,满足要求。

第五节　原体试验检测

一、低应变检测

检测采用PIT(2199C)型检测仪,试验时严格按照《建筑基桩检测技术规范》(JGJ 106—2003)的有关规定进行。

现场检测时,被测桩凿去浮浆,平整桩头。检测前先进行激振方式和接收条件的选择试验,确定最佳激振方法和接收条件。激振点选择在桩头的中心部位,传感器稳定地安置在桩头上,每根桩沿桩心对称布置2个检测点。每一根被检测的单桩均进行4次以上的重复测试,出现异常波形在现场及时研究,排除影响测试的不良因素后重复测试,当重复测试的波形具有较好的一致性时,再进行下一根桩的测试工作。

本次试验对3根试桩及8根锚桩进行了低应变检测,依据检测曲线分析,综合确定所检测的11根桩均为Ⅰ类桩。

二、高应变检测

高应变检测严格按照《建筑基桩检测技术规范》(JGJ 106—2003)的有关规定进行。检测仪器为PAL(3032)高应变测量仪,加速度传感器为A1(828)、A2(002),力传感器为F_1(Y154)、F_2(A202)。锤击设备采用组合钢铸重锤,锤重为10 t,使用导向架控制落锤方向。

现场测试时,将2个加速度传感器和2个应变式力传感器分别对称安装在距桩顶1.5倍桩径的桩侧表面,锤自由下落锤击桩顶,瞬时冲击产生的加速度和力信号通过桩基动测系统放大,并转换成数字信号传给微机,经过软件处理后存入磁盘,同时显示实测波形。

检测成果整理时,采用波形拟合分析,先假设桩－土模型及其参数,以实测速度信号作为边界条件输入,利用特征线法求解波动方程,反算桩顶的力;不断调整桩－土模型及其参数,反复进行拟合计算,使计算的力曲线与实测的力曲线吻合程度较好,此时的桩土参数可认为是最佳桩－土模型,即可计算出桩的极限承载力。

各试桩检测结果见表5-3。

三、单桩竖向抗压静载荷试验

单桩竖向抗压静载荷试验采用锚桩横梁反力装置,采用2台QF－650－20型千斤顶并联加载,采用JCQ－503A型静力载荷测试仪,自动完成整个测试过程,测试现场布置见图5-3。

表 5-3 高应变测试成果

桩型	桩号	桩长(m)	桩径(mm)	高应变测试结果			桩身完整性
				单桩竖向极限承载力标准值 Q_{uk}(kN)	总极限桩侧阻力标准值 Q_{sk}(kN)	总极限桩端阻力标准值 Q_{pk}(kN)	
灌注桩	1#	34.1	800	7 349.4	6 317.1	1 032.3	Ⅰ类
	2#	34.1	800	6 700.4	5 716.7	983.7	Ⅰ类
	3#	34.1	800	6 646.7	5 794.6	852.1	Ⅰ类

注:试桩 1 ~ 试桩 3 简写为 1# ~ 3#(下同)。

图 5-3 竖向静载荷试验图

测试根据《电力工程地基处理技术规程》(DL/T 5024—2005)和《建筑基桩检测技术规范》(JGJ 106—2003)的要求进行,采用慢速维持荷载法,分级加载至破坏。

加荷等级:荷载分 11 ~ 16 级,每级加载量为预估单桩极限承载力的 1/12,第一级按 2 倍分级荷载加载。实际加载分级见表 5-4。

表 5-4 竖向静载荷试验加载分级

分级		1	2	3	…	11	…	13	…	16
荷载(kN)	1#	900	1 350	1 800	…	5 400	…	6 300	…	7 650
	2#、3#	1 200	1 800	2 400	…	7 200				

3 根试桩竖向抗压静载荷试验的 $Q \sim s$ 曲线见图 5-4 ~ 图 5-6。

根据 3 根试桩的竖向抗压静载荷试验实测数据,依据有关规范确定其单桩承载力。试验成果见表 5-5。

四、桩身和桩端的应力测试

本次试验对 2#、3#试桩进行桩身应力、应变测试,采用振弦式钢筋测力计来测定,桩顶及承台底设计标高处各安装一组,支盘上下各一组,地层分界处各一组,每根试桩桩身埋

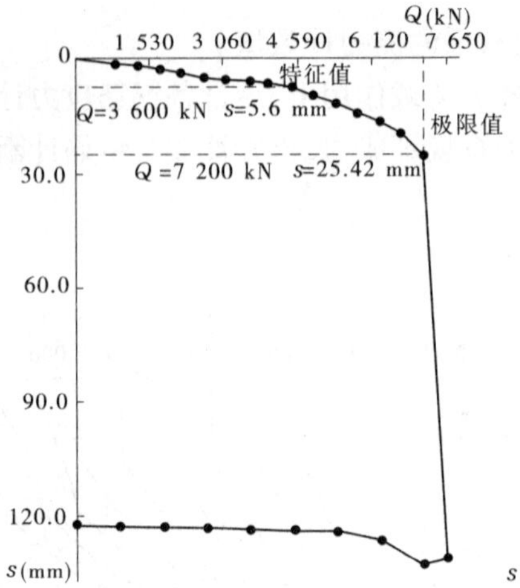

图 5-4　1#桩 $Q\sim s$ 曲线

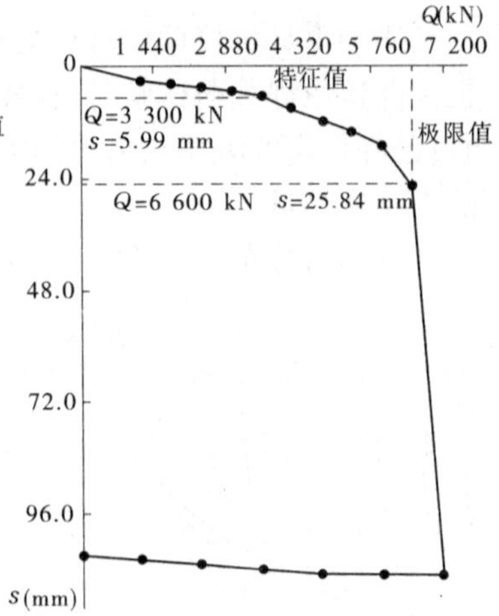

图 5-5　2#桩 $Q\sim s$ 曲线

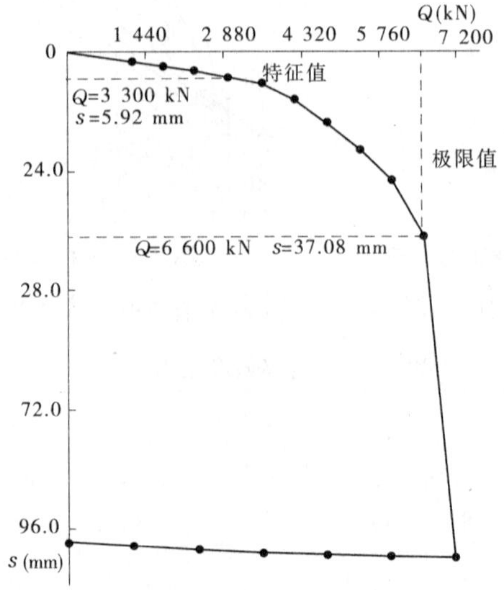

图 5-6　3#桩 $Q\sim s$ 曲线

设 9 组，每组 2 个钢筋测力计，在测试断面上对称布设。测力计焊接在钢筋笼的轴向主筋上，将接线固定并沿钢筋笼引出地面，每级加荷稳定后利用频率显示仪读数并记录。

表 5-5　单桩竖向静载荷试验成果

桩型	桩号	最大加载量 Q(kN)	单桩竖向极限承载力标准值 Q_{uk}(kN)	单桩竖向极限承载力统计值(kN)	变形分析		
					最大沉降量 s (mm)	最大回弹量 (mm)	回弹率 (%)
灌注桩	1#	7 650	7 200	6 800	133.46	10.85	8.1
	2#	7 200	6 600		109.56	4.54	4.1
	3#	7 200	6 600		101.85	2.82	2.8

注：表中单桩极限承载力均未扣除设计标高以上至自然地面的桩侧阻力。

每根试桩桩底布设 2 个土压力盒，接线沿钢筋笼引出地面，试验开始时读记初始值，每级加荷稳定后利用频率显示仪读记每级荷载下的测力计数值。

在进行单桩竖向抗压静载荷试验时,在各级荷载作用下,测量各钢筋应力计和压力盒的频率,然后通过已经标定的频率与出力的关系换算成力,再计算成与钢筋计断面处的混凝土应变相等的钢筋应变量。

各级荷载下桩身轴力分布见图 5-7、图 5-8。

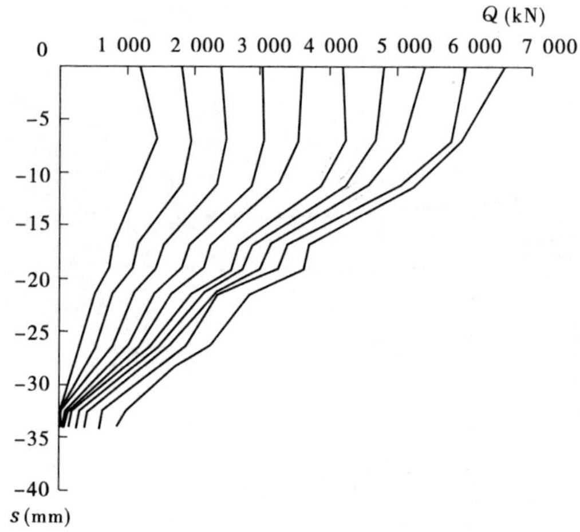

图 5-7　2#桩各级荷载下桩身轴力分布

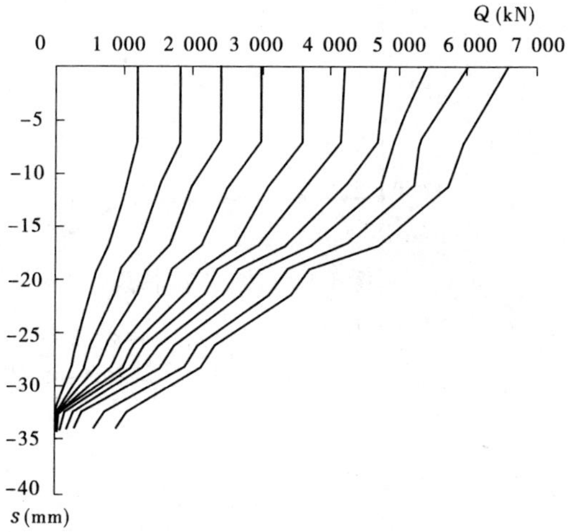

图 5-8　3#桩各级荷载下桩身轴力分布

各桩不同试验段等效摩阻力和等效桩端阻力见表 5-6 ~ 表 5-8。

表 5-6　2#桩等效摩阻力　　(单位:kPa)

荷载(kN)	深度(m)								
	0 ~ 7.1	7.1 ~ 11.2	11.2 ~ 16.8	16.8 ~ 19.1	19.1 ~ 21.4	21.4 ~ 26.3	26.3 ~ 28.3	28.3 ~ 32.5	32.5 ~ 34.1
1 200	0	27.1	28.9	11.1	36.5	15.2	18.9	20.7	0
1 800	0	11.8	48.7	15.6	49.2	19.1	28.7	36.3	0
2 400	0	13.9	59.0	19.6	56.3	24.4	37.9	51.8	0.2
3 000	0	17.4	69.5	21.5	67.7	31.0	51.5	61.3	9.2
3 600	2.0	28.7	74.0	22.5	81.2	38.6	58.9	68.1	15.4
4 200	0	35.5	88.4	18.2	105.2	47.3	68.1	76.2	10.9
4 800	6.9	42.6	100.9	21.8	107.0	51.1	73.2	74.6	11.2
5 400	16.7	47.8	108.8	26.1	114.8	55.8	72.9	75.4	10.2
6 000	11.3	73.5	122.9	22.2	155.1	38.5	81.6	75.0	5.5
6 600	36.9	62.5	118.5	14.0	131.2	50.9	91.3	68.3	36.6

表 5-7　3#桩等效摩阻力　　（单位:kPa）

荷载(kN)	深度(m)								
	0 ~ 7.1	7.1 ~ 11.2	11.2 ~ 16.8	16.8 ~ 19.1	19.1 ~ 21.4	21.4 ~ 26.3	26.3 ~ 28.3	28.3 ~ 32.5	32.5 ~ 34.1
1 200	0.5	11.9	20.6	31.7	12.8	18.1	10.8	23.6	0
1 800	0	29.8	20.9	47.4	14.5	27.8	18.2	37.6	6.7
2 400	0	39.5	24.1	61.1	19.2	37.9	21.6	55.3	7.2
3 000	0	47.4	29.0	76.3	20.8	49.4	26.3	70.8	10.4
3 600	0	47.4	36.6	89.1	35.0	61.3	23.7	88.4	8.5
4 200	2.6	50.4	50.3	102.8	35.1	70.0	34.5	91.3	12.4
4 800	6.3	46.5	63.0	120.3	40.0	76.0	37.5	97.9	22.6
5 400	26.2	17.8	74.3	130.3	45.7	80.4	34.9	108.2	32.8
6 000	38.1	8.8	75.9	142.8	47.0	84.1	32.6	112.4	38.1
6 600	36.9	21.2	75.5	178.1	40.8	92.3	35.6	100.0	43.3

表 5-8　等效桩端阻力　　（单位:kPa）

荷载(kN)	2#桩	3#桩
1 200	18.0	0.0
1 800	96.0	6.0
2 400	78.0	20.0
3 000	112.0	48.0
3 600	162.0	92.0
4 200	304.0	176.0
4 800	514.0	324.0
5 400	782.0	536.0
6 000	1 216.0	1 102.0
6 600	1 694.0	1 746.0

五、单桩水平静载荷试验

试验采用力球架 - 力传感器 - 千斤顶装置，由相邻锚桩提供反力。试验位置标高 45.10 m(±0.00 m 以下 2.3 m)。采用 XK315A 型静载荷测试仪完成整个测试过程。

试验采用单向多循环加载试验法。试验过程严格按照《电力工程地基处理技术规程》(DL/T 5024—2005)和《建筑基桩检测技术规范》(JGJ 106—2003)的规定进行。

加荷等级：荷载分 8 ~ 10 级，每级加载量为预估最大加载量的 1/12，加载分级见表 5-9。

表 5-9　水平静载荷试验加载分级　　（单位:kN）

桩号	分级							
	1	2	3	4	…	8	9	10
1#	40	80	120	160	…	320		
2#	25	50	75	100	…	200	225	
3#	20	40	60	80	…	160	180	200

单桩水平静载荷试验结果见表 5-10。

表 5-10　单桩水平静载荷试验结果

桩号	最大加载量（kN）	水平极限承载力（kN）	水平临界荷载（kN）	极限承载力统计值（kN）	临界荷载统计值（kN）	最大水平位移（mm）
1#	320	240	160			42.95
2#	200	175	125	175	125	2.33
3#	200	180	160			2.28

根据试验结果计算桩侧土水平抗力系数的比例系数和桩的水平变形系数，计算结果见表 5-11。

表 5-11　各试桩 m 和 α 计算结果

序号	1#桩				2#桩				3#桩			
	H（kN）	Y_0（mm）	m（MN/m^4）	α（m^{-1}）	H（kN）	Y_0（mm）	m（MN/m^4）	α（m^{-1}）	H（kN）	Y_0（mm）	m（MN/m^4）	α（m^{-1}）
1	40	0.32	134.5	0.821	25	0.10	427.1	1.035	20	0.11	251.2	0.931
2	80	0.85	83.8	0.747	50	0.39	140.3	0.828	40	0.40	92.7	0.762
3	120	1.78	48.1	0.669	75	0.75	92.7	0.762	60	0.77	61.2	0.702
4	160	3.07	31.3	0.132	100	0.99	94.3	0.765	80	0.87	80.6	0.741
5	200	7.47	10.3	0.491	125	1.08	118.3	0.800	100	0.96	99.3	0.773
6	240	14.88	4.4	0.415	150	1.55	87.8	0.754	120	1.13	102.5	0.778
7	—	—	—	—	175	2.05	71.2	0.723	140	1.40	92.7	0.762
8	—	—	—	—	—	—	—	—	160	1.62	90.8	0.759
9	—	—	—	—	—	—	—	—	180	2.04	75.3	0.731

第六节　原体试验成果分析

根据 3 根试桩进行的低应变、高应变动力测试成果，桩身质量及完整性较好；根据竖向抗压静载荷试验，各项试验数据的一致性较好；根据水平静载荷试验结果，各项试验数据可满足设计要求；以桩身、桩端应力测试获取的各岩土地层极限桩侧阻力和部分土层极限桩端阻力为依据计算出的单桩竖向抗压承载力值与单桩竖向抗压静载荷试验结果也能较好地对应。

由于试桩区自然地面标高为 -1.3 m，而工程桩桩顶标高为 -5.9 m，因此本次试验中单桩竖向极限承载力标准值减去 -1.3 ~ -5.9 m 段的极限桩侧阻力（桩身摩阻力根据桩身的应变、应力测试结果确定）后，即可得出工程桩的单桩竖向极限承载力标准值。

单桩水平静载荷试验，试验面均在自然地面以下 1.0 m（标高为 45.10 m），处于地基土层②中。

通过对几种检测方法和计算方法的对比分析，各种检测方法和计算方法得出的单桩竖向极限承载力标准值相差不大，综合考虑各种测试方法和计算方法，给出单桩竖向极限承载力标准值及各土层设计参数，见表 5-12 和表 5-13。

表 5-12　单桩竖向极限承载力

桩型	单桩竖向极限承载力标准值 Q_{uk}（kN）	设计基础标高以上桩侧阻力（kN）	单桩竖向极限承载力（按有效桩长）（kN）	单桩竖向承载力特征值 R_a（kN）
灌注桩	6 800	442	6 358	3 179

表 5-13　各土层设计参数推荐值

地层编号及岩性	极限桩侧阻力标准值 q_{sik}（kPa）	极限桩端阻力标准值 q_{pk}（kPa）
层②粉质黏土	44	—
层③粉质黏土	60	—
层④粉土	78	—
层⑤粉质黏土	80	—
层⑥粉土	82	—
层⑦粉质黏土	76	—
层$⑦_1$ 粉土	62	—
层⑧粉土	84	1 200

通过对水平静载荷试验成果的分析，确定单桩水平极限承载力及单桩水平临界荷载，见表 5-14。

表 5-14　单桩水平极限承载力及单桩水平临界荷载推荐值

桩型	单桩水平极限承载力（kN）	单桩水平临界荷载（kN）
灌注桩	175	125

第七节 结 语

(1)灌注桩成孔采用旋挖成孔工艺,钻进过程中要根据地层情况调整泥浆比重,一般应为1.05~1.20,混凝土坍落度宜控制在200 mm左右。

(2)灌注桩桩径800 mm,有效桩长29 m,桩端持力层为层⑧。根据检测成果,综合确定单桩竖向抗压极限承载力为6 358 kN,特征值为3 179 kN,单桩水平临界荷载为125 kN。

(3)工程场地地下水类型为潜水,埋藏较浅,地下水年变幅不大,地下水稳定水位埋深1.5 m左右,对基坑开挖和基础施工影响很大。

(4)根据桩身应力测试成果计算得出的各土层极限桩侧阻力与《建筑桩基技术规范》(JGJ 94—2008)给出的经验值基本一致。

第六章　软弱土层 CFG 桩联合干振碎石桩复合地基原体试验

第一节　工程概述

某发电有限公司 2×600 MW 机组工程，位于豫东黄河冲洪积平原，其西部紧邻老厂储煤场，整体平面形状呈“7”字形。

场地浅层地基土工程特性相对较差，且地基内有可液化土体，液化等级一般为中等，拟采用 CFG 桩与干振碎石桩组合型地基处理方案：干振碎石桩用于处理液化，试验桩长约 16.50 m，CFG 桩用于提高地基承载能力，试验桩长约 21.00 m，以层⑬细砂作为桩端持力层。

第二节　岩土工程条件

一、地形地貌

拟建场地位于黄河冲洪积平原上，地形平坦，地貌简单，分布有较多的池塘，自然地面标高一般为 69.50～71.00 m。

二、岩土地层构成与特征

场地地层主要由第四系冲洪积（Q_4^{al+pl}）粉土、粉质黏土和砂土组成，自上而下共分为 15 个主层和 3 个亚层，分述如下：

（1）层①粉土。褐黄色为主，含云母、铁锰质斑点。稍密，湿。具高压缩性。层厚和层底埋深 0.8～2.5 m，层底标高 67.41～70.45 m。

（2）层②粉质黏土。浅黄色为主，含云母、铁质。软塑—流塑，具高压缩性。层厚 1.1～3.5 m，层底埋深 2.8～5.0 m，层底标高 65.27～67.68 m。

（3）层③粉土。褐黄色、灰黄色，含铁质、锰质结核。中密，很湿。具高压缩性。层厚 0.5～2.2 m，层底埋深 4.4～6.2 m，层底标高 64.11～66.26 m。

（4）层④粉质黏土。褐黄色、灰黄色，含铁质、锰质。流塑为主，具高压缩性。局部夹薄层硬塑状态的黏土。层厚 1.2～3.4 m，层底埋深 6.0～8.6 m，层底标高 61.93～64.58 m。

（5）层⑤粉土。灰黄色、灰色，含铁质、云母。中密，湿。具中压缩性。层厚 1.0～3.4 m，层底埋深 8.2～10.6 m，层底标高 59.84～62.28 m。

(6)层⑥粉质黏土。灰色为主，含铁质、锰质结核。中密—稍密，很湿。具高压缩性。层厚0.6～4.1 m，层底埋深9.4～13.1 m，层底标高57.29～60.79 m。

(7)层⑦粉土。灰色为主，含铁质、锰质。密实，湿。具中压缩性。层厚0.6～4.4 m，层底埋深11.4～14.0 m，层底标高56.20～58.64 m。

(8)层⑧粉质黏土。灰色、灰黄色，含铁质、锰质结核。中密，湿。具高压缩性。层厚0.5～4.1 m，层底埋深13.0～17.1 m，层底标高53.08～57.48 m。

(9)层⑨粉土。灰黄色，含云母、铁质斑点。中密，湿。具中压缩性。局部夹薄层黏土。层厚0.5～3.6 m，层底埋深14.5～17.3 m，层底标高52.87～55.57 m。

(10)层$⑨_1$粉土。灰黄色，含云母、铁质斑点。稍密—中密，湿。具高压缩性。层厚1.0～5.0 m，层底埋深16.9～20.3 m，层底标高50.02～53.43 m。

(11)层⑩粉土。黑色、灰黑色，含有机质。中密，湿。具高压缩性。层厚0.5～1.4 m，层底埋深15.8～18.2 m，层底标高51.67～54.06 m。

(12)层⑪粉质黏土。灰白色、灰黄色，含云母、铁质，见小姜石。密实，湿。具中压缩性。局部夹可塑状态的薄层粉质黏土。层厚0.4～2.7 m，层底埋深16.7～20.0 m，层底标高50.04～53.13 m。

(13)层⑫粉土。灰黄色，含云母、铁质，见小姜石(含量10%～20%，粒径0.5～5.0 cm)。密实，稍湿。具中压缩性。层厚0.7～3.0 m，层底埋深20.0～23.8 m，层底标高46.52～50.38 m。

(14)层$⑫_1$粉土。灰黄色，含云母、铁质。中密，湿。具高压缩性。层厚0.6～2.1 m，层底埋深18.7～22.4 m，层底标高47.92～51.37 m。该层位于层⑫粉土的上部。

(15)层⑬细砂。灰黄色、黄色，主要成分为石英，分选较差，黏粒含量不均匀。密实，饱和。具低压缩性。层厚10.7～13.5 m，层底埋深32.1～35.0 m，层底标高35.35～38.57 m。

(16)层$⑬_1$粉土。褐黄色，中密，湿。具中压缩性。该层位于层⑬细砂的上部。层厚约1.9 m，层底埋深约24.3 m，层底标高约47.36 m。

(17)层⑭粉土。灰黄色、棕黄色，含铁质、锰质结核和云母。密实，湿。具中压缩性。局部黏粒含量高，夹薄层粉砂。层厚5.0～8.4 m，层底埋深37.9～40.9 m，层底标高29.43～35.57 m。

(18)层⑮细砂。灰黄色、黄色，主要成分为石英，分选较差。密实，饱和。具低压缩性。揭露最大厚度11.9 m。

试验区地层柱状图见图6-1。

各土层主要物理性质及工程特性指标见表6-1。

三、地下水条件

场地地下水类型为潜水。勘探期间，地下水初见水位埋深为0.80～2.30 m，其相应标高为68.00～69.18 m，据调查，地下水稳定水位埋深1.00～2.50 m，地下水位年变化幅度为0.50～1.00 m。场地地下水对混凝土结构具微腐蚀性；在长期浸水时，对钢筋混凝土结构中的钢筋具微腐蚀性；在干湿交替时，对钢筋混凝土结构中的钢筋具弱腐蚀性。

地层编号	柱状图 1：250	层底埋深 (m)	层底标高 (m)	层厚 (m)	岩土名称及其特征	初见水位高程 (m)	标贯击数 *N* (击)
①		2.00	68.29	2.00	粉土，稍密，湿	▽68.59	7.0 1.0
②		3.50	66.79	1.50	粉质黏土，流塑状态		2.5
③		4.90	65.39	1.40	粉土，稍密—中密，湿—很湿		3.0 2.0
④		6.60	63.69	1.70	粉质黏土，软塑状态为主		2.5
⑤		8.20	62.09	1.60	粉土，稍密—中密，很湿		4.0 1.0
⑥		9.50	60.79	1.30	粉质黏土，软塑状态为主		4.5
⑦		12.00	58.29	2.50	粉土，中密—稍密，湿		7.0 7.0 2.5
⑧		14.60	55.69	2.60	粉质黏土，软塑状态为主		1.0 1.0
⑨$_1$		18.50	51.79	3.90	粉土，稍密，很湿		1.5 1.0 1.0 2.0
⑫		21.50	48.79	3.00	粉质黏土，可塑状态		16.0 25.0
⑬		33.40	36.89	11.90	细砂，密实—中密，饱和		60.0 83.0 29.0 40.0 48.0 25.0
⑭		40.50	29.79	7.10	粉土，中密，湿		25.0 17.0 24.0 11.0

图 6-1　地层柱状图

四、场地与地基的地震效应

场地土类型为中软场地土，建筑场地类别为Ⅲ类，场地处于对建筑抗震不利地段。场地处于地震动峰值加速度 0.10g 区，对应地震基本烈度为 7 度。

场地地下水位埋藏较浅(初见水位 0.80 ~ 2.30 m),地面下 15 m 范围内分布有可液化的饱和粉土,液化等级为中等,液化土层最大底界深度为 15.00 m。

表 6-1 地基土主要物理性质及工程特性指标

地层编号及岩性	含水量 ω(%)	重度 γ (kN/m^3)	孔隙比 e	液性指数 I_L	相对密度 D_r	标贯击数 N(击)	锥尖阻力 q_c(MPa)	侧摩阻力 f_s(kPa)
层①粉土	27.2	19.1	0.793	—	—	6	1.40	17.7
层②粉质黏土	29.6	19.6	0.794	0.93	—	2	0.88	11.6
层③粉土	31.3	19.3	0.844	—	—	6	2.04	27.7
层④粉质黏土	29.7	19.3	0.827	1.04	—	4	0.87	25.3
层⑤粉土	27.7	19.5	0.771	—	—	7	3.21	44.3
层⑥粉土	30.7	19.1	0.855	—	—	4	0.94	24.6
层⑦粉土	25.7	19.8	0.706	—	—	11	4.88	64.1
层⑧粉土	26.3	19.6	0.744	—	—	3	0.81	13.4
层⑨粉土	24.7	19.7	0.707	—	—	13	3.95	77.1
层⑨$_1$粉土	21.7	20.6	0.900	—	—	2	1.91	24.1
层⑩粉土	22.3	20.2	0.635	—	—	8	0.98	24.2
层⑪粉土	20.1	20.6	0.567	—	—	13	3.74	71.0
层⑫粉土	18.9	20.3	0.587	—	—	18	4.04	154.7
层⑫$_1$粉土	22.5	20.0	0.660	—	—	6	1.10	21.8
层⑬细砂	18.0	19.9	0.577	—	0.80	53	26.49	294.3
层⑬$_1$粉土	27.5	19.9	0.750	—	—	—	7.39	269.1
层⑭粉土	21.3	20.4	0.612	—	—	21	—	—
层⑮细砂	15.8	20.1	0.599	—	0.80	51	—	—

第三节 原体试验设计

一、原体试验地段

试验区位于厂内地层具有代表性的空地,试验区平面尺寸为 8.70 m × 14.50 m,由 3 排 CFG 桩和 4 排干振碎石桩相间布置,东西方向上最外侧各有 2 排干振碎石桩护桩,桩间距为 1 450 mm，共布置 CFG 桩 21 根、干振碎石桩 56 根。

二、原体试验主要设计参数

(1) CFG 桩直径 500 mm，有效桩长 19.80 m，桩顶绝对标高为 68.30 m(±0.00 m 相应于标高 71.60 m)，即桩顶位于自然地面下约 -2.00 m(层②粉质黏土的顶部)，桩端全断面达到持力层层⑬细砂。

(2) 干振碎石桩直径 500 mm，有效桩长 16.50 m，桩顶绝对标高为 68.30 m，即桩顶位于自然地面下约 -2.00 m(层②粉质黏土的顶部)。桩体施工时，实际成桩长度一般为 16.50 m，桩顶标高约为 69.40 m。

(3) CFG 桩桩身材料：混合材料等级 C25，坍落度 5～7 cm，现场搅拌，水泥为 C32.5 普通硅酸盐水泥，骨料采用 5～40 mm 自然级配碎石和中粗河砂。

(4) 干振碎石桩桩身材料：采用 5～40 mm 碎石，含泥量小于 5%，最大粒径小于 50 mm。

载荷试验平面位于 ±0.00 m 标高以下 3.30 m，检测时，采用小型井管降低地下水位，基坑开挖至试验平面标高(从自然地面算起，基坑开挖深度为 2.00 m)。

三、原体试验检测内容

(1) 采用接近工程桩的实际工作状态的试验，确定 CFG 桩单桩竖向抗压承载力特征值。

(2) 进行 CFG 桩低应变测试，检测 CFG 桩桩身完整性。

(3) 进行复合地基载荷试验，确定复合地基承载力特征值(干振碎石桩复合、CFG 桩与干振碎石桩复合)和复合土层分层压缩模量。

(4) 进行循环载荷板测试，确定复合地基抗压刚度系数和复合地基弹性模量。

(5) 进行碎石桩体超重型动力触探试验，检验桩身质量。

(6) 测定 CFG 桩桩身混合料试块抗压强度，检验桩身强度是否满足要求。

(7) 进行桩间土标准贯入试验、静力触探试验，判别地基处理后地基土液化的消除程度、检验桩间土的挤密程度。

(8) 进行桩间土载荷试验，确定复合地基桩间土承载力特征值。

四、原体试验检测工作量

(1) CFG 桩：低应变测试 6 根，单桩竖向抗压静载荷试验 3 组，循环载荷板测试 2 组，桩体试块抗压强度试验 24 块。

(2) 干振碎石桩：单桩载荷试验 3 组，单桩复合地基载荷试验 3 组，桩体超重型动力触探试验 6 根，进尺 114.00 m。

(3) CFG 桩与干振碎石桩复合地基：载荷试验 3 组。

(4) 桩间土：载荷试验 3 组，标准贯入试验孔 5 个，进尺 125.00 m，标准贯入试验 125 次，采取扰动土试样 75 件，静力触探试验孔 6 个，进尺 150.00 m。

检测点平面布置见图 6-2。

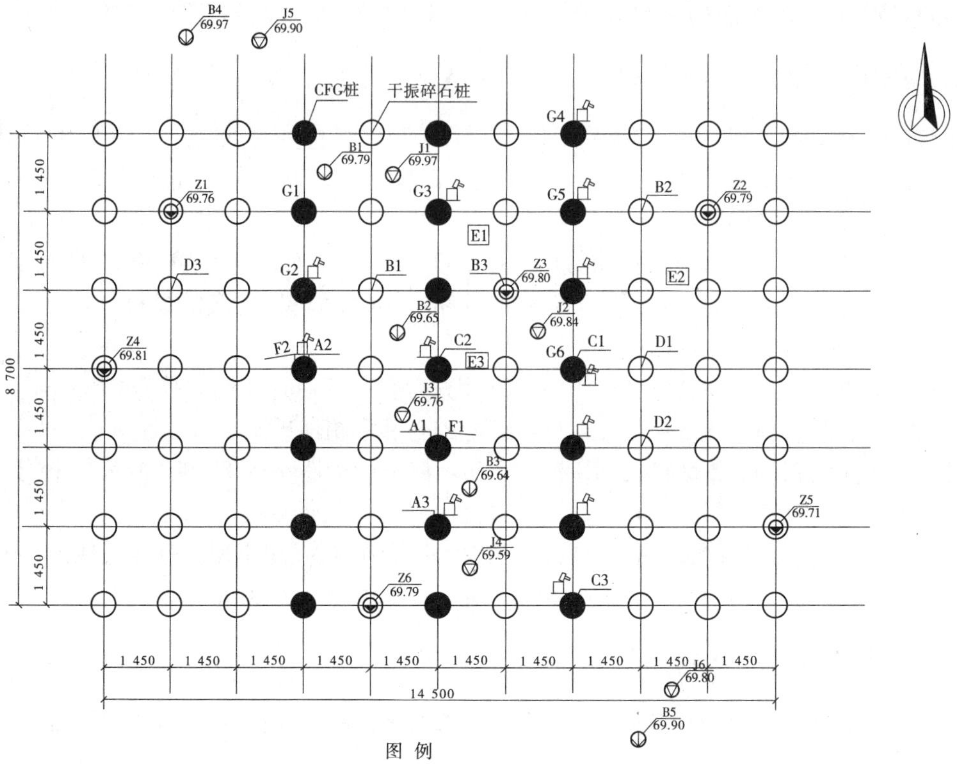

图 例

A2 CFG桩+干振碎石桩复合地基载荷试验点及其编号

B1 干振碎石桩复合地基载荷试验点及其编号

C2 CFG桩单桩竖向抗压静载荷试验点及其编号

D3 干振碎石桩单桩载荷试验点及其编号

E1 桩间土平板载荷试验点及其编号

F2 循环载荷试验点及其编号

G2 抗压强度试块取样及其编号

Z1 超重型动力触探试验点及其编号

B1 标准贯入试验点及其编号

J1 静力触探试验点及其编号

低应变动力测试试验点

图 6-2 检测点平面布置

第四节 原体试验施工

一、施工机械及性能

施工采用 DJB－60 型振动桩机，DZ90 振动锤，桩机为滚管式结构。

二、施工工艺

CFG 桩施工工艺主要流程为：桩机就位→沉管至设计深度→投料→振动密实后拔管 1.00～1.50 m→留振 30 s→振动拔管、留振，反复进行→补料→至桩管拔出地面成桩结束。

施工工艺主要流程为：桩机就位→振动沉管至设计深度→投料→拔管、反插，反复进行→补料→至桩管拔出地面成桩结束。

先施工干振碎石桩，待其全部施工完成后，再施工 CFG 桩，施工顺序采用隔排跳打方式。

三、施工效果分析

(1)CFG 桩：成桩长度 19.80 m，桩端进入持力层层⑬细砂的深度为 0.60 ~ 0.80 m。最后 2 个 5 min 桩管贯入深度为 6 cm、7 cm，沉管总时间为 20 min，其中最后 1 m 的沉管时间为 15 min。单桩混凝土灌注量为 5.40 ~ 5.94 m^3，混凝土充盈系数 k 为 1.32 ~ 1.46。

(2)干振碎石桩：成桩长度 16.50 m，单桩灌注碎石量为 4.332 ~ 5.016 m^3，充盈系数 k 为 1.34 ~ 1.36。对于较软的土层，采用“先护壁、后制桩”的施工方法。

第五节　原体试验检测

为检验该地基处理方案的效果，在试验区域的地基处理完成后分别对复合地基、单桩和桩间土进行了检验。

复合地基施工时，CFG 桩与干振碎石桩分别编号，CFG 桩编号为 1 ~ 21 号，干振碎石桩编号为 1 ~ 56 号。检测时，按检测点类型重新编号。

一、桩间土检测

为直观地反映成桩后地基土工程性状的变化，在地基处理前后分别在试验区进行了原位测试工作（标准贯入试验、静力触探试验）：处理前，在试验区周围布置检测点；处理后，检测点布置于四桩之间。检测工作在地基处理休止约 35 d 后进行，先进行桩体相关载荷试验，再进行桩间土检测工作。

（一）地基处理后桩间土液化判别

根据《建筑抗震设计规范》（GB 50011—2010）有关规定，利用地基处理后标准贯入试验和颗分试验成果，对地基土的液化情况进行计算判别，计算判别条件与地基处理以前的条件相同。

对试验区桩间土而言，处理后的标准贯入击数明显增大。经判别，除在 13.00 ~ 14.00 m深度范围内土层厚度为 0.50 ~ 0.90 m 的液化势（液化指数均小于 0.5）尚未消除外，试验区地基土的液化势基本消除。

（二）桩间土挤密效果检测

地基处理前后的原位测试成果按岩土分层分别统计，结果见表 6-2。

表 6-2　地基处理前后原位测试成果比较

地层编号	岩土名称	标贯击数(击)			锥尖阻力(MPa)			侧摩阻力(kPa)		
		前	后	增长(倍)	前	后	增长(倍)	前	后	增长(倍)
层②	粉质黏土	2.2	7.6	3.45	0.85	3.22	3.79	15.3	16.6	1.08
层③	粉土	6.6	11.8	1.79	1.83	5.29	2.89	13.9	92.3	6.64
层④	粉质黏土	2.7	8.6	3.19	0.79	1.39	1.76	28.5	135.5	4.75

续表 6-2

地层编号	岩土名称	标贯击数(击)			锥尖阻力(MPa)			侧摩阻力(kPa)		
		前	后	增长(倍)	前	后	增长(倍)	前	后	增长(倍)
层⑤	粉土	9.2	18.1	1.97	3.18	8.35	2.63	23.3	53.8	2.31
层⑥	粉质黏土	5.8	12.8	2.21	0.98	2.47	2.52	49.6	151.8	3.06
层⑦	粉土	10.2	18.2	1.78	5.74	10.86	1.89	26.1	79.8	3.06
层⑧	粉质黏土	1.3	5.9	4.54	0.74	1.69	2.28	76.2	134.4	1.76
层$⑨_1$	粉土	0.9	12.8	14.22	1.20	3.99	3.33	11.1	84.8	7.64
层⑩	粉土	4.2	4.8	1.14	1.20	1.48	1.23	19.0	145.3	7.65
层⑫	粉土	20.5	27.1	1.32	3.30	4.09	1.24	11.1	70.5	6.35

分析表 6-2 可知,地基处理后,各岩土分层(桩间土)的原位测试指标值(标贯击数、锥尖阻力及侧摩阻力)均有明显增加,增大倍数一般为 1.32 ~7.65。原位测试指标值的增大反映出桩间土明显受到挤密,工程特性得到改善,强度有所提高,并且各岩土分层的强度变得略微均匀一些。但是,在局部地段(检测点 J3 处),桩间土挤密程度略差,强度提高较少。

(三)桩间土载荷试验

3 组桩间土载荷试验在地基处理后约 35 d 进行。载荷试验遵循《建筑地基基础设计规范》(GB 50007—2002),3 组载荷试验的 $p\sim s$ 曲线均呈“渐进破坏”型,试验的详细情况见表 6-3。

表 6-3　桩间土载荷试验成果

位置	E1	E2	E3
压板形状、尺寸(m×m)	方形,0.55×0.55		
所在层位、标高(m)	层②粉质黏土,标高 68.30		
最大加载(kPa)	300	300	300
终止试验条件	累计沉降满足要求	累计沉降满足要求	累计沉降满足要求
总沉降量(mm)	62.79	30.56	35.69
回弹量(mm)	18.67	8.15	7.27
回弹率(%)	29.73	26.67	20.37
承载力特征值确定标准	$s/d=0.015$ 对应的荷载	$s/d=0.015$ 对应的荷载	$s/d=0.015$ 对应的荷载
承载力特征值(kPa)	80	70	74

3 点实测承载力特征值的极差为 10 kPa,小于平均值 74 kPa 的 30%,则桩间土承载力特征值为 74 kPa。

二、桩身质量检测

(一)CFG 桩低应变测试

成桩施工结束,经过约 35 d 休止期后,选择 12 根 CFG 桩进行了低应变测试(反射波法)。检测遵循《建筑基桩检测技术规范》(JGJ 106—2003),根据波形分析桩身完整性。12 根中Ⅰ类桩 8 根,占检测桩数的66.7%;Ⅱ类桩 4 根,占检测桩数的33.3%。低应变测试成果见表 6-4。

表 6-4 CFG 桩低应变测试成果

检测编号	施工编号	桩长(m)	波速(m/s)	完整性	
				描述	类别
H1	3	18.80	2 980	完整	Ⅰ
H2	4	18.80	3 510	完整	Ⅰ
H3	9	18.70	3 400	2.30 m 处缩颈	Ⅱ
H4	11	18.70	3 400	桩头及 7.60 m 处离析	Ⅱ
H5	13	18.70	3 530	完整	Ⅰ
H6	15	18.70	3 380	完整	Ⅰ
H7	16	18.80	3 450	完整	Ⅰ
H8	17	18.70	3 500	完整	Ⅰ
H9	18	18.70	3 350	1.60 m 处较轻缩颈	Ⅱ
H10	19	18.60	3 410	1.60 m 处较轻缩颈	Ⅱ
H11	20	18.60	3 460	完整	Ⅰ
H12	21	18.60	3 610	完整	Ⅰ

(二)CFG 桩桩体试块的抗压强度

按《建筑基桩检测技术规范》(JGJ 106—2003),在地基处理约 35 d 后,选择 6 根 CFG 桩进行钻心取样。抗压强度代表值按一组 3 块试件强度的平均值确定,同一受检桩同一深度部位有两组或两组以上心样试件抗压强度代表值时,取其平均值为该桩该深度处心样抗压强度值。测试成果见表 6-5。

表 6-5 CFG 桩试块抗压强度成果

检测编号	G1	G2	G3	G4	G5	G6
施工编号	2	3	9	15	16	18
抗压强度平均值(MPa)	34.1	31.0	22.9	23.9	31.0	28.2(25.5)

考虑到现场实际养护条件下桩体立方体抗压强度随时间而增长，CFG 桩的抗压强度基本达到了设计的桩身强度 C25。

（三）干振碎石桩桩体密实度检验

随机选择 6 根干振碎石桩，在其轴心处进行超重型动力触探试验（N_{120}），以检验桩体的密实程度。检测时，在桩头部分截掉以后，重新回填土厚度约为 2.00 m，桩顶标高约为 68.30 m。贯入时，记录触探指标为每贯入 10 cm 的击数 N_{120}，然后，利用经验公式 $N_{63.5} = 3 \times N_{120} - 0.5$，将击数 N_{120} 转化成击数 $N_{63.5}$，以判别桩体的密实程度。

分析动力触探试验曲线，桩体密实度为密实，只是在浅部的局部范围内，桩体密实度较差。随深度增加，桩体动力触探击数整体呈明显增大趋势，在 0 ~ 2.00 m 范围内，动力触探曲线反映回填土的特性；在 2.00 ~ 3.00 m 范围内，桩体动力触探击数一般为 2 ~ 6 击，表明桩体普遍不密实；在 3.00 ~ 7.00 m 范围内，桩体动力触探击数一般为 8 ~ 16 击，桩体密实度较好，但是在检测点 Z1（3.00 ~ 4.00 m 范围，对应周围土层为层③粉土）、Z2（5.50 ~ 6.50 m 范围，对应周围土层为层④粉质黏土）处，桩体动力触探击数小于 7 击，且连续桩长大于 0.50 m，桩体在该范围内为不密实；在 5.00 ~ 7.00 m 以下，动力触探击数一般为 16 ~ 60 击，桩体密实度较好，只是沿深度方向密实程度不均一。

三、单桩竖向抗压静载荷试验

（一）CFG 桩

选择 3 根 CFG 桩进行了单桩竖向抗压静载荷试验。试验在地基处理后约 42 d 进行，试验平面标高为 68.30 m。单桩竖向抗压静载荷试验遵循《建筑基桩检测技术规范》（JGJ 106—2003），3 根 CFG 桩的 $Q \sim s$ 曲线均呈“渐进破坏”型，试验成果见表 6-6。

表 6-6　单桩竖向静载荷试验成果

检测编号	C1	C2	C3
压板形状、尺寸（m）	圆形压板，直径为 0.50		
试验平面标高（m）	68.30		
施工编号	18	11	21
桩长（m）	18.7	18.7	18.7
最大加载（kN）	2 000	1 400	2 000
终止试验条件	达到设计荷载	桩头破碎	达到设计荷载
最大沉降量（mm）	6.47	61.17	10.7
回弹值（mm）	1.36	—	2.93
回弹率（%）	21.02	—	27.38
单桩极限承载力（kN）	2 000	1 200	2 000

由前述抗压强度部分可知，各桩顶位置强度偏低，C2 号桩在测试过程中破坏属于桩头强度偏低、桩身离析所致，3 根试桩单桩极限承载力平均值取 2 000 kN，则单桩竖向承载力特征值为 1 000 kN。

从本检测结果可以看出，桩体质量，尤其是桩头质量对桩体承载力产生明显影响，应注意桩头施工的质量，并注意预留足够长度的桩头。

（二）干振碎石桩

选择 3 根干振碎石桩进行单桩载荷试验。试验在地基处理后约 40 d 进行，试验平面标高为 68.30 m。载荷试验遵循《火力发电厂振冲法地基处理技术规范》（DL/T 5101—1999），3 根桩载荷试验的 $p \sim s$ 曲线均呈“渐进破坏”型，试验成果见表 6-7。

表 6-7　干振碎石桩单桩载荷试验成果

检测编号	D1	D2	D3
压板形状、尺寸(m)	圆形压板，直径为 0.50		
试验平面标高(m)	68.30		
施工编号	39	40	10
桩长(m)	16.5	16.5	16.5
最大加载(kPa)	1 000	872	872
终止试验条件	累计沉降量满足要求	累计沉降量满足要求	累计沉降量满足要求
总沉降量(mm)	58.52	66.13	78.94
回弹量(mm)	10.62	9.31	14.08
回弹率(%)	18.15	14.08	14.81
承载力特征值确定标准	按复合地基允许变形对应的荷载	按复合地基允许变形对应的荷载	按复合地基允许变形对应的荷载
承载力特征值 (kPa)	370	308	276

3 根桩实测承载力特征值的极差为 94 kPa，小于平均值 318 kPa 的 30%，则干振碎石桩单桩承载力特征值为 318 kPa。

四、单桩复合地基载荷试验

（一）干振碎石桩

选择 3 根干振碎石桩进行单桩复合地基载荷试验。试验时间为地基处理后 35 d。试验平面标高 68.3 m，截掉桩头部分的长度约为 1.0 m。载荷试验遵循《建筑基桩检测技术规范》（JGJ 106—2003），3 根桩单桩复合地基载荷试验的 $p \sim s$ 曲线均呈“渐进破坏”型，试验成果见表 6-8。

表 6-8　干振碎石桩单桩复合地基载荷试验成果

检测编号	D1	D2	D3
压板形状、尺寸(m)	圆形压板,直径为 1.64		
试验平面标高(m)	68.30		
施工编号	24	37	31
桩长(m)	16.5	16.5	16.5
最大加载(kPa)	300	300	300
终止试验条件	达到试验要求值	达到试验要求值	达到试验要求值
总沉降量(mm)	43.77	32.45	36.90
回弹量(mm)	8.07	6.12	8.16
回弹率(%)	18.44	18.86	22.11
承载力特征值确定标准	s/b =0.010 所对应的压力	s/b =0.010 所对应的压力	s/b =0.010 所对应的压力
承载力特征值 (kPa)	120	127	140

3 根桩单桩复合地基载荷试验实测承载力特征值的极差为 20 kPa,小于平均值 129 kPa的 30%,则单桩复合地基承载力特征值为 129 kPa。

(二)CFG 桩联合干振碎石桩

选择 3 根 CFG 桩与干振碎石桩进行复合地基载荷试验。试验在地基处理后约 35 d 进行,试验平面标高 68.3 m。载荷试验遵循《建筑基桩检测技术规范》(JGJ 106—2003),3 组 CFG 桩与干振碎石桩复合地基载荷试验的 $p \sim s$ 曲线均呈“渐进破坏”型,试验成果见表 6-9。

表 6-9　CFG 桩联合干振碎石桩复合地基载荷试验成果

检测编号	A1	A2	A3
压板形状、尺寸(m×m)	矩形压板,1.45×2.90		
试验平面标高(m)	68.30		
施工编号	12	4	13
最大加载量(kPa)	600	600	600
终止试验条件	达到试验要求值	达到试验要求值	达到试验要求值
总沉降量(mm)	25.03	17.06	15.33
回弹量(mm)	3.93	6.36	4.08
回弹率(%)	15.70	37.28	26.61
承载力特征值确定标准	最大加载量的一半	最大加载量的一半	最大加载量的一半
承载力特征值 (kPa)	300	300	300

3 组 CFG 桩与干振碎石桩复合地基载荷试验实测承载力特征值的极差为 0，小于平均值 300 kPa 的 30%，则 CFG 桩与干振碎石桩复合地基承载力特征值为 300 kPa。

（三）CFG 桩联合干振碎石桩复合地基分层压缩模量

按《建筑地基处理技术规范》（JGJ 79—2002），根据 CFG 桩与干振碎石桩复合地基载荷试验成果计算复合地基分层压缩模量。将干振碎石桩与天然地基作为 CFG 桩的复合桩间土，复合桩间土与 CFG 桩共同构成复合地基承担上部结构传来的荷载。复合地基分层压缩模量计算结果见表 6-10。

表 6-10 CFG 桩联合干振碎石桩复合地基分层压缩模量 E_s 计算结果 （单位：MPa）

分层	层②粉质黏土	层③粉土	层④粉质黏土	层⑤粉土	层⑥粉土	层⑦粉土	层⑧粉土	层⑨粉土	层⑨$_1$粉土	层⑩粉土	层⑪粉土	层⑫粉土	层⑫$_1$粉土	层⑬细砂
E_s（MPa）	10.2	14.5	10.3	18.3	11.5	21.5	9.1	20.7	8.1	12.5	19.6	16.1	12.9	25.5

五、循环载荷板测试

选择 2 根已经完成复合地基载荷试验的 CFG 桩与干振碎石桩，进行循环载荷测试以确定复合地基的抗压刚度系数和弹性模量，测试遵循《地基动力特性测试规范》（GB/T 50269—97）。测试成果见表 6-11。

表 6-11 循环载荷板测试成果

检测编号	F1	F2
压板形状、尺寸（m×m）	矩形压板，1.45×2.90	
试验平面标高（m）	68.30	
施工编号	12	4
累计荷载（kN）	624	624
单位荷重 p_L（kPa）	148.39	148.39
地基弹性变形量（mm）	3.87	3.68
修正地基弹性变形量（mm）	3.86	3.62
抗压刚度系数 C_z（kN/m^3）	3.84×10^4	4.09×10^4
弹性模量 E（MPa）	58.6	62.5

抗压刚度系数和弹性模量取测试值的平均值，则复合地基抗压刚度系数为 $3.96\times10^4\ kN/m^3$，弹性模量为 60.6 MPa。

第六节　复合地基原体试验成果综合分析

一、桩身质量分析

对于 CFG 桩，对比分析低应变测试、单桩抗压静载荷试验和试块抗压强度试验成果，桩身质量基本满足要求，只是浅部桩段强度、完整性明显较深部桩段偏低。桩体质量，尤其是桩头质量对桩体承载力产生明显影响，应注意桩头施工的质量，并注意预留足够长度的桩头。

对于干振碎石桩，分析桩体动力触探试验曲线，桩体密实度基本满足要求，且随深度增加，桩体动力触探击数整体呈明显增大趋势。只是在局部桩段范围内，桩体密实度较差，施工时应注意加强对填料量、密实电流和留振时间等主要参数的控制。

二、单桩竖向抗压承载力分析

CFG 桩的 $Q \sim s$ 曲线呈"渐进破坏"型。对于施工编号为 11 号的 CFG 桩，其单桩竖向抗压承载力偏低，主要是受桩身浅部强度偏低、桩身离析的影响。CFG 单桩竖向抗压承载力特征值为 1 000 kN。

为更加接近复合地基的实际受力情况，确定干振碎石桩单桩承载力特征值时，先确定干振碎石桩单桩复合地基的允许变形，用此变形值在单桩载荷试验 $p \sim s$ 曲线上查出对应沉降的荷载，即为干振碎石桩单桩承载力特征值，为 318 kPa。

三、复合地基载荷试验分析

两种复合地基载荷试验的 $p \sim s$ 曲线均呈"渐进破坏"型，按允许变形确定其承载力特征值。CFG 桩与干振碎石桩复合地基承载力特征值为 300 kPa，干振碎石桩单桩复合地基承载力特征值为 129 kPa。

四、桩间土挤密效应分析

地基处理后，桩间土各岩土分层的原位测试指标值(标贯击数、锥尖阻力及侧摩阻力)均有明显增加，增大倍数为 1.32 ~7.65。从整体变化趋势来看，原位测试指标值的增大反映出桩间土明显受到挤密，强度得到提高，并且强度变得略微均匀一些，液化势基本得到消除。但是，在局部深度范围内，桩间土挤密程度略差，强度提高较少，液化势未完全消除。

第七节　结　语

(1)CFG 桩与干振碎石桩复合地基方案适用于该场地地层：一方面消除了液化，另一方面提高了地基承载力。

(2)试验桩身深度范围内，桩周土抗剪强度较低，不利于干振碎石桩的成桩施工，工程桩施工时应结合已有的原体试验施工经验，采取相应的措施，以预防、及时处理工程桩施工时可能出现的桩身偏移、重叠等不良现象。

第七章　粉土地层高压旋喷桩原体试验

第一节　工程概述

某火电厂技改工程生产辅助用房2#、3#楼处于黄河冲洪积平原，由于工程场地上部地层较软弱，不能满足建筑物对天然地基的要求，拟采用高压旋喷桩复合地基方案进行处理。

为了检验高压旋喷桩的加固效果和复合地基的质量，在工程施工后进行复合地基原体试验，以检验复合地基设计的合理性。

第二节　岩土工程条件

工程场地地貌单元属于黄河冲洪积平原，原始地形平坦。经过前期工程建设的改造，原始地形已经改变，地势有起伏。场地地层层位相对稳定，主要由第四系冲洪积粉土和少量粉质黏土组成，依据物理性质和工程特性可分为9层，分述如下：

(1)层①素填土。褐黄色、灰黄色，主要为粉土，表层混砖块、混凝土块等，回填时间大于10年，但均匀性差、强度低。稍密，稍湿—湿。层厚0.4～3.0 m。

(2)层②粉土。褐黄色为主，含云母、铁锰质斑点。中密—密实，湿。具中压缩性。层底埋深1.7～3.2 m，层厚0.7～2.5 m。

(3)层③粉质黏土。浅黄色为主，含云母、铁质。流塑状态。具高压缩性。层底埋深2.9～5.5 m，层厚0.7～2.3 m。

(4)层④粉土。褐黄色、灰黄色，含铁质、锰质结核。中密，湿—很湿。具中压缩性。层底埋深7.4～8.2 m，层厚2.4～5.0 m。

(5)层⑤粉土。灰黄色、灰色，含铁质、云母。中密，很湿。具中压缩性。层底埋深9.5～11.0 m，层厚1.4～3.2 m。

(6)层⑥粉质黏土。灰色为主，含铁质、锰质结核，不均匀，夹稍密的粉土薄层。软塑状态(局部为流塑)。具中—高压缩性。层底埋深14.0～14.8 m，层厚3.2～5.1 m。

(7)层⑦粉土。灰黄色，含云母、铁质斑点，局部黏粒含量高。中密—密实，湿。具中压缩性。层底埋深16.7～17.7 m，层厚2.5～3.2 m。

(8)层⑧粉土。黑色、灰黑色，含有机质，局部为粉质黏土。稍密，很湿。具中(偏高)压缩性。层底埋深17.2～18.2 m，层厚0.3～0.7 m。

(9)层⑨粉土。灰白色、灰绿色，含云母、铁质，见小姜石，局部夹可塑状态的粉质黏土薄层。密实，湿。具中(偏高)压缩性。本层最大揭露厚度3.6 m。

场地地下水类型为潜水。地下水稳定水位埋深为1.6～2.1 m，年变化幅度为0.5～

1.0 m。地下水对混凝土结构及其中的钢筋均具微腐蚀性。

各土层物理性质及工程特性指标见表 7-1。

表 7-1　各土层物理性质及工程特性指标

地层编号及岩性	含水量 ω (%)	重度 γ (kN/m³)	孔隙比 e_0	饱和度 S_r (%)	液限 ω_L (%)	塑限 ω_P (%)	塑性指数 I_P (%)	液性指数 I_L	压缩模量 E_{s1-2} (MPa)	黏聚力 c (kPa)	内摩擦角 φ (°)
层②粉土	21.7	20.1	0.619	93.6	26.5	17.9	8.6	—	9.0	8	25.0
层③粉质黏土	35.0	18.4	0.950	—	—	—	—	1.20	3.0	5	15.0
层④粉土	30.8	19.1	0.840	97.3	30.2	20.1	10.0	—	5.5	10	20.0
层⑤粉土	29.1	19.3	0.802	97.7	29.6	20.1	9.5	—	10.0	10	25.0
层⑥粉质黏土	32.6	19.0	0.902	—	35.3	21.7	13.6	0.80	5.0	5	20.0
层⑦粉土	24.7	20.1	0.678	98.0	25.5	16.6	8.9	—	12.0	15	25.0
层⑧粉土	31.2	18.8	0.845	97.0	30.1	20.2	10.0	—	5.0	—	—
层⑨粉土	21.4	20.5	0.596	97.0	25.2	15.4	9.8	—	7.0	—	—

第三节　原体试验设计

一、复合地基设计参数

高压旋喷桩设计桩长 13.5 m，桩径 600 mm，桩顶平面标高 68.5 m，桩端平面标高 55.0 m，桩间距 1.2 m，处理地层为层②～层⑥，对应单桩处理面积为 1.44 m²，总桩数 720 根。设计复合地基承载力特征值为 350 kPa。

桩平面布置形式见图 7-1、图 7-2。

二、检测手段

单桩复合地基静载荷试验采用方形压板，压板宽度为 1.2 m。检测工作在全部旋喷桩施工完成约 3 个月后进行。

三、检测点的选择

随机选择 171#、110#、454# 和 306# 共 4 组进行试验，对应试验编号分别为 1#、2#、3#、4#。位置见图 7-1、图 7-2。

四、仪器设备

试验所用仪器设备如下：

(1) 反力系统。采用堆载方式，反力系统由 1 根长 5 m 的主梁、2 根长 5 m 的箱形次

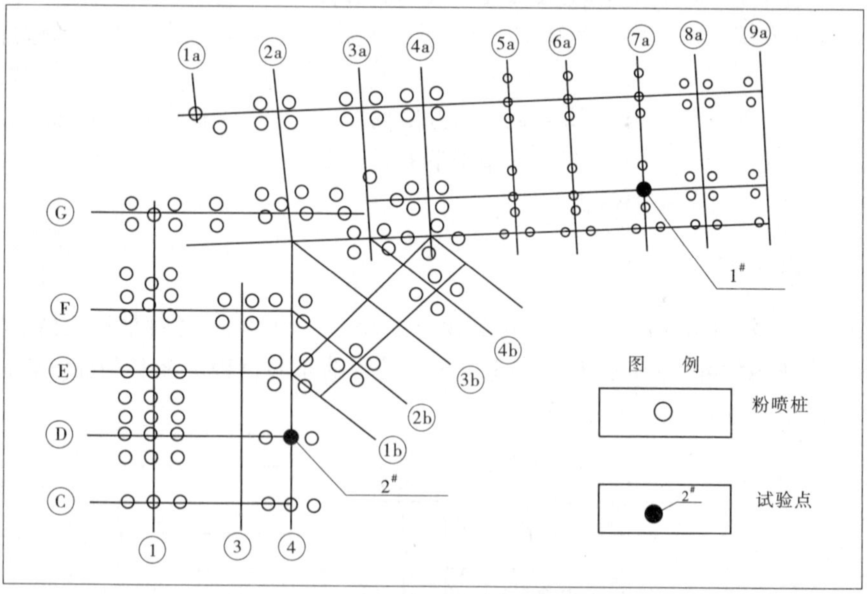

图 7-1　1#、2#试验点平面位置示意图

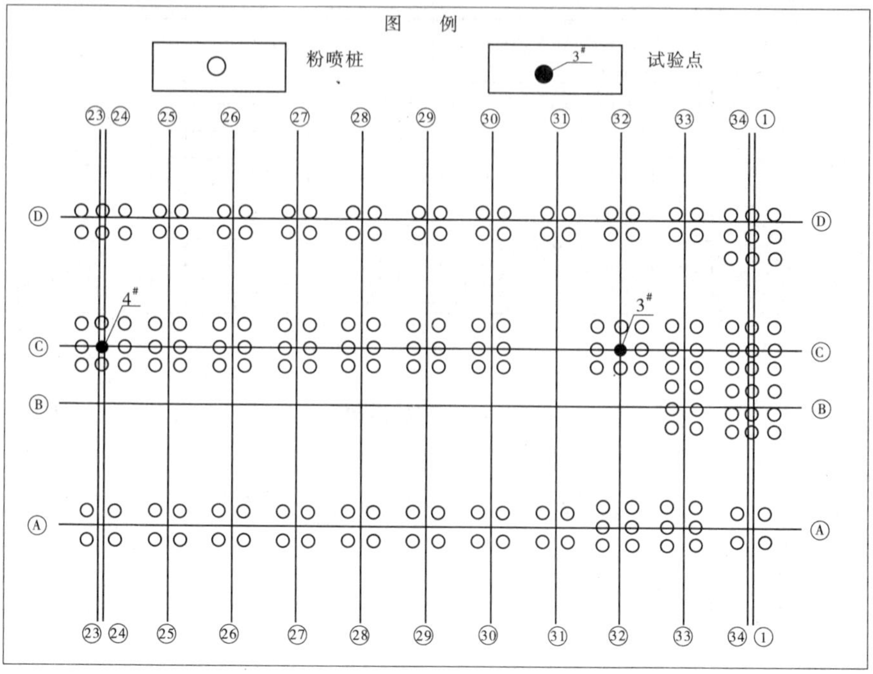

图 7-2　3#、4#试验点平面位置示意图

梁、2 根长 4 m 的 I 字形次梁及 130 kN 配重组成。

(2)压板及承台。压板采用 1 200 mm × 1 200 mm 的方形钢板，与单桩处理面积一致；采用 1 200 mm × 900 mm × 350 mm 的承台。

(3)基准梁。长 5 m,用以安装磁性表座和位移传感器。

(4)加压系统。由一台 1 000 kN 千斤顶及超高压油泵组成。千斤顶最大行程 200 mm。

(5)力和沉降量测系统。由压阻式压力传感器、调频式位移传感器组成。位移传感器量程为 0 ~ 50 mm,量测压板在荷载作用下的垂直沉降。

(6)其他。各种规格的钢板 5 块。

五、试验布置

钢梁 5 根,配重 130 kN,共同组成静载荷试验的反力系统,通过加压系统、力和沉降量测系统控制加载量。5 m 长基准梁避免了由于载荷试验过程中地基局部沉降而引起的测量系统误差。试验布置见图 7-3。

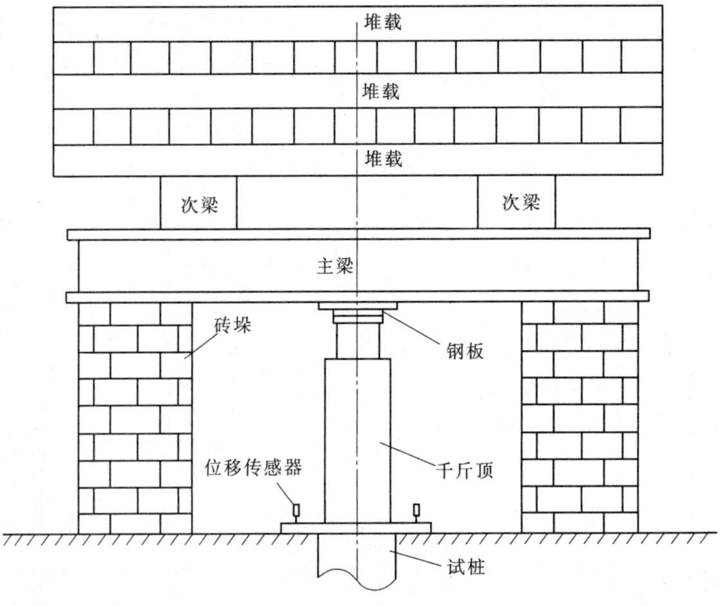

图 7-3　试验布置

第四节　原体试验施工

一、施工工艺流程

原体试验施工工艺流程为:施工准备→测量定位→机具就位→钻孔至设计标高→旋喷开始→提升旋喷注浆→旋喷结束成桩。

二、施工参数

施工参数见表 7-2。

表 7-2　施工参数

施工参数	水灰比	水压力(MPa)	流量(L/min)	风压力(MPa)	流量(m^3/min)
数值	1:1	20	100	0.7	2
施工参数	浆液密度(g/cm^3)	水泥浆压力(MPa)	流量(L/min)	提升速度(cm/min)	旋转速度(r/min)
数值	1.6	2	120	12	10

三、施工方法

(一)场地平整

先进行场地平整,清除桩位处地上、地下的一切障碍物,场地低洼处用黏性土料回填夯实,并做好排浆沟。

(二)测量定位

采用全站仪根据桩号放出试验区域的控制桩,然后使用钢卷尺放出旋喷桩的桩位位置,用小竹签作好标记,并撒白灰标志,确保桩机准确就位。

(三)机具就位

钻机安置平稳,钻杆垂直,钻头对准孔位中心。

(四)钻孔插管

采用工程地质钻机钻孔完毕后拔出岩心管,换上旋喷管,边射水边插管,直至预定深度。

(五)浆液配制

水泥浆液配制严格按设计要求控制水灰比。搅拌灰浆时,先加水,然后加水泥,每次灰浆搅拌时间不少于 2 min,水泥浆应在使用前 1 h 制备,浆液在灰浆拌和机中不断搅拌,直到喷浆。喷浆时,水泥浆从灰浆拌和机中倒入集料斗,通过过滤筛把水泥硬块剔除。水泥浆通过胶管送到旋转振动钻机的喷管内,最后射出。

(六)喷射注浆

当喷嘴达到设计高程时喷注,喷注开始时先送高压水,再送浆液和压缩空气,在底部旋喷 1 min,当到达预定喷射压力及喷浆量后再边旋转边提升,以防浆管扭断,钻杆的旋转和提升必须连续不断;当注浆管不能一次提升完成而需分次拆卸时,拆卸动作要快,卸管后继续喷射的搭接长度不小于 10 cm。

(七)冲洗及移动机具

当喷射提升到设计高程后,即告旋喷结束。立即拔出注浆管,用清水彻底清洗泥浆泵和高压泵,管内、机内不残存浆液和其他杂物。把浆液换成水,在地面上喷射,以便把泥浆泵、注浆软管内的浆液全部排出,损坏部件及时修理和更换,运转部分涂抹黄油。

（八）重复以上操作，进行下一根桩的施工

相邻两桩施工间隔时间不小于 48 h。

四、施工中存在的问题及处理方法

（一）旋喷点位的对中问题

因采用孔内旋喷，钻杆悬空段过长，钻杆易于歪斜，造成拍击，旋喷钻杆置入钻头时，钻杆接头容易被拍松或拍断，造成旋喷施工中漏浆事故频繁，影响施工质量和进度。同时，悬空段过长，钻头不宜对准孔底的旋喷点位，即施工精度达不到旋喷桩平面布置的精度要求，易造成桩体间隙过大，达不到设计要求。根据现场的实际情况，在桩孔内搭设井字形钢管框架，在每个旋喷点的位置安设导向环，导向环竖向间距 1 m。导向环内衬橡胶软垫。导向环与框架之间、环与环之间也采用刚性连接，以形成整体，保证旋喷点位的准确性。

（二）冒浆的处理

在旋喷的过程中，有一部分浆液冒出孔底。通过观察发现，由于地层含水稀释了浆液浓度，稀释的浆液在高压的作用下扩散范围很大，超出了预计的桩体范围。为确保成桩质量，采取了降低喷射压力、加快旋转速度、加快提升速度和掺加速凝剂缩短浆液凝固时间等措施，使浆液在预计的成桩范围内凝固。另外，在桩体之间补加旋喷点，保证缺陷桩和相邻旋喷桩之间的连接。

第五节　原体试验检测

一、检测过程

检测开始前进行了 5 min 预压（预压是为了消除地面的不平整造成的差值，不影响检测结果），预压荷载值为第一级荷载，卸载间隔 30 min 后，正式开始检测。试验时，通过油压千斤顶给桩施加竖向荷载，用电动油泵给油压千斤顶加压，千斤顶出力值用精密标准压力表或荷载传感器测量，桩顶下沉量用大量程百分表（50 mm）进行测量。

加荷等级为 10 级，级差为 70 kPa。4 组试验均以总加载量作为终止条件。详细加荷级次见表 7-3 ~ 表 7-6。

（1）每加一级荷载 p 在加荷前后各读记压板沉降量 s 一次，以后每 30 min 读记一次。当 1 h 内沉降增量小于 0.1 mm 时即可加下一级荷载。

（2）加荷量由放置于千斤顶上的压力传感器测量，位移沉降量由放置在压板上的位移传感器测量，测试数据由微机进行处理，并绘制成果图表。

（3）终止试验条件：加载量达到设计要求值的 2 倍。

（4）卸荷分 3 级等量进行，每卸一级，读记回弹量，直至变形稳定。

表 7-3　1[#]点静载荷试验汇总

序号	荷载(kPa)	历时(min)		沉降量(mm)	
		本级	累计	本级	累计
0	0	0	0	0	0
1	69	61	61	0.64	0.64
2	139	91	152	0.82	1.46
3	208	91	234	0.84	2.30
4	278	91	334	0.79	3.09
5	347	91	452	0.72	3.81
6	417	121	546	0.80	4.61
7	486	151	697	0.89	5.50
8	556	121	818	1.78	7.28
9	625	151	969	2.01	9.29
10	694	151	1 120	2.43	11.72
11	417	61	1 181	-1.19	10.53
12	208	91	1 272	-1.79	8.74
13	0	91	1 363	-2.92	5.82
最大沉降量 11.72 mm,最大回弹量 5.90 mm,回弹率 50.34%					

表 7-4　2[#]点静载荷试验汇总

序号	荷载(kPa)	历时(min)		沉降量(mm)	
		本级	累计	本级	累计
0	0	0	0	0	0
1	69	91	91	1.42	1.42
2	139	91	182	0.65	2.07
3	208	91	273	0.55	2.62
4	278	91	364	0.54	3.16
5	347	121	485	0.72	3.88
6	417	151	636	1.20	5.08
7	486	91	727	1.75	6.83
8	556	121	848	2.19	9.02
9	625	91	939	2.13	11.15
10	694	151	1 090	1.83	12.98
11	417	61	1 151	-1.52	11.46
12	208	61	1 212	-1.02	10.44
13	0	91	1 303	-2.30	8.14
最大沉降量 12.98 mm,最大回弹量 4.84 mm,回弹率 37.29%					

表 7-5　3#点静载荷试验汇总

序号	荷载(kPa)	历时(min)		沉降量(mm)	
		本级	累计	本级	累计
0	0	0	0	0	0
1	69	61	61	1.34	1.34
2	139	91	152	0.69	2.03
3	208	91	243	0.89	2.92
4	278	91	334	0.85	3.77
5	347	91	425	0.74	4.51
6	417	91	516	0.82	5.33
7	486	121	637	0.96	6.29
8	556	121	758	1.96	8.25
9	625	91	849	1.62	9.87
10	694	91	940	1.70	11.57
11	417	61	1 001	-0.02	11.55
12	208	61	1 062	-1.43	10.12
13	0	91	1 153	-5.84	4.28
最大沉降量 11.57 mm,最大回弹量 7.29 mm,回弹率 63.01%					

表 7-6　4#点静载荷试验汇总

序号	荷载(kPa)	历时(min)		沉降量(mm)	
		本级	累计	本级	累计
0	0	0	0	0	0
1	69	91	91	1.38	1.38
2	139	91	182	1.27	2.65
3	208	91	273	0.19	2.84
4	278	61	334	0.32	3.16
5	347	61	395	0.37	3.53
6	417	91	486	0.49	4.02
7	486	91	577	1.23	5.25
8	556	61	638	1.39	6.64
9	625	121	759	1.43	8.07
10	694	121	880	2.51	10.58
11	417	61	941	-0.91	9.67
12	208	91	1 032	-1.01	8.66
13	0	91	1 123	-2.62	6.04
最大沉降量 10.58 mm,最大回弹量 4.54 mm,回弹率 42.91%					

二、试验成果分析

根据 4 组复合地基静载荷试验结果，绘制 $p \sim s$ 曲线、$s \sim \lg t$ 曲线、$s \sim \lg p$ 曲线，分别见图 7-4 ~ 图 7-7。

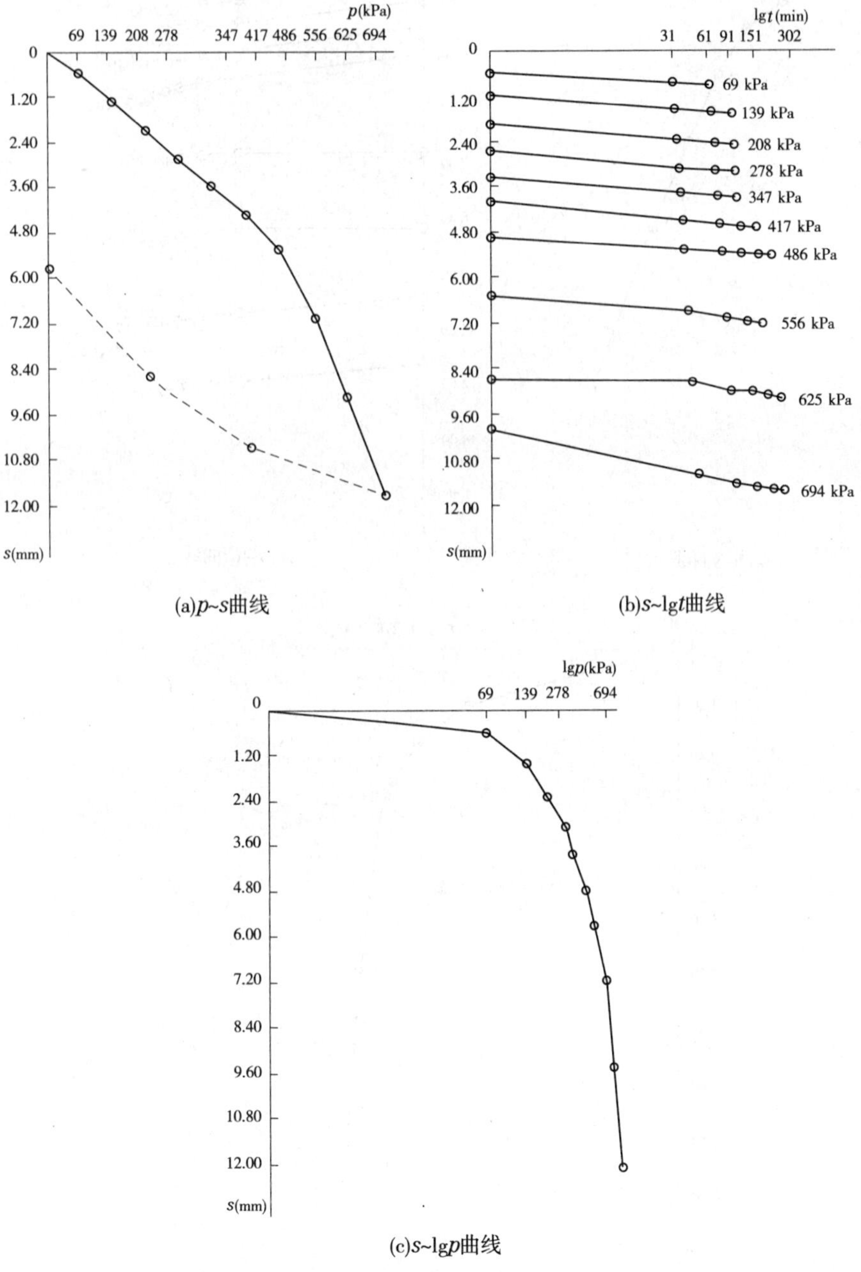

(a)p~s曲线

(b)s~lg$t$曲线

(c)s~lg$p$曲线

图 7-4　1#静载荷试验曲线

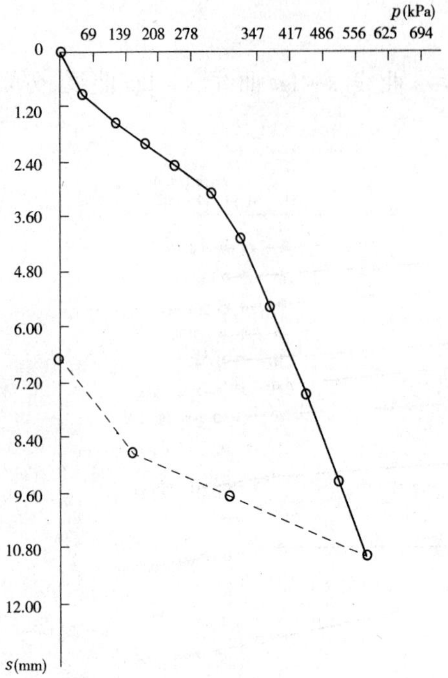

(a) $p\sim s$曲线

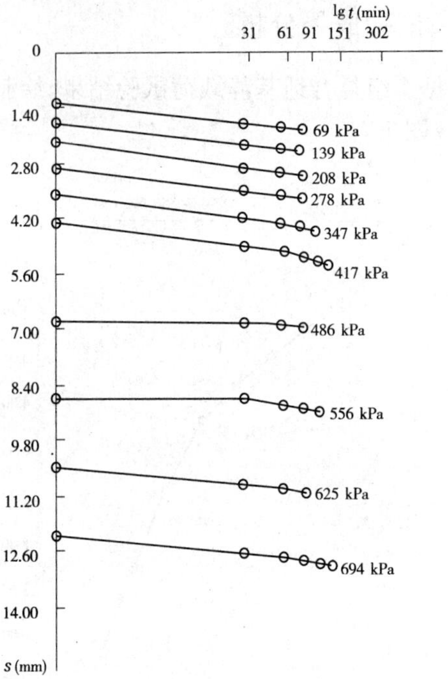

(b) $s\sim \lg t$曲线

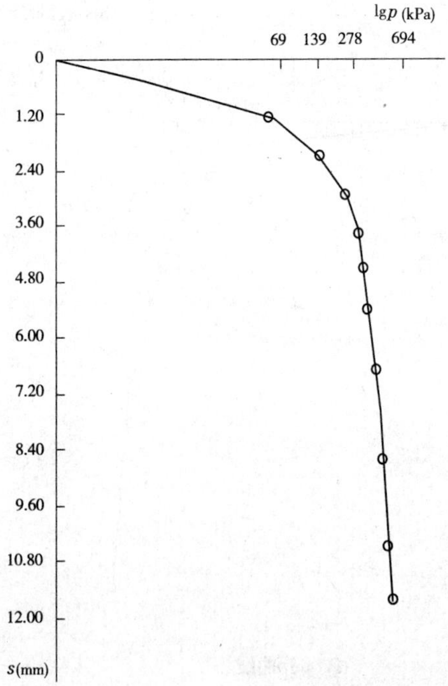

(c) $s\sim \lg p$曲线

图 7-5　2#静载荷试验曲线

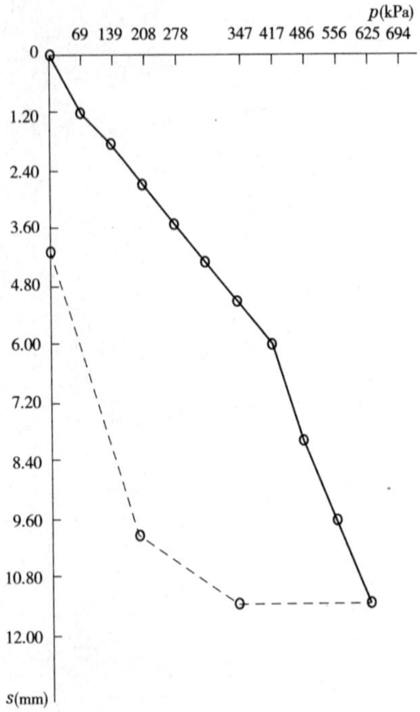

(a)p~s曲线

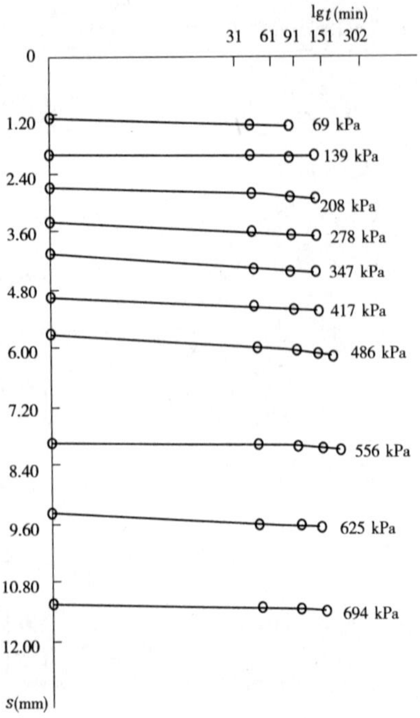

(b)s~lg$t$曲线

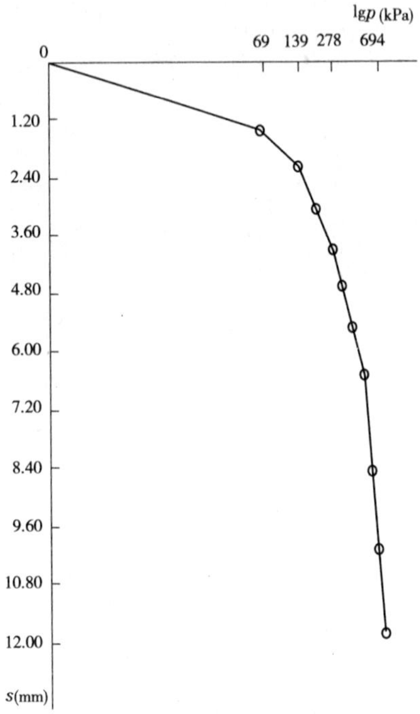

(c)s~lg$p$曲线

图 7-6　3[#]静载荷试验曲线

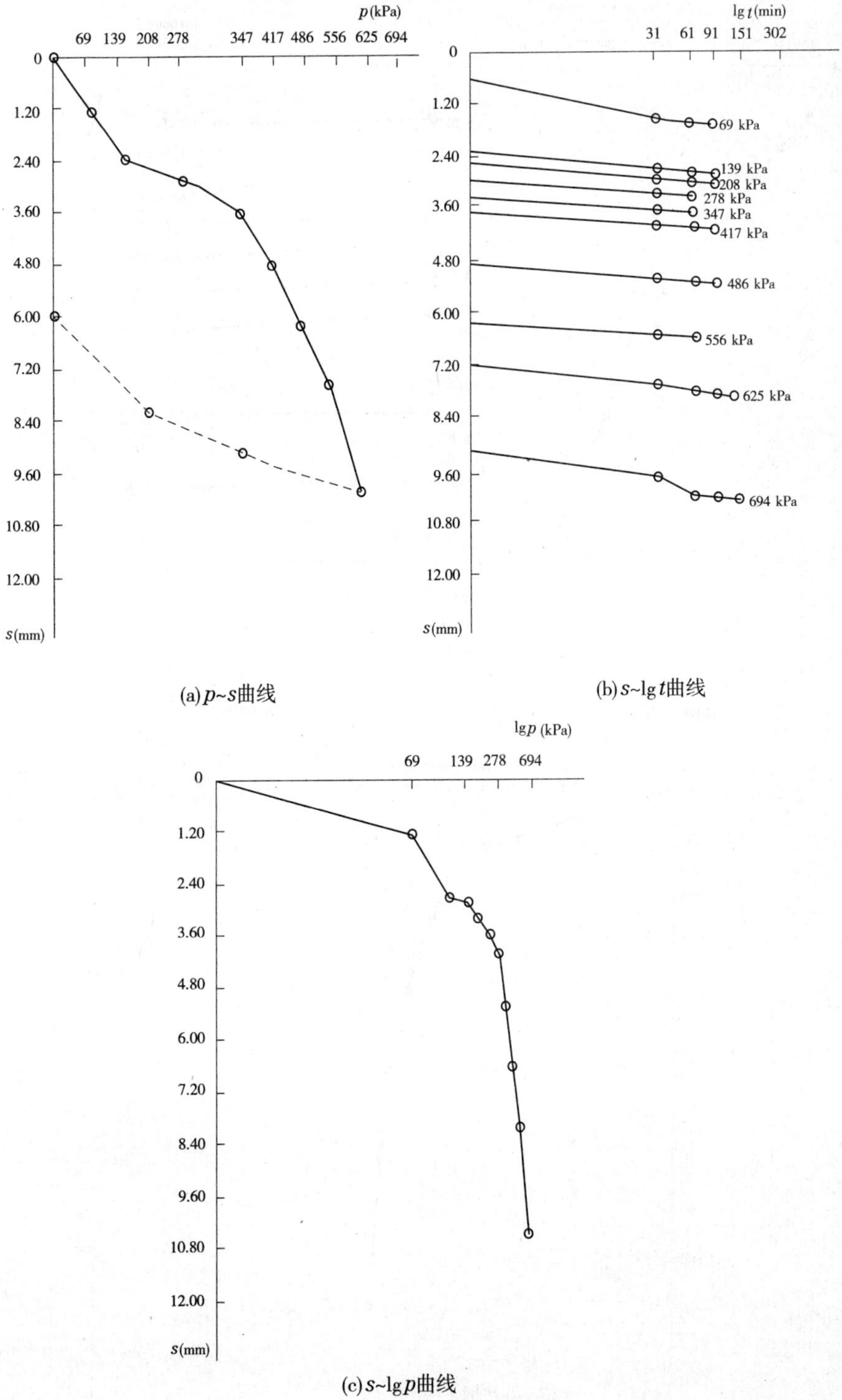

(a) p~s曲线

(b) s~lg t曲线

(c) s~lg p曲线

图 7-7　4[#]静载荷试验曲线

从载荷试验 $p \sim s$ 曲线上看，试验曲线先缓后陡，经综合考虑，认为按相对变形值确定复合地基承载力特征值是合适的。本次试验取 $s/b=0.004$ 所对应的荷载作为复合地基承载力特征值。复合地基承载力试验成果见表 7-7。

表 7-7　复合地基静载荷试验综合成果

试验序号	试验桩号	最大荷载（kPa）	总沉降量（mm）	相对变形法确定的承载力特征值 f_a（kPa）	变形模量 E_0（MPa）	承载力特征值 f_{ak}（kPa）	变形模量平均值（MPa）
1#	171#	694	11.72	432	44.9	416.5	45.2
2#	110#	694	12.98	401	40.5		
3#	454#	694	11.57	372	45.5		
4#	306#	694	10.58	461	49.7		

按规范《建筑地基处理技术规范》（JGJ 79—2002）要求：当满足其极差不超过平均值的 30% 时，可取其平均值为复合地基承载力标准值。由表 7-7 可知，4 组单桩复合地基承载力特征值均大于设计值 350 kPa，平均值为 $\bar{f}=416.5$ kPa，极差为 89.0 kPa，为 $\bar{f}$ 的 22.8%，因此取平均值作为单桩复合地基承载力特征值。

第六节　工程应用效果

原体试验表明，高压旋喷桩地基处理方法是成功和可行的，达到了加固地基、提高地基承载力的工程目的。

工程近 10 年的稳定运行进一步证明，利用旋喷桩技术进行粉土及粉质黏土地层地基的加固效果是显著的。

第七节　原体试验成果分析

一、方案的适用性

20 世纪 90 年代以来，我国电力事业飞速发展，大机组、大容量发电厂日益增多，其特点是建（构）筑物结构复杂、大跨度（主厂房跨度一般在 40 m 以上）、荷重大（最大单柱荷载达 30 000 kN），并且建（构）筑物对差异沉降要求严格（一般在 1‰～3‰），上述特点都对电厂的地基基础设计提出了更高的要求。

应用高压旋喷桩复合地基设计方案的实例证明：①在粉土夹有粉质黏土的地层中旋喷桩的加固效果显著；②施工形式灵活多样，可根据上部结构需要采用柱状、壁状、格栅状和块状等多种加固形式；③可充分利用原土，由于利用特殊的机械在地基中将固化剂与土体进行掺和，使地基土的复合强度得到提高；④对周围环境无污染，在加固过程中对周围土体无扰动，不会造成侧向挤出且施工时无振动、无噪声；⑤施工机具比较简单，便于制作和扩大应用;⑥节约资源,加固费用低廉,此法适用于各种复杂的地质条件,具备质量好、承载力高等优点,施工方便,工期短,较为经济合理,适用于大规模地基加固工程。

二、载荷试验中主要的问题

(一)试验加卸载的确定

加载方法的选择应以能较真实地模拟荷载对桩基作用的性质为准则,这是试验成果的关键。在桩基静载荷试验中,一个合理的加卸载方法应具备以下几个特点:①加卸载方法的仿真性:试验加载方法的合理制定,要以欲施加荷载的作用方式是否较真实地模拟欲考察的自然荷载对于单桩的作用为准则。②加卸载方法的可操作性:可操作性就是要便于实施操作。一般来说,分级加载可使试验的加载便于操作,荷载分级的粗细关系到判定承载力能力的准确性,而过细分级又使试验操作时间过长。③试验结果的可比性:是指在同一个试验中各级荷载作用下的数据之间应具有可比性,与同类试验结果之间也应具有可比性。这要求在试验中每级荷载下的作用条件要相同,即每施加下一级荷载的标准要一致。

(二)荷载施加方式的影响

目前,对桩进行静载荷试验时,检测单位根据自己的条件选取两种方法之一对桩顶加荷:一是堆荷加载,二是用锚桩反压。但是,这两种加载方式所得的结果是不同的,通常用锚桩反压的方法所得的桩承载力偏低。研究表明,采用锚桩反压加载方法,土中的有效应力减小,故使桩的侧摩阻力也减小,特别是当锚桩离试桩较近时影响更大,导致桩的承载力降低。从工程应用观点来看,用堆载进行桩的静载荷试验更接近于实际加载的情况。

(三)加载快慢的影响

桩的承载力是由桩本身的材料强度和岩土对桩的支承力决定的。一般情况下,桩的承载力都是由土的支承力来控制的。土的承载力(无论是土的变形还是土的强度)都与加载速率有很大的关系。加载速率对土(尤其是饱和土)的变形也有很大的影响,在相同的时段内,加载速率越大,土所产生的变形越小。所以,一般情况下,加载速率对桩的承载力影响也很大,在同一荷载 Q 作用下,加载速率愈慢,桩的沉降量 s 愈大,承载力愈低。因此,国内外的桩基础规范均以慢加载(即维持荷载法)为标准来确定桩的承载力,其他快加载方法(包括各种动测法在内)都不可能直接得到正确的 $Q \sim s$ 曲线。

(四)试桩结果的可靠性及离散性

桩的承载力即使对同一桩型和同一场地的桩实际上也存在着差别。造成这种承载力差别的因素很多:场地内土层变化,各桩的实际入土深度(或进入持力层的深度)不同,各桩的实际桩径不等,各桩的垂直度偏差大小不同都对桩的承载力值有一定的影响。桩承载力的离散性是很难估计和计算的,但它却可反映施工技术水平的高低和施工质量的优劣。在其他条件相同的情况下,承载力值离散性大的桩,往往在施工工艺、施工方法、施工机具及施工管理等方面存在差异。由于桩承载力的这种离散性,在试桩过程中,不仅要注意试桩的精度,尤其要注意试桩结果的代表性。为此,对于不利条件下的桩基,要求试验数目加大,以保证试桩结果的可靠性。

三、根据沉降比确定复合地基承载力讨论

根据载荷试验确定复合地基承载力是一个较为复杂的问题，目前国内外还没有一个统一的有关在复合地基上进行载荷试验的规程，《建筑地基基础设计规范》(GB 50007—2002)又强调应通过现场载荷试验确定复合地基承载力，而无论刚性桩复合地基还是半刚性桩复合地基，与传统柔性桩复合地基相比，其承载力性状及破坏机理均发生了显著变化。这些问题对传统的并为工程实践中所主要采用的根据沉降比确定复合地基承载力的复合地基载荷试验方法及承载力确定方法提出了挑战。

由于多采用工程桩进行载荷试验，单桩、单桩复合地基或多桩复合地基载荷试验很少加载至破坏。有本例中载荷曲线，$p \sim s$ 曲线形态大体一致，均为曲线先缓后陡型，4 个试验点均在 347 ~ 417 kPa 发生了陡降，对应的桩顶沉降量为 3.5 ~ 6.0 mm。但是，比例界限和极限荷载又不明显。这样的现象既不同于完全的柔性桩复合地基，又与刚性桩的 $p \sim s$ 曲线不同。显然，仅仅按 $s/b = 0.004 \sim 0.01$ 来确定复合地基承载力，其随意性很大，而且相对于其极限承载力来说，所确定的复合地基承载力特征值安全度不明确。

四、承载力实测值与计算值比较

(1)高压旋喷桩复合地基承载力特征值可按式(7-1)估算：

$$f_{\mathrm{spk}} = m\frac{R_{\mathrm{a}}}{A_{\mathrm{p}}} + \beta(1 - m)f_{\mathrm{sk}} \tag{7-1}$$

式中：f_{spk} 为复合地基承载力特征值，kPa；f_{sk} 为处理后桩间土承载力特征值，kPa；m 为复合地基置换率；R_{a} 为单桩竖向承载力特征值，kN；A_{p} 为桩的截面面积，m^2；β 为桩间土承载力折减系数。

(2)高压旋喷桩单桩竖向承载力特征值按式(7-2)和式(7-3)估算，取两者中的较小值：

$$R_{\mathrm{a}} = \eta f_{\mathrm{cu}}A_{\mathrm{p}} \tag{7-2}$$

$$R_{\mathrm{a}} = u_{\mathrm{p}}\sum_{i=1}^{n} q_{\mathrm{s}i}l_i + \alpha q_{\mathrm{p}}A_{\mathrm{p}} \tag{7-3}$$

式中：f_{cu} 为与旋喷桩桩身水泥土配合比相同的室内加固土试块在标准养护条件下 28 d 龄期的立方体抗压强度平均值，kPa；η 为桩身强度折减系数，可取 0.33；u_{p} 为桩的截面周长，m；$q_{\mathrm{s}i}$ 为第 i 层土的桩侧摩阻力特征值，kPa；l_i 为第 i 层土的厚度，m；α 为桩端天然地基土的承载力折减系数，与桩长、土层土质情况有关，常取 0.4 ~ 0.6；A_{p} 为桩的截面面积，m^2；q_{p} 为桩端地基土未经修正的承载力特征值，kPa；n 为桩长范围内的土层数。

表 7-8　实测和计算的复合地基承载力特征值

确定方法	荷载实测值	规范计算值
f_{spk}(kPa)	416.5	384.2

注：数值计算时 β 取 0.5，η 取规范推荐的 0.33，u_{p}、A_{p} 均按平均桩径计算。

从表 7-8 可以看出：

(1)高压旋喷桩复合地基承载力的实测值比计算值略大,规范规定公式中 β 可根据试验或类似土质条件工程经验确定,当无试验资料或经验时,可取 0~0.5。在此范围内取较大的值,实测值将会比计算值更大。

(2)高压旋喷桩复合地基承载力计算值与实测值间的差异随面积置换率、复合地基载荷试验的桩数而变化。

(3)高压旋喷桩设计应考虑当地不同土层、土质情况下的水泥土强度范围。结合高压旋喷桩桩身水泥土现场强度进行水泥土桩设计。在当地土层、土质的不同情况下,水泥土桩强度范围可以根据当地高压旋喷桩实测数据采用统计分析方法确定。水泥土现场强度可根据开工前的工艺试桩取心得到。

第八节 结　语

高压旋喷桩复合地基原体试验的目的是检验高压旋喷桩对场地条件的适应性及实际效果,进一步优化设计,确定设计与施工参数;提供对工程桩承载力进行抽检和评价的依据。本例中,选择有代表性的地段进行了原体试验。对粉土及粉质黏土地层的高压旋喷桩原体试验作了论述。讨论了试验的目的、试验方法、试验结果的分析整理及影响试验结果的几个问题。

(1)高压喷射注浆具有施工速度快、安全可靠、施工噪声小,适用于各种复杂的地质条件,具有经济、加固质量可控制、效果好等优点,所以已被广泛应用。本例中,通过原体试验及电厂近 10 年的实践表明,利用旋喷桩技术进行粉土及粉质黏土地层地基加固的效果是显著的,大大提高了地基的承载力。

(2)做好施工前的试验工作,合理选择各项施工参数。高压旋喷桩的施工技术参数应通过打试桩来确定,这是保证施工质量的重要一环,各建设单位和施工单位必须重视,否则,会给工程造成不必要的损失。

(3)复合地基载荷试验综合反映了桩及桩间土的承载性状,但由于复合地基的不确定因素比天然地基和桩基更多,因此载荷试验曲线有多种类型,据此确定复合地基承载力时,应采用不同的方法和标准。旋喷桩复合地基在竖向荷载作用下,荷载—沉降量曲线($p \sim s$ 曲线)大多数呈缓变型,比例界限和极限荷载不明显。在竖向荷载作用下,地基相继出现压密、局部剪切破坏和完全破坏的三个阶段亦不明显。根据试验荷载—沉降量曲线确定单桩承载力的方法很多,目前还没有统一的解释方法,单桩竖向极限承载力标准值应根据试桩位置、实际地质条件、施工情况等综合确定。在工程实践中,多采用相对沉降法来确定复合地基承载力。

(4)根据原体测试成果,利用地区性经验估算岩土工程特性参数和对岩土工程问题作出评价时,应与室内试验和工程反算参数作对比,检验其可靠性。原位测试的仪器设备应定期检验和标定。分析原位测试成果资料时,应注意仪器设备、试桩条件、试验方法等对试验的影响,结合地质土层条件,剔除异常数据。

(5)根据本例分析结果,高压旋喷桩复合地基承载力受地层和喷射压力等多种因素的影响,实测值比计算值要大,说明按规范公式计算的值通常都有一定的安全储备。

第八章　软弱土层静压预制桩原体试验

第一节　工程概述

某火电厂 2×600 MW 机组扩建工程，整体平面形状呈"L"字形，厂址面积约为 700 m×700 m。

本期主厂房、烟囱、室内圆形煤场等重要建（构）筑物地段，地基土液化等级为中等，拟采用钢筋混凝土预制桩方案，施工方法为静力压桩，试验桩长 22.75 m，选择层⑬细砂作为桩端持力层。为了验证该桩基方案的可实施性、施工工艺及施工参数，取得桩基设计参数，进行本次原体试验工作。

第二节　岩土工程条件

一、地形地貌

拟建场地位于黄河冲洪积平原上，地势平坦，地形地貌简单，分布有较多的池塘，自然地面标高一般为 69.5～71.0 m。

二、岩土地层构成与特征

场地地层主要由第四系黄河冲洪积（Q_4^{al+pl}）粉土、粉质黏土和砂土组成，自上而下共分为 15 个主层和 2 个亚层，试验区地层与整个场地地层分布一致。分述如下：

（1）层①粉土。褐黄色为主，含云母、铁锰质斑点。稍密为主，湿。高压缩性。局部地段表层见素填土。层厚 1.1～2.5 m，层底标高 67.41～70.45 m。

（2）层②粉质黏土。浅黄色为主，含云母、铁质。流塑。高压缩性。层厚 1.1～3.1 m，层底标高 65.80～67.61 m。

（3）层③粉土。褐黄色、灰黄色，含铁质、锰质结核。稍密—中密，湿—很湿。中（偏高）压缩性。不均匀性明显。层厚 0.9～3.6 m，层底标高 63.67～65.83 m。

（4）层④粉质黏土。褐黄色、灰黄色，含铁质、锰质。软塑为主。中（偏高）压缩性。层厚 0.7～3.0 m，层底埋深 6.0～8.0 m，层底标高 62.17～64.15 m。

（5）层⑤粉土。灰黄色、灰色，含铁质、云母。稍密—中密，很湿。中（偏高）压缩性。不均匀性明显。层厚 1.2～3.4 m，层底埋深 8.0～10.6 m，层底标高 59.88～62.09 m。

（6）层⑥粉质黏土。灰色为主，含铁质、锰质结核。软塑（局部流塑）。中—高压缩性。层厚 0.5～2.3 m，层底埋深 9.2～12.0 m，层底标高 58.36～61.09 m。

（7）层⑦粉土。灰色为主，含铁质、锰质。中密—稍密，湿。中（偏高）压缩性。不均匀性明显。层厚 0.6～4.0 m，层底埋深 10.4～14.0 m，层底标高 56.48～59.60 m。

(8)层⑧粉质黏土。灰色、灰黄色,含铁质、锰质结核。软塑(局部可塑)。中—高压缩性。层厚0.5～4.0 m,层底埋深12.7～15.8 m,层底标高54.48～57.76 m。

(9)层⑨粉土。灰黄色,含云母、铁质斑点。中密—密实,湿。中压缩性。层厚1.0～4.5 m,层底埋深15.0～18.0 m,层底标高52.30～54.98 m。

(10)层⑩粉质黏土。黑色、灰黑色,含碳质、有机质。软塑—可塑。中(偏高)压缩性。局部为中密—稍密的粉土。层厚0.4～1.5 m,层底埋深16.1～18.8 m,层底标高51.50～53.88 m。

(11)层⑪粉土。灰白色、灰黄色,含云母、铁质,见小姜石。中密—密实,湿。中(偏高)压缩性。局部夹可塑状态的粉质黏土薄层。在冷却塔地段北部缺失。层厚0.5～3.1 m,层底埋深17.2～20.4 m,层底标高49.49～52.78 m。

(12)层⑫粉质黏土。灰黄色,含云母、铁质,见小姜石。可塑。中压缩性。局部为中密的粉土。层厚0.5～3.0 m,层底埋深20.2～22.6 m,层底标高47.54～50.15 m。

(13)层$⑫_1$粉土。灰黄色,含云母、铁质。稍密,很湿。高压缩性。层厚0.2～1.7 m,层底埋深18.1～21.6 m,层底标高48.39～51.88 m。

(14)层⑬细砂。灰黄色、黄色,主要成分为石英,分选较差。密实—中密,饱和。低压缩性。层厚10.0～15.0 m,层底埋深31.5～35.4 m,层底标高34.58～38.94 m。顶板标高46.34～50.22 m。

(15)层$⑬_1$粉质黏土。褐黄色,硬塑—可塑。中压缩性。层厚0.5～1.0 m,层底埋深22.7～23.8 m,层底标高46.97～47.89 m。

(16)层⑭粉土。灰黄色、棕黄色,含铁质、锰质结核和云母。中密,湿。中压缩性。层厚1.9～8.4 m,层底埋深34.1～40.9 m,层底标高29.43～35.81 m。

(17)层⑮细砂。灰黄色、黄色,主要成分为石英,分选较差。密实,饱和。低压缩性。揭露最大厚度15.0 m。

各土层主要物理性质及工程特性指标见表8-1。主要地层情况见图8-1。

表8-1　各土层主要物理性质及工程特性指标

地层编号及岩性	重度 γ (kN/m³)	干重度 γ_d (kN/m³)	孔隙比 e_0	液性指数 I_L	相对密度 D_r	标贯击数 N (击)	锥尖阻力 q_c (MPa)	侧摩阻力 f_s (kPa)
层①粉土	19.0	15.0	0.900	—	—	6	1.40	17.7
层②粉质黏土	18.4	13.5	0.950	0.85	—	2	0.88	11.6
层③粉土	19.3	14.9	0.850	—	—	6	2.04	27.7
层④粉质黏土	19.0	14.8	0.800	0.70	—	4	0.87	25.3
层⑤粉土	19.1	14.6	0.850	—	—	7	3.21	44.3
层⑥粉质黏土	19.0	14.3	0.900	0.75	—	4	0.94	24.6
层⑦粉土	19.0	14.5	0.800	—	—	11	4.88	64.1
层⑧粉质黏土	19.0	14.3	0.900	0.65	—	3	0.81	13.4
层⑨粉土	20.1	16.2	0.670	—	—	13	3.95	77.1
层⑩粉质黏土	18.8	14.3	0.845	0.60	—	8	0.98	24.2
层⑪粉土	20.5	16.9	0.600	—	—	13	3.74	71.0
层⑫粉质黏土	20.0	16.5	0.650	0.55	—	18	4.04	154.7

续表 8-1

地层编号及岩性	重度 γ (kN/m^3)	干重度 γ_d (kN/m^3)	孔隙比 e_0	液性指数 I_L	相对密度 D_r	标贯击数 N (击)	锥尖阻力 q_c (MPa)	侧摩阻力 f_s (kPa)
层⑫$_1$ 粉土	19.0	16.0	0.850	—	—	6	1.10	21.8
层⑬细砂	20.0	17.5	0.600	—	0.70	53	26.49	294.3
层⑬$_1$ 粉质黏土	19.8	17.0	0.650	0.25	—	—	7.39	269.1
层⑭粉土	20.3	16.5	0.655	0.35	—	21	—	—
层⑮细砂	20.0	17.5	0.600	—	0.90	51	—	—

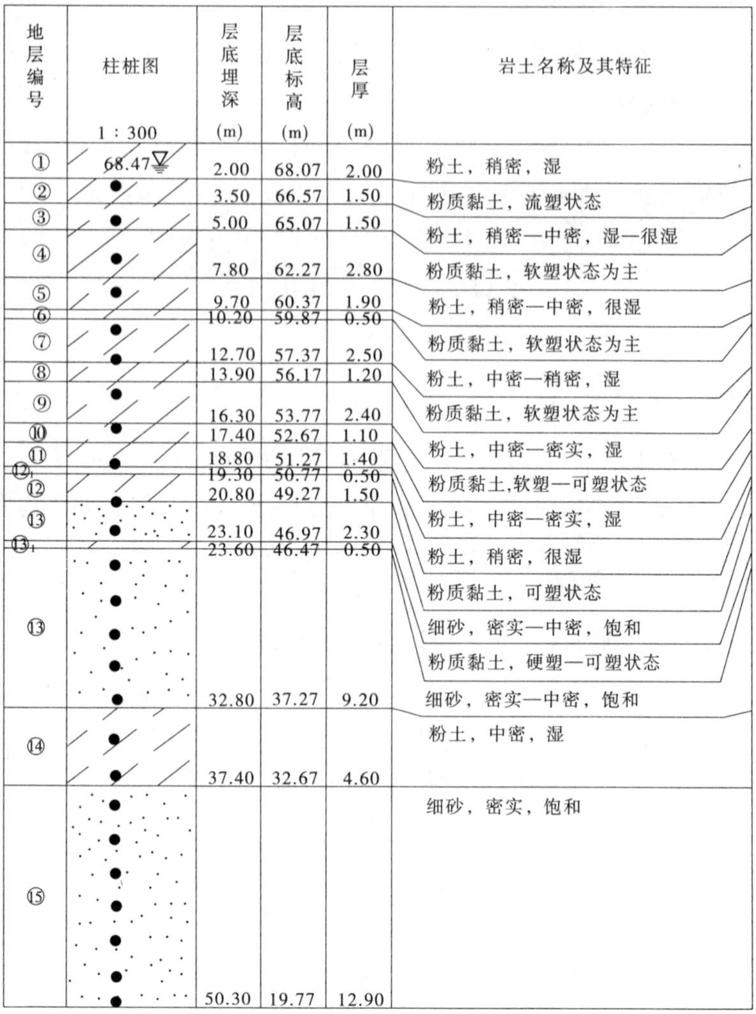

图 8-1 地层柱状图

三、地下水条件

场地地下水类型为潜水。勘探期间，地下水初见水位埋深为 0.8 ~ 2.3 m，其相应标高为 68.00 ~ 69.18 m。地下水位年变化幅度为 0.5 ~ 1.0 m。场地地下水对混凝土结构具微腐蚀性；在长期浸水时，对钢筋混凝土结构中的钢筋具微腐蚀性；在干湿交替时，对钢筋混凝土结构中的钢筋具弱腐蚀性。

四、场地与地基的地震效应

根据波速测试成果，按《建筑抗震设计规范》（GB 50011—2001）的有关规定，场地土类型为中软场地土，建筑场地类别为Ⅲ类。

据《中国地震动参数区划图》（GB 18306—2001），场地处于地震动峰值加速度 0.10g 区，对应地震基本烈度为 7 度。

场地地下水位埋藏较浅（初见水位 0.8 ~ 2.3 m），地面下 20.0 m 范围内分布有饱和粉土，存在液化的可能性，液化等级为中等，液化土层最大深度 13.0 m。

第三节　原体试验设计

一、原体试验地段

试验区位置选在固定端拟建锅炉房外侧，试验区平面尺寸为 3 m × 9 m，呈东西向展布，中间一排为 3 根试桩，两边两排共 8 根锚桩与试桩成正交布置，桩间距均为3 000 mm。

二、试桩主要设计参数

（1）试桩截面边长 400 mm 的方桩，设计桩长 L = 22 750 mm，桩体分上、下两段制作，上桩长 12 750 mm，下桩长 9 750 mm，桩顶高出承台底面 250 mm，有效桩长 22 500 mm，设计试桩桩顶绝对标高为 69.50 m（±0.00 m 相应于标高 72.00 m），即自然地面标高附近。现场检测时，其中 9 根桩均进行了截桩，故实际检测桩长略有变化，以实际桩长为准。

（2）混凝土强度等级 C40，主筋采用 HRB335 级，箍筋等采用 HPB235 级。

（3）桩身材料要求：水泥种类选择普通硅酸盐水泥、矿渣硅酸盐水泥和火山灰质硅酸盐水泥，水灰比不小于 0.6，铝酸三钙含量小于 8%，最小水泥用量 340 ~ 360 kg/m^3。

三、锚桩主要设计参数

锚桩的桩型与试桩基本相同，只是其上桩顶部 250 mm 范围内不设加强钢筋网片，而是主筋伸出桩顶 900 mm 作为锚筋。

四、原体试验检测内容

(1)检验所试验的桩型和施工方法对场地条件的适宜性及实际效果,确定施工机械、配套设备及合理的施工工艺等有关参数。

(2)采用接近工程桩实际工作状态的试验,确定单桩竖向抗压承载力特征值,综合确定相应土层的极限桩侧阻力和极限桩端阻力。

(3)进行单桩低应变测试,检测桩身完整性。

(4)通过单桩竖向静载荷试验和高应变测试,确定单桩竖向承载力,获取静、动力试桩对比资料。

(5)通过单桩水平静载荷试验,采用接近工程桩的实际工作状态,确定单桩水平承载力特征值、地基土水平抗力系数的比例系数。

五、原体试验检测工作量

本次原体试验检测工作:低应变测试 9 根,高应变测试 9 根,单桩竖向抗压静载荷试验 3 组,单桩水平静载荷试验 2 组。

试桩与锚桩的详细情况见图 8-2、图 8-3。

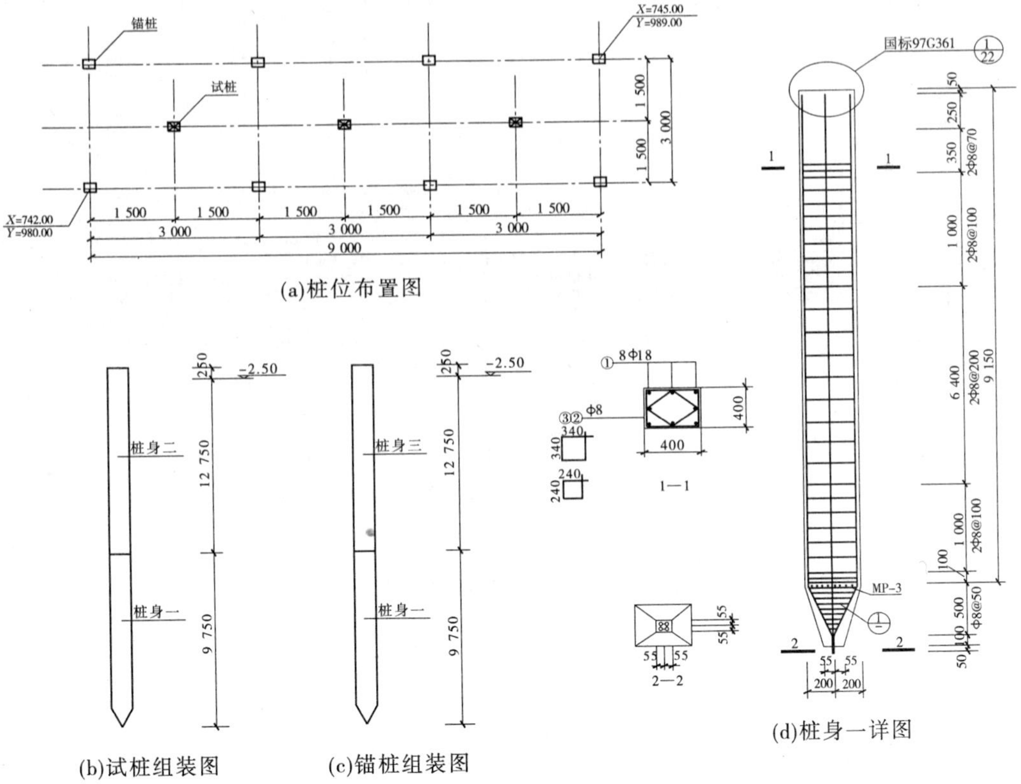

图 8-2 试桩图一 (单位:mm)

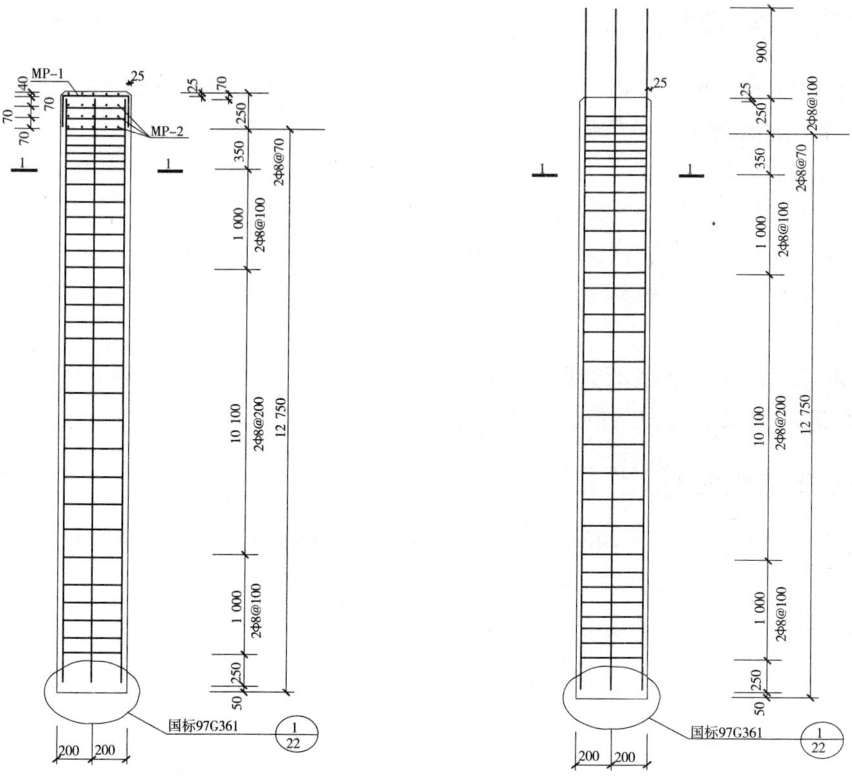

(a)桩身二详图

(b)桩身三详图

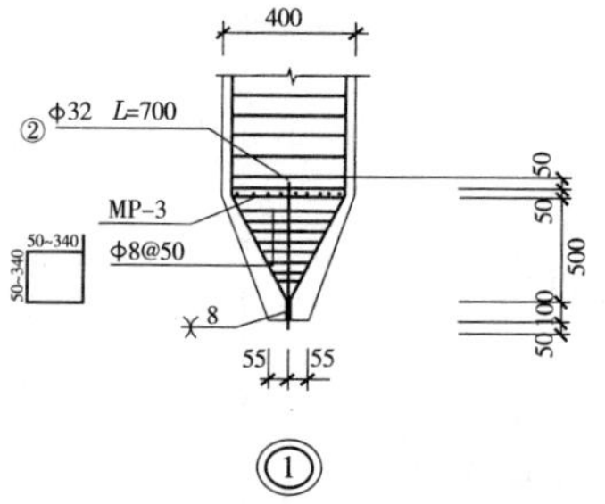

(c)

说明：
1.材料：混凝土强度等级为C40，钢筋为HRB235级，焊条E4300。
2.估算单桩承载力设计值为1 523 kN。
3.桩的制作必须符合《建筑桩基技术规范》(JGJ 94—2008)和国标《预制钢筋混凝土方桩》(04G361)的要求。
4.桩身接头见国标《预制钢筋混凝土方桩》(04G361)中22页详图2，接头施工完后需刷热沥青两道，待沥青冷却后方可继续压桩。
5.桩身混凝土要求：水泥种类为普通硅酸盐水泥、矿渣硅酸盐水泥和火山灰质硅酸盐水泥。水灰比不小于0.6，铝酸三钙含量C_3A小于8%，最小水泥用量340~360 kg/m^3。
6.MP-1，MP-2，MP-3详见国标《预制钢筋混凝土方桩》(04G361)。
7.桩身采用两点起吊，吊点位置和详图见国标《预制钢筋混凝土方桩》(04G361)。
8.本图所注标高均为相对标高，±0.00 m相当于绝对标高72.00 m。

图 8-3　试桩图二（单位：mm）

第四节　原体试验施工

一、施工机械及性能

施工机械为 YZY600 型静力压桩机，最大静压力为 6 000 kN。

二、施工工艺

施工工艺主要流程为：试桩定位→吊桩→压桩机就位→调平→吊桩→对中→调整桩

体的垂直度→夹桩→压桩。

三、施工效果分析

试验共完成静压预制桩 11 根(3 根试桩、8 根锚桩)。

桩的制作:钢筋骨架的主筋连接采用对焊或电弧焊。

桩的起吊、运输和堆存:桩身强度达到设计强度的 70% 起吊,达到 100% 才运输。堆放层数不超过四层。

接桩:采用焊接接桩,先将四角点点焊固定,然后对称焊接。

沉桩施工:静力压桩时,需要的最大压力值为 3 280 ~ 3 608 kN(最大压力均在桩端进入持力层层⑬细砂的过程中出现)。

分析施工结果可知,所有施工用原材料均具备出场合格证和经实验室复验合格。施工结果见表 8-2。

表 8-2　静力压桩施工结果

序号	检测编号	施工顺序	地面标高(m)	实际桩长(m)	层⑬顶面埋深(m)	进入层⑬深度(m)	终止压力(kN)
1	S1	9#	69.99	21.5	21.4	0.1	3 608
2	S2	6#	69.99	21.6		0.2	3 608
3	S3	3#	69.99	21.55		0.10	3 280
4	M1	10#	69.99	21.2		-0.2	3 280
5	M2	7#	69.99	21.6		0.2	3 280
6	M3	4#	69.99	21.6		0.2	3 608
7	M4	1#	69.99	21.42		0.02	3 280
8	M5	11#	69.99	21.6		0.2	3 280
9	M6	8#	69.99	21.1		-0.1	3 280
10	M7	5#	69.99	21.6		0.2	3 608
11	M8	2#	69.99	21.55		0.15	3 280

从 8-2 表可以看出,各桩终止压力分别为 3 280 kN、3 608 kN,在该终止压力作用下,桩尖可以确保进入持力层层⑬细砂一定深度,但是桩端全断面均未进入持力层。

共施工试桩 3 根,锚桩 8 根,采用 4 000 kN 级静力压桩机。桩端进入持力层之前,压桩力均小于 2 000 kN,桩端进入持力层时,压桩力急剧增加至 3 000 kN 以上,至 3 200 kN 时,桩端进入持力层(层⑬细砂)100 ~ 300mm 即停止进入,压桩终止。调查当地其他工程静压桩的施工情况,也普遍存在这种现象。

从沉桩阻力角度分析其原因:根据静力触探试验成果,利用经验公式 $P_g = RS$,计算桩尖阻力,R 为单位面积桩尖阻力,$R = \sum k_i P_{si} L_i / (2.5D)$,$S$ 为桩的截面面积。当桩尖刚进入持力层砂层顶面时,$R = 4.5$ MPa,$P_g = 720$ kN,而桩尖全断面开始进入持力层时,R 迅速增大至 21.0 MPa,$P_g = 3\ 360$ kN(备注:该地区持力层砂层静探锥尖阻力一般大于 20.0

MPa)。即桩尖进入持力层 60 cm，桩尖阻力增大了约 5 倍，即每进入 10 cm，桩尖阻力约增加 700 kN，即使不考虑桩侧阻力的影响，沉桩阻力已经大于 2 200 ~ 4 000 kN。因此，沉桩不能继续进行。

从岩土地层特征方面分析其原因，在砂土中沉桩，其阻力与砂的自然密度直接关联。疏松的砂受到上部压力时，体积趋向于压缩，砂土趋向密实。当密实的砂受到上部压力的振动时，其体积发生膨胀，密度减小到某一个与周围压力相适应的最终密度值。由于桩端持力层层⑬细砂初始密实度较大($D_r = 0.85$)，其临界压力 $p_c = 2.5$ MPa，远大于该埋深状态下的周围压力($\sigma_3 = 0.075$ MPa)，桩尖进入砂持力层后，砂土体积膨胀使桩端土向侧面和向上挤出，桩尖附近土体发生整体剪切破坏，即沉桩能够继续进行。当桩尖接近临界深度时($q_{pl} = K_c p_c = 9.0 \times 2.5 = 22.5$ (MPa)，临界深度 $h_{cp} = 1\ 100$ mm)，极限端阻力临界值 $q_{cp} = 3\ 600$ kN，超过 2 200 ~ 4 000 kN 压桩机提供的最大压桩力，也就远大于其桩端动应力，沉桩随即发生困难。

第五节　原体试验检测

一、单桩极限承载力估算

根据《建筑桩基技术规范》(JGJ 94—2008)估算单桩承载力为：

(1)试桩。单桩竖向极限抗压承载力标准值为 3 300 kN，单桩竖向承载特征值为 1 650 kN，单桩水平承载力设计值为 75 kN。

(2)锚桩。单桩竖向抗拔承载力设计值为 745 kN。

二、低应变测试

沉桩施工结束，经过 15 d 间歇后，对桩进行了低应变测试(反射波法)。检测遵循《建筑基桩检测技术规范》(JGJ 106—2003)的规定，根据波形分析桩身完整性。低应变测试成果见表 8-3。

表 8-3　低应变测试成果

序号	检测编号	施工顺序	桩长(m)	波速(m/s)	完整性		缺陷情况
					描述	类别	
1	S1	9#	21.0	4 000	基本完整	Ⅱ	2.6 m 处有缺陷
2	S2	6#	21.0	4 000	完整	Ⅰ	
3	S3	3#	21.5	4 000	完整	Ⅰ	
4	M2	7#	21.0	4 000	完整	Ⅰ	
5	M3	4#	21.6	4 000	基本完整	Ⅱ	1.8 m 处有轻微缺陷
6	M4	1#	21.2	4 000	完整	Ⅰ	
7	M6	8#	20.8	4 000	基本完整	Ⅱ	3.4 m 处有缺陷
8	M7	5#	21.0	4 000	基本完整	Ⅲ	12.3 m 处有较大缺陷
9	M8	2#	21.1	4 000	完整	Ⅰ	

三、高应变测试

低应变测试后，对全部3根试桩、锚桩中的6根进行了高应变测试。检测遵循《建筑基桩检测技术规范》(JGJ 106—2003)，采用实测曲线拟合法进行综合分析以判定单桩承载力、桩侧阻力和桩身完整性。高应变测试成果见表8-4。

表8-4　高应变测试成果

序号	检测编号	施工顺序	入土桩长(m)	桩侧阻力(kN)	桩端阻力(kN)	单桩承载力(kN)	单桩承载力统计值(kN)
1	S1	9#	19.5	1 897	1 308	3 205	3 374
2	S2	6#	19.6	2 004	1 393	3 397	
3	S3	3#	20.0	2 675	891	3 566	
4	M2	7#	18.6	2 572	740	3 312	
5	M3	4#	20.2	2 831	758	3 589	
6	M4	1#	19.8	2 172	1 181	3 353	
7	M6	8#	19.4	1 607	1 572	3 179	
8	M7	5#	19.6	1 690	1 558	3 248	
9	M8	2#	19.7	2 486	1 033	3 519	

四、单桩竖向抗压静载荷试验

高应变测试后，对3根试桩进行了单桩竖向抗压静载荷试验。单桩竖向抗压静载荷试验遵循《建筑基桩检测技术规范》(JGJ 106—2003)，3根试桩的 $Q \sim s$ 曲线均呈“渐进破坏”型，确定单桩竖向极限承载力值见表8-5。

表8-5　静压预制桩单桩竖向静载荷试验成果

桩号	桩长(m)	最大加载(kN)	终止试验条件	最大沉降量(mm)	回弹值(mm)	回弹率(%)	单桩竖向极限承载力(kN)
S1	21.0	3 600	桩顶突沉，沉降量超过200 mm	23.30	—	—	3 200
S2	21.0	4 000	达到最大加载量4 000 kN	16.26	12.15	74.72	3 600
S3	21.5	3 600	桩顶水平位移达到40 mm	25.24	8.39	33.24	3 200

3根试桩单桩极限承载力平均值为3 330 kN，极差小于30%，则单桩竖向承载力特征值为1 665 kN。

五、单桩水平静载荷试验

单桩竖向抗压静载荷试验结束后，根据现场情况，选择2根锚桩进行了单桩水平静载荷试验。单桩水平静载荷试验遵循《建筑基桩检测技术规范》(JGJ 106—2003)，单桩水平临界荷载、地基土水平抗力系数的比例系数值见表8-6和表8-7。

表 8-6　单桩水平静载荷试验成果

桩号	最大加荷（kN）	终止试验条件	临界荷载时的水平位移量（mm）	单桩水平临界荷载（kN）
M3	113	最大加荷量	10.27	45
M7	113	最大加荷量	11.22	45

单桩水平承载力特征值为 36 kN。

表 8-7　地基土水平抗力系数的比例系数

桩号	地基土水平抗力系数的比例系数 $m(MN/m^4)$
M3	3.57
M7	3.35

地基土水平抗力系数的比例系数平均值为 3.46 MN/m^4。

第六节　原体试验成果综合分析

一、单桩竖向承载力分析

(一)原体试验成果比较

从静载荷试验结果可以看出，3 根试桩的 $Q \sim s$ 曲线形态比较接近，均呈缓变型，属于渐进破坏，破坏特征点不明显，试桩在最大试验荷载下没有达到极限状态，但是回弹量较大。说明试验未达极限荷载时，桩主要由于桩身的弹性压缩而对桩周土发生剪切位移，桩侧阻力主要伴随弹性位移产生。在最大试验荷载作用下，桩尖下密实砂层未产生较大沉降，桩端阻力未能够充分发挥。为了充分发挥其承载潜力，可以根据本地区建筑经验，结合动力测试结果，按照建(构)筑物所能承受的最大变形确定其极限承载力。

单桩竖向抗压静载荷试验和动力测试结果见表 8-8。

表 8-8　单桩竖向抗压静载荷试验和动力测试结果

试桩编号	桩长(m)	静载荷试验			极限承载力标准值(kN)	高应变动力测试		
		试验最大荷载(kN)	最大沉降量(mm)	卸载回弹量(mm)		极限承载力(kN)	桩侧阻力(kN)	桩端阻力(kN)
S1	20.4	3 900	28.77	13.69	3 100	3 266.0	2 087.6	1 178.4
S2	20.4	3 300	22.52	—		3 146.2	1 847.4	1 298.8
S3	20.6	3 000	11.91	9.22		3 107.0	1 819.5	1 287.5

从表 8-8 中可以看出，在该极限承载力所对应的荷载作用下，桩侧阻力和桩端阻力均

已发挥作用，结合静力计算结果，桩端阻力约发挥其极限桩端阻力临界值的55%。桩侧阻力约占总阻力的60%，桩端阻力约占总阻力的40%，为端承摩擦桩。

（二）估算值与试验成果的比较

当桩端位于均质砂土中，桩端距上覆（或下卧）软土层有相当距离时，影响桩端阻力的主要因素是砂土的类别、密实度及其埋深。然而，当桩端进入细砂持力层远小于临界深度时，桩端阻力除受到持力层本身性状的影响外，桩端平面以上部分深度范围内的上覆土层的性状对桩端阻力的发挥也产生重要影响。

在利用双桥静力触探成果计算单桩极限承载力标准值时，经验公式中 q_c 为桩端全断面附近一定范围内的平均值，也就是该计算方法重点考虑了桩端附近不同性质土层对桩端阻力发挥的影响。在利用土的物理指标计算时，仅是按各岩土分层的状态或密实度选择经验值来确定单桩极限承载力标准值。当桩端位于持力层顶面附近时，该方法就忽略了桩端附近不同性质上覆土层对桩端阻力发挥的影响，导致计算单桩极限承载力标准值的偏低。

（三）桩端阻力随桩端进入深度的变化分析

由桩端阻力的深度效应分析可知，当桩端进入均匀持力层的深度小于某一深度时，其极限桩端阻力一直随深度线性增大；当进入深度大于该深度后，极限桩端阻力基本保持恒定不变。该深度为桩端阻力的临界深度 h_{cp}，该恒定极限桩端阻力为桩端阻力稳值 q_{pl}。

对于砂持力层而言，二者均随砂持力层的相对密度 D_r 增大而增大，当有上覆土层时，在桩端阻力稳值 q_{pl} 一定的条件下，h_{cp} 随上覆土层厚度的增加而减小；后者的大小仅与砂持力层的相对密度 D_r 有关，与上覆土层的厚度无关。

在本次试验条件下，根据半经验公式计算砂持力层的极限端阻稳值：$q_{pl}=K_c p_c=9.0\times 2.5=22.5$（MPa），临界深度 $h_{cp}=1\ 100$ mm。桩径为400 mm时，对应的极限桩端阻力临界值 $q_{cp}=3\ 600$ kN。

从梅耶霍夫极限承载力计算公式及承载力系数关系曲线可知，极限承载力随桩端附近土层黏聚力、内摩擦角的增大而明显地增大。此时，其桩端阻力可以根据梅耶霍夫等单位面积极限桩端阻力的理论计算的极限平衡理论公式：$q_{pu}=\zeta_c CN_c+\zeta_q \gamma hN_q$ 进行计算。本次3根试桩桩端进入持力层的深度 h 为100～300 mm，小于理论上的临界深度 $h_{cp}=1\ 100$ mm，则可以按内插法近似计算桩端阻力，即在桩端置于持力层顶面，$h=0$，$q_{pu}^{0}=(1/3)q_{pl}$ 与 $h=h_{cp}$，$Q_{pu}=q_{pl}$ 之间直线内插确定 q_{pu}，则有桩端进入持力层深度 h 为100～300 mm时，极限桩端阻力 $q_{pu}=8\ 863.6$ kPa，对应400 mm桩径时的桩端阻力为1 418.2 kN。该结果与原体试验结果和利用静力触探结果估算值比较一致，从理论上验证了试验结果的可靠性。

因此，对本次试验场地而言，层⑬细砂的密实度高（以密实为主），压缩性低，厚度大（一般大于10.0 m），分布稳定，其上覆地层层⑪、层⑫均为稳定分布的非软弱土层，而且二者的厚度之和基本上大于 $8d$（3.2 m）。从剪切机理方面看，虽然桩端进入砂持力层的深度较小，但是桩端附近土体具有较高的抗剪强度，有力地约束了滑动面的产生。从另一角度来看，桩端阻力的潜力得到发挥，此时桩端阻力为极限临界阻力的55%，且占总阻力的40%。即桩端进入砂持力层较小深度，就可以在桩端平面附近良好土层的作用下提供较大的桩端阻力。

二、单桩水平静载荷试验分析

根据对水平静载荷试验成果分析,单桩水平承载力特征值为36 kN,地基土水平抗力系数的比例系数平均值为3.46 MN/m^4。

三、工程桩的施工参数分析

根据试桩情况及检测结果,工程桩施工可采用静力压桩法,最大压力值不宜小于3 280 ~3 608 kN,并采取保护措施,以防止桩头在高压力下破损。

第七节　结　语

桩端以上土层的工程特性对桩端阻力的发挥有较大的影响。试验中,因为桩端平面附近土层具有较高的抗剪强度,有力地约束了滑动面的产生,因而桩端进入细砂持力层的深度较小时,就能得到较大的桩端阻力。

第九章　湿陷性黄土地基强夯试验

第一节　工程概述

某火电厂工程，规划容量 4×300 MW，本期容量 2×300 MW。拟建场地位于黄河的Ⅲ级阶地上，北临 310 国道，交通便利。

根据勘测成果，场地内主要地层为第四系马兰黄土，上部具湿陷性，湿陷场地为自重、非自重并存，湿陷等级为Ⅱ～Ⅲ级，湿陷土层的厚度为 0～15.00 m，地基土工程特性较差，需进行地基处理。依据设计方案，拟在不同区域采用 8 000 kN·m、6 500 kN·m 和 3 000 kN·m的能级，进行强夯处理。

第二节　岩土工程条件

一、工程环境条件

拟建场地为新建场地，地面有一废弃多年的砖窑。地面无高大建筑物，地下无管网设施，交通便利，工程环境条件较好。

二、地形地貌

拟建场地位于黄河Ⅲ级阶地上，地貌上主要由黄土阶地及冲沟组成，南高北低，西高东低，北部区地面标高为 370.00～376.00 m，呈南高北低的阶梯状，高差 1.00～2.00 m；中部西高东低，地面标高为 377.00～382.00 m。厂区内有深达 10.00 m 的取土坑，东部有南北走向，深约 5.00 m、宽约 20.00 m 的冲沟。

三、岩土地层构成及特征

场地地基土 50 m 深度范围内，分布的地层主要为马兰黄土，根据其湿陷特征，自上而下可分为三层，分述如下：

(1)层①黄土。浅黄色、棕黄色，含云母、氧化锰斑点，蜗牛壳及其碎屑，可见大量虫孔及针状孔隙。稍密，稍湿，具中压缩性。层底埋深 7.50～17.50 m，相应的层底标高 361.26～372.37 m，一般厚度 9.00～12.00 m。在常规压力下具湿陷性。

(2)层②黄土。灰黄色、棕黄色，含云母、蜗牛壳及其碎屑，见针状孔隙，偶见虫孔。中密，稍湿，具中压缩性。层底埋深 26.60～30.80 m，相应的层底标高 341.28～345.52 m，一般厚度 18.60～23.00 m。常规压力下无湿陷性，在高压力下，局部有湿陷性。

(3)层③饱和黄土。灰黄色、棕黄色，含贝壳碎屑。中密，很湿，饱和度一般大于

80%，具中压缩性。揭露最大厚度大于20.00 m。

场地内地层分布详见图9-1，各土层主要物理性质及工程特性指标见表9-1。

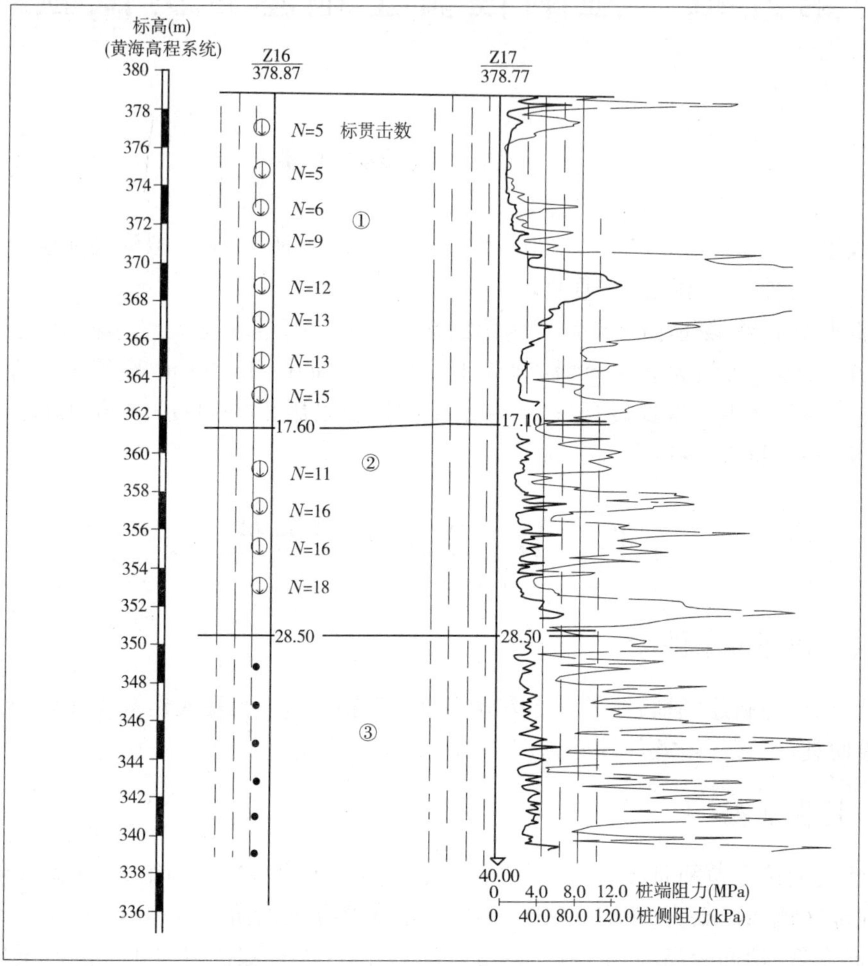

图9-1 工程地质剖面图

表9-1 各土层主要物理性质及工程特性指标

地层编号及名称	含水量 ω (%)	湿重度 $\gamma_{湿}$ (kN/m³)	干重度 γ_d (kN/m³)	孔隙比 e_0	饱和度 S_r (%)	塑性指数 I_P	标贯击数 N (击)	锥尖阻力 q_c (MPa)	侧摩阻力 f_s (kPa)
层①黄土	13.6	15.2	13.3	1.039	35.7	8.5	11	2.80	42.0
层②黄土	15.9	17.1	14.8	0.839	51.0	9.0	15	5.90	178.0
层③饱和黄土	23.7	19.8	16.0	0.706	90.8	8.9	14	4.50	60.5

四、地下水条件

拟建场地的地下水埋藏深度在70 m以下，地下水位主要受大气降水的影响，年变化不大，对地基基础设计与地基无影响。

五、地震动参数

根据《中国地震动参数区划图》（GB 18306—2001），拟建场地处于地震动峰值加速度0.15g区，相应的地震基本烈度为7度。场地地基土属中硬场地土，建筑场地类别为Ⅱ类。

六、场地的湿陷评价

根据勘探结果，场地自重湿陷量为1.10～7.60 cm，总湿陷量为4.00～24.00 cm。属于自重、非自重湿陷性黄土场地，以非自重湿陷为主，湿陷等级Ⅱ～Ⅲ级，湿陷土层的最大下限深度：在300 kPa的试验压力下16.50 m，一般13.00～15.00 m；400 kPa的试验压力下19.50 m，一般14.00～16.00 m；500 kPa的试验压力下19.50 m，一般大于15.00 m；600 kPa的试验压力下19.50 m。

第三节　原体试验设计

一、原体试验地段

试验区位置选在厂前区，拟建主厂房的东南角。分别进行8 000 kN·m、6 500 kN·m和3 000 kN·m三种能级，5种方案的强夯试验和1个夯后土渗透试验。

二、强夯试验主要设计参数

本次试验以消除土层湿陷性为目的，设计出不同的施工参数组合。分别进行同一8 000 kN·m能级下，不同的夯点间距（2D与2.5D，D为锤底直径）及同一6 500 kN·m能级下，不同的夯锤底面积（5 m^{2}与7 m^2）的强夯试验。采用正方形布点，具体目的如下：

（1）强夯消除湿陷土层的深度及夯后土性质改变的程度。

（2）进行现场渗水试验，实地观测夯后土的隔水性能。

（3）强夯振动对已有建筑及设备的影响。

（4）施工参数选择。

试验组合及设计技术参数见表9-2。

表9-2　试验组合及设计技术参数

序号	试验区号	能级（kN·m）	锤底直径D（m）	锤底面积（m^2）	锤质	锤重×吊高（kN·m）	夯点间距	夯点数量（个）	锤底静压（kPa）
1	A1区	8 000	2.52	5	铸铁	300×26.6	2D	3×4	6.0
2	A2区	8 000	2.52	5	铸铁	300×26.6	2.5D	3×4	6.0
3	B1区	6 500	2.52	5	铸铁	300×21.7	2D	3×4	6.0
4	B2区	6 500	2.99	7	铁壳混凝土	250×26.0	2D	3×3	3.6
5	C区	3 000	2.52	5	铸铁	150×20.0	1.6D	3×4	3.0
6	D区	8 000	2.52	5	铸铁	300×26.6	2D	3×6	6.0

注：其中A1区和A2区为同能级不同间距的对比试验，B1区和B2区为同能级不同锤底面积的对比试验，D区为渗水试验区。

三、原体试验检测内容与数量

(一)试验内容

(1) 夯点距离与施工:检验不同的夯点间距,消除湿陷的深度。强夯施工方法对场地条件的适宜性及实际效果,确定施工机械、配套设备及合理的施工工艺等有关参数。

(2)静载荷试验:确定夯后土的地基承载力特征值和压缩指标。

(3)探井取土:确定在不同的试验压力下,湿陷土层消除的厚度。

(4)标准贯入试验、动力触探试验、静力触探试验:确定夯后土工程特性改变情况,获得检测对比测试数据,为工程施工时的综合检测提供依据。

(二)强夯试验的检测工作量

根据试验目的,具有针对性地拟定了不同的检测手段和检测工作量,试验检测工作量详见表9-3 。

表9-3 试验检测工作量

试验检测项目			8 000 kN · m		6 500 kN · m		3 000 kN · m	8 000 kN · m	
			A1 区	A2 区	B1 区	B2 区	C 区	D 区	灰土
载荷试验	$2\ m^2$	夯前			1		1		
		夯后	1	1	1		1		
		夯后浸水		1					
	$0.25\ m^2$	夯前			1		1		
		夯后	1	1	1		1		
标准贯入试验		夯前	1	1	1		1	1	
		夯后	2	2	2	2	2		
静力触探试验		夯前	4	2	2	1	1	2	
		夯后	7	10	5	7	3	36	
动力触探试验		夯后	1	1	1		1		
探井取土		夯前	1	1	1		1	1	
		夯后	4	5	4	3	3	1	1

探井、标准贯入试验、动力触探试验、静力触探的检测深度自起夯面算起均为15.00 m。探井中取土间距为1.00 m,共计366件方块土,标准贯入试验1次/ m,共计210次,静力触探试验总进尺为1 397.30 m,动力触探($N_{63.5}$)连续贯入共计55.00 m,2 m^2 载荷试验共7处(包括1处浸水15 d),0.25 m^2 载荷试验共6处,每处按2.00 m、4.00 m、6.00 m深度处进行试验,共计17点。

第四节　原体试验施工

一、施工机械及性能

强夯试验在 8 000 kN · m 和 6 500 kN · m 试验区时，主机使用 500 kN 电动履带式吊车，车上配 40 MW 卷扬机，并配 30 m 龙门架，辅机采用 500 kN 履带式吊车，以便移锤时使用。在 3 000 kN · m 试验区，使用电动吊车单机夯打，均采用自动脱钩落锤。

二、施工工艺

强夯试验确定起夯面时，为与场地施工条件类似，考虑建筑物的基础埋深后，起夯面为地面下 -4.00 m。

(一)8 000 kN · m 和 6 500 kN · m 能级

第一遍打主夯点：隔行跳打，主夯点分两次打完，8 000 kN · m 和 6 500 kN · m 采用最后三击的贯入度均小于 5 cm 或最大夯沉量大于 6 m 为停夯标准。

第二遍复夯：回填夯坑，每次厚度小于 4.00 m，采用 3 000 kN · m 的能级，打主夯点不少于 10 击，最后三击的贯入度小于 5 cm。

第三遍单点夯：采用 3 000 kN · m 的能级，打主夯点和四夯点间，不少于 10 击，最后三击的贯入度小于 5 cm。

第四遍满夯：采用 2 000 kN · m 的能级，夯一遍，每点三击，锤印搭接 1/3 。

(二)3 000 kN · m 能级

第一遍打主夯点：隔行跳打，主夯点分两次打完，3 000 kN · m 采用最后三击的贯入度均小于 5 cm 或总击数等于 20 击为停夯标准。

第二遍单点夯：回填夯坑，采用 3 000 kN · m 的能级，打主夯点和四夯点间，不少于 6 击，最后三击的贯入度小于 5 cm。

第三遍满夯：采用 1 200 kN · m 的能级，夯两遍，每点 2 击，第二遍与第一遍锤印错开 1/2。

三、施工结果

在施工过程中，一般是随着夯击次数的增多，每击夯沉量逐渐减小，最后达到饱和夯状态。但对于 8 000 kN · m 能级的强夯施工，由于单位面积上夯击能高，击数和夯沉曲线比较陡直，未出现夯沉量逐渐减小、夯沉量曲线平缓的饱和夯状况。主夯点施打时，地表均无隆起现象，但在复打夯坑回填土和满夯时，会在个别地方出现 15 ~ 30 cm 的隆起。各试验区主夯点平均夯沉量见表 9-4。

表 9-4　试验区主夯点夯沉量

试验区	能级(kN · m)	夯点间距(m)	夯锤面积(m^2)	夯沉量(m)			平均击数(击)	最后三击平均贯入度(cm)
				最小	最大	平均		
A1 区	8 000	$2D$	5	4.19	7.27	5.58	17	26.2
A2 区	8 000	$2.5D$	5	3.48	6.13	4.72	22	10.5
B1 区	6 500	$2D$	5	3.12	5.18	4.09	22	10.2
B2 区	6 500	$2D$	7	1.94	2.16	2.03	21	2.8
C 区	3 000	$1.6D$	5	1.60	1.95	1.71	15	2.9

第五节　强夯试验检测

一、消除湿陷土层厚度检测

强夯完成后，在5个夯区，分别挖探井按照1 m的间距取原状土，进行室内物理指标和湿陷性试验。试验结果汇总见表9-5。

表9-5　试验结果汇总

检测区	检测点编号	检测点位置	消除湿陷土层下限深度(m) 300 kPa	下限界限处湿陷系数 δ_s 300 kPa	干重度的变化 $\Delta\gamma_d$ (kN/m³)	孔隙比的变化 Δe	消除湿陷土层下限深度(m) 400 kPa	下限界限处湿陷系数 δ_s 400 kPa
A1区	HS-9	四夯点间	13	0.019	+0.10	-0.017	11	0.023
	HS-10		14	0.017	-0.40	+0.064	12	0.017
	HS-11	夯点上	14	0.021	-0.40	+0.054	13	0.036
	HS-12	两夯点间	14	0.023	+0.30	-0.039	11	0.017
	HS-18	夯点上	12	0.016	+0.30	-0.046	12	0.031
A2区	HS-6	两夯点间	8	0.016	+0.20	-0.035	8	0.025
	HS-7	四夯点间	12	0.017	+0.10	-0.017	8	0.018
	HS-8		10	0.016	+1.00	-0.132	10	0.024
	HS-17	夯点上	10	0.029	+1.50	-0.205	10	0.031
B1区	HS-3	两夯点间	12	0.030	-1.10	+0.141	10	0.032
	HS-4	四夯点间	10	0.016	-0.90	+0.102	10	0.026
	HS-5		9	0.015	-0.80	+0.117	9	0.027
	HS-16	夯点上	8	0.021	-0.80	+0.108	8	0.033
B2区	HS-1	四夯点间	2	0.019			2	0.027
	HS-2		8~9	<0.015				
	HS-15	夯点上	8~9	<0.015				
C区	HS-13	四夯点间	7	0.020	+0.3	-0.027	7	0.037
	HS-14		9	0.016	+0.3	-0.086	4	0.019
	HS-19	夯点上	9	0.019	-0.4	+0.053	7	0.021

根据探井取土试验，除根据湿陷系数来判别消除深度外，在湿陷系数小于0.015，即消除湿陷土层的下限深度处，其干重度和天然土基本相当，且互有大小，该深度的平均值为14.3 kN/m³，比天然土增大0.10 kN/m³，但是自消除下限深度处向上移1.00 m，其干

重度多大于 14.3 kN/m^3，该深度处的平均值为 14.6 kN/m^3，和天然土相比则增大 0.40 kN/m^3；而孔隙比，在消除湿陷深度处一般为 0.834 ~0.974，夯后比夯前略有减小，平均减小 0.008，如果自下限深度向上移 1.00 m，夯后孔隙比减小约 70%，平均减小 0.019 。而压缩系数在消除湿陷深度处增大和减小的相当，夯前夯后的范围值均为 0.07 ~0.13 MPa^{-1}，如果自下限深度向上移 1.00 m，夯后的压缩系数略小于夯前，平均减小 0.003 MPa^{-1}。

经过上述各项指标对比说明，在各项指标发生变化的下限深度处，已经受到强夯冲击能的影响，造成土的各项指标都有一定的变化，但还达不到消除湿陷的程度，如果自这个深度向上移 1.00 m，土的性质变化就非常明显，所以把这个深度点作为 300 kPa 压力下，消除湿陷的临界深度。而使用 400 kPa 压力时，该深度处土的湿陷系数有所增大，因此采用 400 kPa 的压力确定消除湿陷土层的深度时，应该向上移 1.00 ~2.00 m 。

二、夯后土干重度的检测

（一）试验区的干重度

对于湿陷性黄土来说，干重度 γ_d 是评价其湿陷特征的一个重要指标，通过对试验区干重度的测试，可以看出，在检测处理深度垂直方向上，根据干重度的变化，可分为两段，即 0 ~7.00 m 深度段和 7.00 ~11.00 m 深度段。

1. 0 ~7.00 m 深度段

在该深度段内，不同能级对地基强夯后，地基土的干重度都有明显提高，表现如下：

（1）A1 区（8 000 kN·m、2*D*、5 m^2）提高幅度最大，其夯后土干重度的平均值为 17.4 kN/m^3，为天然土的 1.29 倍。

（2）A2 区（8 000 kN·m、2.5*D*、5 m^2）和 B1 区（6 500 kN·m、2*D*、5 m^2）增大幅度相当，前者夯后土干重度的平均值为 16.0 kN/m^3，为天然土的 1.19 倍，后者的平均值为 16.5 kN/m^3，为天然土的 1.16 倍。

（3）B2 区（6 500 kN·m、2*D*、7 m^2）和 C 区（3 000 kN·m、1.6*D*、5 m^2）由于单位面积上的能级接近，所以其干重度增加幅度也相当，前者夯后土干重度的平均值为 15.7 kN/m^3，为天然土的 1.10 倍，后者夯后土干重度的平均值为 15.2 kN/m^3，为天然土的 1.09 倍 。

2. 7.00 ~11.00 m 深度段

该深度段内，主要是高能级强夯后对地基土的影响，具体表现：

（1）A1 区（8 000 kN·m、2*D*、5 m^2），夯后土干重度的平均值为 15.4 kN/m^3，为天然土的 1.11 倍。

（2）A2 区（8 000 kN·m、2.5*D*、5 m^2），夯后土干重度的平均值为 14.5 kN/m^3，为天然土的 1.06 倍 。

（3）其他能级在这个深度段夯后土的干重度和天然土的干重度基本相当。

深度 11.00 m 以下，8 000 kN·m、2*D*、5 m^2 区和 8 000 kN·m、2.5*D*、5 m^2 区的干重度仍然略有增大，前者增大到 1.02 倍，后者增大到 1.01 倍。其他能级的干重度与天然土相当。

各试验区的干重度变化和试验对比详见图 9-2、表 9-6 和图 9-3。

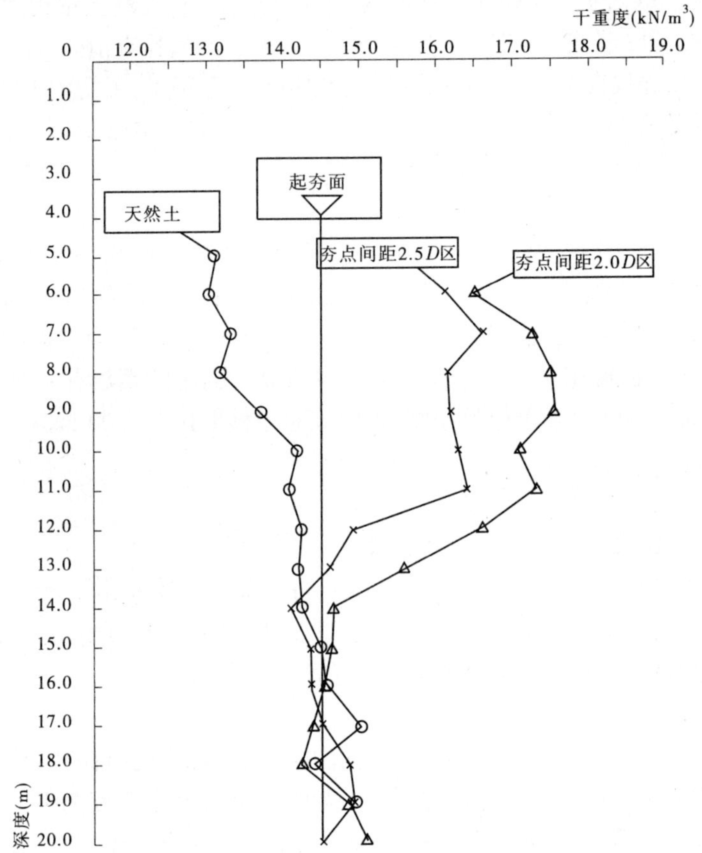

图 9-2　8 000 kN·m 夯区干重度变化曲线

表 9-6　干重度试验对比值

检测区	检测深度(m)	干重度平均值 γ_d(kN/m³)			
		天然土	夯后土	夯点上	夯点间
A1 区	0～3.0	13.4	16.9	18.0	16.4
	3.0～7.0	13.5	17.4	18.0	17.0
	7.0～11.0	13.9	15.4	16.2	14.9
	11.0～15.0	14.3	14.6	14.5	14.6
A2 区	0～3.0	12.7	16.1	18.3	15.3
	3.0～7.0	13.5	16.0	17.7	15.4
	7.0～11.0	13.7	14.5	14.3	14.9
	11.0～15.0	14.3	14.5	14.4	14.6
B1 区	0～3.0	13.5	16.9	18.3	16.4
	3.0～7.0	14.2	16.5	16.5	16.6
	7.0～11.0	14.7	14.2	14.0	14.3
	11.0～15.0	15.2	14.6	14.7	14.5
B2 区	0～2.0	13.5	17.0	17.3	16.8
	2.0～7.0	14.2	15.7	16.1	15.5
	7.0～11.0	14.7	14.6	14.6	14.7
	11.0～15.0	15.2	15.1	14.9	15.1
C 区	0～2.0	12.7	16.2	16.9	15.8
	2.0～7.0	14.0	15.2	16.2	14.7
	7.0～11.0	14.6	14.4	14.3	14.5
	11.0～15.0	14.9	14.4	14.4	14.4

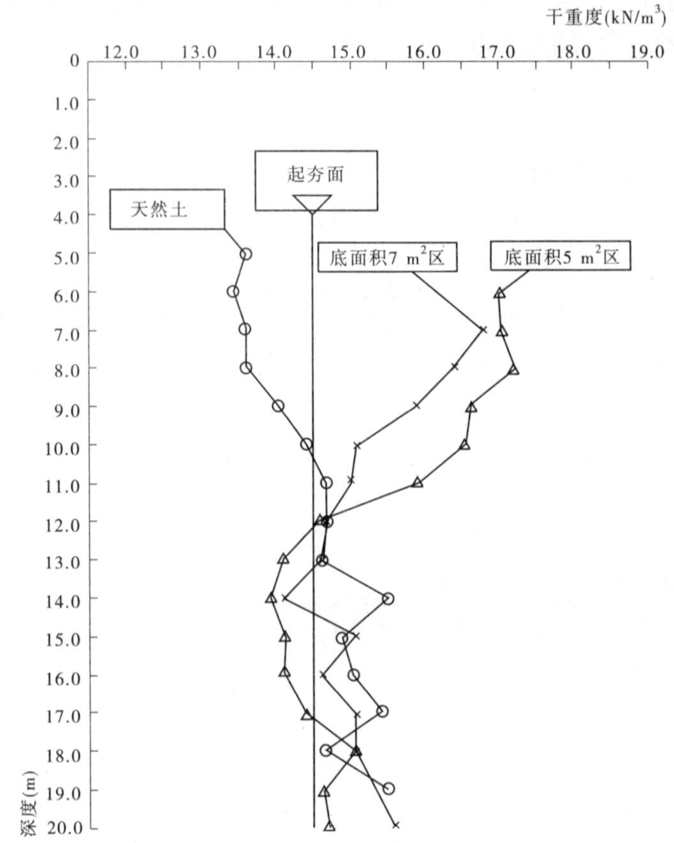

图 9-3　6 500 kN · m 夯区干重度变化曲线

通过上述的比较,说明了同能级、同深度段间距小的优于间距大的强夯效果,同能级、同间距、同深度段锤底面积小的优于锤底面积大的强夯效果。

(二)同能级不同点处的干重度

通过对干重度的分析,虽然在群夯区用平均值来反映强夯的效果,但在不同位置(夯点上、两夯点间、四夯点间)的实际效果又是不同的,夯点上优于两夯点间,两夯点间又优于四夯点间。说明当使用间距适当,夯点间受两个或四个夯点夯击能量的挤密影响较大时也能得到充分挤密,并约束冲击能向深部传递,增大影响深度。如 8 000 kN · m 能级下,11.00 m 以上深度:2*D* 区夯点上干重度的平均值为 17.4 kN/m³,夯点间则为 16.1 kN/m³;2.5*D* 区夯点上干重度的平均值为 16.7 kN/m³,夯点间则为 15.2 kN/m³。

根据干重度的数值,可以看出,对于深部 2*D* 区的影响优于 2.5*D* 区,而 11.00 m 以下夯点上、两夯点间、四夯点间的干重度基本相当,并比天然土稍大。说明对于深部夯点夯击能的直接效果及夯点的挤密影响,已无多大差别。其他能级也有相同的结果,只是影响深度相对较小。

(三)不同能级的干重度

在相同的试验参数条件下,对比 8 000 kN · m 与 6 500 kN · m 强夯能级下的干重度,当深度为 7.00 m 时,前者平均值 γ_d 为 17.4 kN/m³,后者为 16.5 kN/m³;当深度为 11.00

m 时,前者的平均值为 15.4 kN/m³,后者为 14.2 kN/m³。二者相差明显,说明其他条件相同时,使用能级越大,影响深度也越大。

三、原位测试

(一)标准贯入及动力触探测试

标准贯入试验及动力触探的测试点均布置在四夯点间,标准贯入每米测试 1 次,测试成果见表 9-7 。

表 9-7　标准贯入及动力触探测试值

检测区	检测深度(m)	标贯原始击数(击)		夯后土动探击数(击/10 cm)
		天然土	夯后土的变化	
A1 区	0 ~ 3.0	7	+6	4
	3.0 ~ 7.0	10	+11	8
	7.0 ~ 11.0	10	+4	7
	11.0 ~ 15.0	14	-3	5
A2 区	0 ~ 3.0	6	+10	7
	3.0 ~ 7.0	9	+8	9
	7.0 ~ 11.0	10	+4	7
	11.0 ~ 15.0	15	-3	6
B1 区	0 ~ 3.0	9	+9	7
	3.0 ~ 7.0	14	+10	14
	7.0 ~ 15.0	18	-5	6
B2 区	0 ~ 2.0	7	+24	
	2.0 ~ 7.0	12	+14	
	7.0 ~ 15.0	18	-2	
C 区	0 ~ 2.0	8	+6	4
	2.0 ~ 7.0	15	+3	13
	7.0 ~ 15.0	17	-2	8

从表 9-7 中可以看出,不同能级中 N 的击数都有一个夯后反而小于夯前的临界深度,这个深度对于 8 000 kN · m,$2D$ 区和 $2.5D$ 区均出现在 11.00 m 处,但 $2D$ 区临界深度以上,夯后击数明显大于 $2.5D$ 区,说明 $2D$ 区的挤密效果好于 $2.5D$ 区;6 500 kN · m,5 m² 和 7 m² 区,临界深度均在 7.00 m,只是在临界深度以上 2.00 m 范围,7 m² 区的击数明显小于 5 m² 区,说明 7 m² 区在这个深度段的加密效果不如 5 m² 区,而在上部 7 m² 区则大于 5 m² 区;3000 kN · m,虽然临界深度也出现在 7 m,但夯后土的击数和天然土相比,在临界深度以上 2 m 范围增大幅度不大。详见图 9-4、图 9-5 。

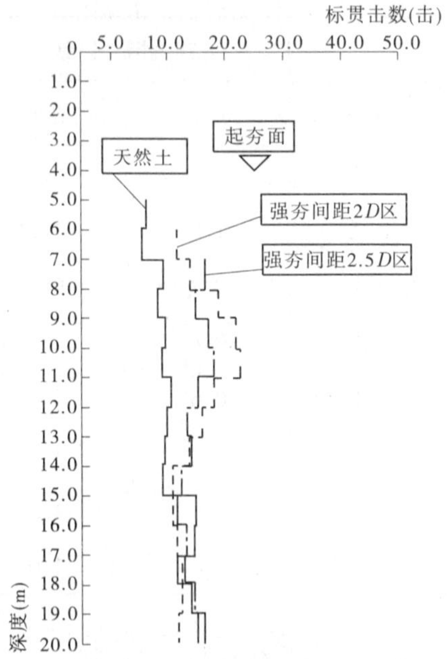

图 9-4　8 000 kN · m 夯区标准贯入测试对比图

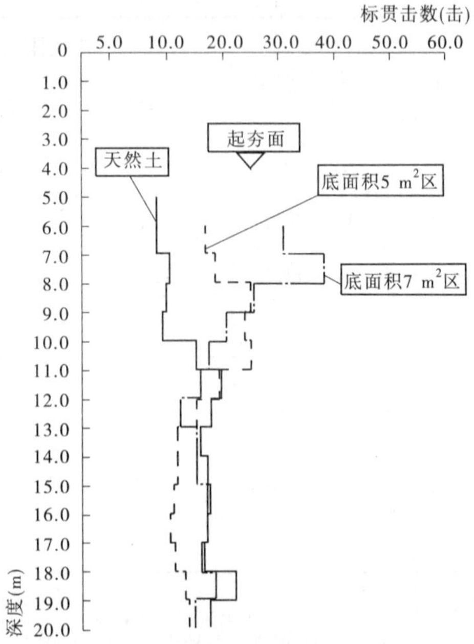

图 9-5　6 500 kN · m 夯区标准贯入测试对比图

(二)静力触探测试结果

采用静力触探,其测试曲线的形态同样反映出不同能级、不同夯点间的不同效果。因为测试具有连续性,从而使强加密带、加密带和影响带的变化表现得更为明显,而表层在强加密带中处理效果相对较差,而且当夯坑深度较大时,回填后复夯出现弱夹层情况也得到充分的暴露,各测试区结果见表 9-8 。

表 9-8　静力触探测试结果

检测区	检测深度(m)	锥尖阻力 q_c(MPa)			夯后增大倍数	
		天然土	夯点	夯间	夯点	夯间
A1 区	0 ~ 3.0	2.0	5.5	3.4	2.8	1.7
	3.0 ~ 7.0	2.3	3.4	5.1	1.5	2.2
	7.0 ~ 11.0	3.2	6.5	7.3	2.0	2.3
	11.0 ~ 15.0	3.4	3.5	4.0	1.0	1.2
A2 区	0 ~ 3.0	3.0	7.5	6.7	2.5	2.2
	3.0 ~ 7.0	3.5	5.0	8.3	1.4	2.4
	7.0 ~ 11.0	4.8	8.5	7.8	1.8	1.6
	11.0 ~ 15.0	4.6	4.8	4.9	1.0	1.1
B1 区	0 ~ 3.0	3.0	5.8	6.2	1.9	2.1
	3.0 ~ 8.0	3.8	6.9	8.8	1.8	2.3
	8.0 ~ 10.0	5.0	5.0	5.0	1.0	1.0
	10.0 ~ 13.0	5.0	4.2	4.2	0.8	0.8

续表 9-8

检测区	检测深度(m)	锥尖阻力 q_c(MPa)			夯后增大倍数	
		天然土	夯点	夯间	夯点	夯间
B2 区	0~4.0	5.2	13.5	9.4	2.6	1.8
	4.0~7.0	6.4	9.3	8.0	1.5	1.3
	7.0~11.0	7.2	5.9	6.4	0.8	0.9
	11.0~13.5	6.2	5.0	5.4	0.8	0.9
C 区	0~1.0	4.4	2.5	3.3	0.6	0.8
	1.0~3.0	5.7	13.7	8.0	2.4	1.4
	3.0~7.0	5.7	7.6	6.5	1.3	1.1
	7.0~13.0	6.6	6.6	6.6	1.0	1.0

根据表 9-8 中的测试数据，A1 区在加密带夯间挤密效果优于夯点下的直接击实效果，静探探头阻力 q_c 也比天然土增大幅度大，这和干重度的变化并不一致，其原因尚待进一步分析，到影响带，天然土、夯点下、夯点间的 q_c 值相差不大，夯后土仅由天然土的 3.4 MPa增大到 3.5~4.0 MPa，增大幅度为 3.0%~18.0%，且夯间增大大于夯点，说明采用 $2D$ 的间距时，在深部夯间的挤密效果优于夯点上；A2 区在加密带夯间的挤密效果却不如夯点下的直接击实效果，而到影响带，天然土、夯点下、夯点间土的 q_c 相差极小，夯后略大于夯前天然土，仅由夯前的 4.6 MPa，增大到 4.8~4.9 MPa，增大幅度 3%~5%，说明2.5D的间距在加密带以下的影响效果较小；B2 区和 A1 区相比，前者加密带的下限深度上移了 1.00 m，并且这个带的 q_c 与天然土相比增大幅度仅为 1%，到影响带夯后土的 q_c 值又小于天然土，说明同间距、同样的夯锤面积能级越大，影响效果越好；B2 区和 C 区夯后的效果相当，都在 7.00 m 处出现夯后土的 q_c 值小于天然土 q_c 值的交替，唯有上部 B2 区 q_c 的增幅较大，表层处理效果较好，两者虽然不具备可比条件(前者为 6 500 kN · m 能级，单位静压力 3.6 kPa，间距为 $2D$；后者为 3 000 kN · m 能级，单位静压力 3.0 kPa，间距为1.6D)，但处理效果相当，说明能级、单位静压力、夯点间距对强夯效果都是非常重要的因素。

四、载荷试验检测

本次检测进行的 2 m^2 方形载荷板的浅层(夯后整平地面下 0.50~1.00 m)载荷试验 7 次，其中天然土 2 次，夯后土 5 次，包括一个浸水 15 d 的饱和地基的试验；进行 0.25 m^2 圆形载荷板的深层载荷试验 6 个点，试验深度按 2.00 m、4.00 m、6.00 m 进行。试验成果见表 9-9。

表 9-9　载荷试验成果

检测区	试验位置	试验点编号	载荷板面积 $s(m^2)$	试验深度 $H(m)$	最终加荷 $Q(kPa)$	累计下沉量 $s(mm)$	承载力值(kPa) $p_{0.2}$	承载力值(kPa) p_0
A1 区	夯后土	01B	2	0.5 ~ 1.0	500	50.8	280	250
	夯后土	03B	2	0.5 ~ 1.0	350	33.9	270	250
	夯后土	02B	0.25	2.0	400	26.7	140	不明显
	夯后土	02B	0.25	4.0	500	15.4	310	300
	夯后土	02B	0.25	6.0	600	9.5	440	300
A2 区	夯后土	01B	2	0.5 ~ 1.0	700	48.0	430	400
	夯后土	02B	0.25	2.0	600	10.2	480	400
	夯后土	02B	0.25	4.0	600	13.4	350	300
	夯后土	02B	0.25	6.0	500	41.5	220	300
B1 区	天然土	01C	2	0.5 ~ 1.0	400	31.2	300	200
	天然土	02C	0.25	2.0	300	71.6	160	150
	天然土	02C	0.25	4.0	350	65.6	120	100
	天然土	02C	0.25	6.0	350	36.6	160	150
	夯后土	01B	2	0.5 ~ 1.0	750	56.5	410	400
	夯后土	02B	0.25	2.0	450	20.9	240	200
	夯后土	02B	0.25	4.0	450	14.8	360	250
	夯后土	02B	0.25	6.0	400	13.2	310	250
C 区	天然土	01C	2	0.5 ~ 1.0	300	34.3	210	200
	天然土	02C	0.25	2.0	350	14.4	160	150
	天然土	02C	0.25	4.0	450	9.8	360	300
	夯后土	01B	2	0.5 ~ 1.0	400	32.9	360	250
	夯后土	02B	0.25	2.0	500	14.4	380	300
	夯后土	02B	0.25	4.0	500	13.7	440	300
	夯后土	02B	0.25	6.0	500	12.7	380	300

注：A1 区 03B 试验点为浸水 15 d 的饱和地基试验。

分析试验成果，虽然试验位置（夯后）均选择在夯点间，并且部分试验深度又位于 0.5 ~ 2.0 m，但土的容许承载力均可由天然土的 150 ~ 200 kPa 增大到 250 kPa 以上，而且夯后土的 $p \sim s$ 曲线一般反映出直线段直且较长，局部剪切段短小，呈现超压密土的曲线特征。浸水 15 d 后的试验结果表明，浸水后的地基容许承载力没有明显降低，说明夯后土的水稳定比较好。

五、地基土工程特性值

根据土工试验、原位测试、载荷试验，夯后土的工程特性指标综合见表 9-10。

表 9-10　夯后土的工程特性指标综合

检测区	检测深度（m）	夯后地基土承载力特征值 f_{ak}（kPa）				压缩模量 E_s（MPa）	变形模量 E_0（MPa）	
		标贯	土工	静力触探	荷载		2 m^2	0.25 m^2
A1 区	0～3.0	290	290		250	15.8	12.3	8.1
	3.0～7.0	540	310		>300	18.5		15.3
	7.0～11.0	290	220			20.3		
	11.0～15.0	290	190			21.5		
A2 区	0～3.0	360	250		400	16.8	17.5	23.0
	3.0～7.0	380	250		300～350	18.5		16.4
	7.0～11.0	320	180			18.5		
	11.0～15.0	280	170			20.5		
B1 区	0～3.0	460	290	>310	250～300	17.2	14.6	8.1
	3.0～7.0	590	290			23.8		15.6
	7.0～15.0	280	160			23.1		
B2 区	0～2.0	660	290			22.9		
	2.0～7.0	420	250			23.9		
	7.0～15.0	370	190			21.0		
C 区	0～2.0	290	260		250～300	20.1	19.1	16.1
	2.0～7.0	410	240		250～300	23.1		16.0
	7.0～15.0	350	170			21.6		

从表 9-10 中可以看出，各种强夯方案所得到的地基土承载力在上部都比天然土有大幅度提高，但表层一般处理稍差。尽管如此，就是取各方案的较小值，其基础直接持力层的承载力可提高到 250 kPa，可见夯后土的承载力的提高是显著的，如果表层处理得当，承载力还可提高。就压缩模量来看，各能级强夯的压缩模量在 3.0～7.0 m 深度段内，为 18.5～23.9 MPa，与天然土相比增大幅度最大，为 1.4～2.0 倍。0～3.0 m 段压缩模量为 15.8～22.9 MPa，增大幅度为 1.2～1.7 倍，略低于 3.0～7.0 m 段。而 8 000 kN · m、2D、5 m^2 能级，11.0～15 m 段的压缩模量略大于夯前天然土。采用 2 m^2 载荷板的载荷试验，所得到的变形模量 E_0 值为 12.3～19.0 MPa，一般低于相应的压缩模量，分析其原因，认为可能是试验深度为 0.5～1.0 m，受表层处理效果稍差的影响；0.25 m^2 载荷板载荷试验所得到深度 2 m 试验点的 E_0 值为 8.1～23.0 MPa，离散性较大，深度 4.0 m、6.0 m 试验点的 E_0 值为 15.3～16.4 MPa，也低于同深度的压缩模量 E_s 值。

六、夯后土的渗透性

为了测得夯后土的渗透性，进行了现场渗水试验，同时取土进行室内渗透试验。

(1)现场渗透试验，在 A1 区渗水区设两个渗水池，一个设在夯后土上，另一个在夯后土上再做 3.00 m 厚的 3:7 灰土，灰土采用蛙式夯夯实到干重度为 15.0 ~ 16.0 kN/m^3。渗水池面积均为 20 m^2，圆形，池环高度 0.8 m。试验时保持常水头 0.5 m 左右，按时观测水位变化，池外设蒸发皿，同时观测蒸发量，观测 90 d，然后计算渗入量并求算渗透系数。其结果为：夯后土，稳定渗入量为 0.1 ~ 0.2 m^3/昼夜，计算的渗透系数为 $1.16 \times 10^{-5} \sim 5.79 \times 10^{-6}$ cm/s；灰土，稳定渗入量为 0.4 ~ 0.6 m^3/昼夜，计算的渗透系数为 $3.50 \times 10^{-5} \sim 2.3 \times 10^{-5}$ cm/s。

(2)观测结束后排干池水，在池底开挖探井分别取土及灰土进行室内渗透试验，其结果为：夯后土的渗透系数 $< 2.69 \times 10^{-5}$ cm/s，并且深度（自池底算起）2.0 m 以下土的饱和度小于 85%，灰土的渗透系数为 $1.85 \times 10^{-5} \sim 4.95 \times 10^{-5}$ cm/s。

(3)在非渗水区的探井取土进行室内渗透试验，其结果：A1 区有效厚度（自夯后整平地面计算）6.00 m 以上 $< 5.35 \times 10^{-6}$ cm/s，平均值为 2.67×10^{-5} cm/s，具有良好的隔水性能，6.00 ~ 12.00 m 段 $< 8.79 \times 10^{-5}$ cm/s，平均值为 5.53×10^{-5} cm/s；B1 区，有效厚度（自夯后整平地面计算）7.00 m 以上 $< 4.50 \times 10^{-6}$ cm/s，平均值为 1.99×10^{-5} cm/s；C 区，有效厚度（自夯后整平地面计算）6.00 m 以上 $< 5.66 \times 10^{-6}$ cm/s，平均值为 3.93×10^{-5} cm/s。

试验结果说明，在上部夯后土的渗透性都有明显的降低，均由天然土的渗透系数 $i \times 10^{-4}$ cm/s 降到 $i \times 10^{-5}$ cm/s 以下。能级越大，降低幅度越大，形成的厚度也越大。

七、强夯振动对建筑物的影响

本次试验分别对 8 000 kN · m、6 500 kN · m、3 000 kN · m 能级的振动波速度进行了测试。每组测试两个方向，互成 90°。其中一个方向在距离夯点 30 m 处设隔振沟一条，沟长 45 m、深 4.50 m、上口宽 1.60 m。最大测点距夯点 150 m。测试结果如表 9-11 所示。

表 9-11　不同距离处的水平加速度值　（单位：gal）

强夯能级	隔振设施	距夯点的相应距离处的水平加速度								
		10 m	20 m	30 m	40 m	60 m	80 m	100 m	120 m	150 m
8 000 kN · m	无隔振沟	1 679	630		237	186	177	66	64	52
	有隔振沟			670	284	172	175	147	110	51
6 500 kN · m	无隔振沟	1 520	484		242	227	127	103	62	68
	有隔振沟			590	313	213	109	123	89	70
3 000 kN · m	无隔振沟	643	472		255	90	103	82	58	36
	有隔振沟				407	148	89	76	56	46

测试结果表明，水平加速度随着距测点距离的增大有两次较明显的衰减，一次在 40 m距离处，一次在 100 m 距离处。隔振沟的深度为 4.5 m，浅于夯坑深度，测试结果减振作用并不明显。隔振沟的隔振作用和强夯振动对建筑物的影响还有待进一步的研究。

第六节　试验结果

通过试验,8 000 kN·m 试验区,A1 区(夯间距 2*D*)优于 A2 区(夯间距 2.5*D*);6 500 kN·m 试验区,B1 区(夯锤面积 5 m^2)优于 B2 区(夯锤面积 7 m^2),确定各种能级下消除湿陷土层的深度和施工工艺如表 9-12、表 9-13 所示。

表 9-12　消除湿陷土层深度

检测区	强夯能级	单位面积夯击能（kN·m/m^2）	消除湿陷土层的深度(m)			
			试验压力 300 kPa		试验压力 400 kPa	
			范围	平均值	范围	平均值
A1 区	8 000 kN·m、2*D*、5 m^2	1 600	12.0 ~ 14.0	13.4	11.0 ~ 13.0	11.8
A2 区	8 000 kN·m、2.5*D*、5 m^2	1 600	8.0 ~ 12.0	10.0	8.0 ~ 10.0	9.0
B1 区	6 500 kN·m、2*D*、5 m^2	1 300	8.0 ~ 12.0	9.8	8.0 ~ 10.0	9.0
B2 区	6 500 kN·m、2*D*、7 m^2	929	8.0 ~ 9.0	9.0		8.0
C 区	3 000 kN·m、1.6*D*、5 m^2	600	7.0 ~ 9.0	8.3	4.0 ~ 7.0	6.0

表 9-13　强夯施工工艺参数

施工工艺参数			施工控制标准
8 000 kN·m	主夯点	1. 使用 8 000 kN·m 的能级; 2. 隔行跳打	1. 每点 20 击; 2. 夯坑深度大于 5.6 m; 3. 最后 3 击的贯入度 <5 cm
	复夯	1. 使用 3 000 kN·m 的能级; 2. 每次夯坑内回填厚度 <4 m	1. 复夯击数不少于 10 击; 2. 最后 3 击的贯入度 <5 cm
	单点夯	1. 使用 3 000 kN·m 的能级; 2. 打原夯点及四夯点间	1. 每点 10 击; 2. 最后 3 击的贯入度 <5 cm
	满夯	1. 使用 2 000 kN·m 的能级; 2. 满夯一遍,锤印搭接 1/3	每点 3 击
6 500 kN·m	主夯点	1. 使用 6 500 kN·m 的能级; 2. 隔行跳打	1. 每点 20 击; 2. 夯坑深度大于 4.5 m; 3. 最后 3 击的贯入度 <5 cm
	复夯	1. 使用 3 000 kN·m 的能级; 2. 每次夯坑内回填厚度 <4m	1. 复夯击数不少于 10 击; 2. 最后 3 击的贯入度 <5 cm
	单点夯	1. 使用 3 000 kN·m 的能级; 2. 打原夯点及四夯点间	1. 每点 10 击; 2. 最后 3 击的贯入度 <5 cm
	满夯	1. 使用 2 000 kN·m 的能级; 2. 满夯一遍,锤印搭接 1/3	每点 3 击
3 000 kN·m	主夯点	1. 使用 3 000 kN·m 的能级; 2. 隔行跳打	1. 每点 15 击; 2. 夯坑深度大于 2.0 m; 3. 最后 3 击的贯入度 <5 cm
	单点夯	1. 使用 3 000 kN·m 的能级; 2. 打原夯点及四夯点间	1. 每点 6 击; 2. 最后 3 击的贯入度 <5 cm
	满夯	1. 使用 1 200 kN·m 的能级; 2. 夯两遍,第二遍与第一遍错开 1/23	每点 2 击

第七节　施工时的运用效果

试验完成后,按照试验确定的参数,在电厂工地得到了运用,其中主厂房、烟囱地区采用8 000 kN·m、2*D*、5 m^2 的强夯工艺,冷却塔地区采用6 500 kN·m、2*D*、5 m^2 的强夯工艺,其他附属地区采用3 000 kN·m、1.6*D*、5 m^2 的强夯工艺 。强夯面积:8 000 kN·m 为5.67 万 m^2,6 500 kN·m 为3.62 万 m^2,3 000 kN·m 为10.01 万 m^2,总计 19.3 万 m^2。主要建筑物强夯工期6 个月基本完成(包括Ⅱ期建筑的主厂房、烟囱),施工中除局部出现橡皮土进行返工外,强夯处理达到了消除湿陷、提高地基强度的目的,地基处理综合检测,满足设计要求。

第八节　结　语

(1)试验研究结果表明,采用大能级强夯法处理深厚的、湿陷性明显的、不同湿陷类型、不同湿陷等级的马兰黄土(Q_3),其效果十分明显。采用不同能级情况下都能完全消除一定厚度的湿陷性,并具有解除后顾之忧、一劳永逸的优点。强夯具有设备简单,施工方便,速度快,节省钢材、木材、水泥等建筑材料,节约投资等优点,特别是与桩基方案相比,其经济效益更为显著。

(2)强夯法消除湿陷土层的厚度取决于采用能级或单位面积上的能级、夯点间距、锤击次数、施工工艺以及土的工程性质等,即使是采用相同的能级,在不同的施工工艺和相同的工程场地中,其消除土层的深度也是不一样的 。

(3)从试验的结果来看,当工程地质条件、施工工艺、锤击次数(采用最佳击数)相同时,夯点间距和单位面积上的夯击能与消除湿陷的深度关系密切。因此,可以采用单位面积夯击能,夯点间距与消除湿陷的深度建立关系式:$H = a(W/10)^{0.5}$(式中:*H* 为消除湿陷的深度,m;*W* 为单位面积夯击能,kN·m/m^2;*a* 为夯点间距修正系数。)此式避免了按总能级计算时,因锤底面积不同,单位面积夯击能相差较大引起的计算差别,同时考虑了夯点间距过大、夯点间挤密效果差或消除不了湿陷的因素。按此式估算的消除湿陷深度内,其干重度均可大于 14.5 kN/m^3。而根据统计,干重度大于 14.5 kN/m^3 的土绝大部分都无湿陷性。

(4)从夯后土不同位置干重度的变化可以看出,夯点下的直接效果好于两夯点间和四夯点间的挤密效果。在深部只有夯点间距适当时,夯点间受两个夯点或四个夯点挤密影响较大,夯点间才能得到充分挤密,其干重度才和夯点下接近,所以夯点间距过大,夯点间就达不到理想的挤密效果。当采用正方形布点,单位面积上的能级较大(如 1 600 kN·m/m^2)时,夯点间距以 *D* 为最好,大于 2*D* 时,对于深部夯点间挤密效果较差。锤底面积可采用5 m^2。当单位面积上的能级较小(600 kN·m/ m^2)时,夯点间距采用1.6*D* 可以得到较好的效果。

(5)采用多种手段测得夯后土直接持力层的承载力值均可达到250 kPa 以上,与天然土(承载力 150 ~200 kPa)相比提高 1.5 ~2.0 倍。直接持力层承载力的大小主要取决于满夯效果和主夯坑回填的复夯效果,而和主夯点的能级关系不大。直接持力层下,深度(起夯面起)3 ~7 m 土的承载力最高,多大于 300 kPa,并且反映出能级越大形成厚度也越大的特点。夯后土直接持力层的压缩模量为 15.8 ~22.9 MPa,和天然土相比增大幅度为 1.2 ~1.7 倍,3.0 ~7.0 m 段的压缩模量为 18.5 ~23.9 MPa,比天然土增大 1.4 ~2.0 倍。夯后土的变形模量为 12.3 ~19.0 MPa,低于相应的压缩模量,其原因是可能受表层处理稍差的影响;现场直接浸水试验及取土室内渗透试验说明,夯后土的渗透系数均可由天然土 10^{-4}cm/s 量级降到 10^{-5}cm/s 以下,并且能级越大,土的渗透性越小,形成的厚度也越大。所以,夯后土又可以起到较好的隔水作用。

(6)对于以提高承载力为目的的强夯,必须注重提高表层处理效果和夯坑回填土的处理效果。表层处理效果取决于表层土含水量和施工工艺,含水量过大将形成橡皮土,含水量过小地面会出现隆起,都会影响土的承载力。所以,含水量和能级及施工工艺尚应进一步研究。夯坑深度较深时,夯坑回填土处理不透也直接影响夯后土承载力和均匀性,为避免回填过厚,夯不透出现弱夹层的情况,当夯坑深度大于 4.00m 时可采用分层回填夯实法。

第十章　砂土地层钻孔灌注桩原体试验

第一节　工程概述

豫东北某热电公司扩建工程，脱离老厂扩建端，仅利用老厂铁路，扩建 2 ×200 MW 机组。

根据场地岩土工程条件和周边环境，地基处理拟采用钻孔灌注桩方案，成孔方式为旋挖钻成孔，有效桩长 32.0 m，选择层⑦细砂、层⑧粉质黏土作为联合桩端持力层。

第二节　岩土工程条件

一、地形地貌

拟建场地为黄河故道，地貌单一，地形平坦，地势开阔。地面标高为 52.0 ~53.0 m。

二、岩土地层构成与特征

场地地层主要由第四系黄河冲洪淤积成因的粉土、粉质黏土和砂土组成，自上而下共分为 8 个主层和 4 个亚层。现分述如下：

(1)层①粉土。褐黄色，含云母，见有机质，中密，稍湿—湿，中(偏高)压缩性。局部为粉砂。层厚 0.8 ~1.7 m，层底标高 50.57 ~51.51 m。

(2)层②粉土。灰色、灰黄色，松散，湿—很湿(由于下部层③黏土的隔水作用，局部含水量明显增大，呈饱和状态)，中(偏高)压缩性。层厚 2.7 ~3.6 m，层底埋深 4.3 ~4.6 m，层底标高 47.87 ~48.12 m。

(3)层③淤泥质黏土。灰色，局部褐黄色，含氧化铁染，见有机质、腐殖根，软塑—流塑，高压缩性。层厚 0.3 ~0.55 m，层底埋深 4.6 ~5.1 m，层底标高 47.42 ~47.82 m。

(4)层$③_1$ 粉土。灰色、灰褐色，含少量氧化铁斑点、蜗牛碎片。中密，湿，中压缩性。层厚 0.3 ~1.0 m，层底埋深 4.9 ~6.0 m，层底标高 46.42 ~47.52 m。

(5)层④粉砂。灰黄色、灰色，主要成分为石英、长石，见有机质，级配较差。中密，湿，低—中压缩性。层厚 0.3 ~7.4 m，层底埋深 11.2 ~13.0 m，层底标高 39.42 ~41.23 m。

(6)层$④_2$ 粉质黏土。灰黄色，可塑，中压缩性。层厚 0.5 m，层底埋深 11.7 m，层底标高 40.73 m。

(7)层⑤粉细砂。灰色、灰黄色，见有机质，主要成分为石英、长石、暗色矿物。密实，饱和，低压缩性。层厚 11.2 ~15.7 m，层底埋深 26.2 ~27.5 m，层底标高 24.92 ~26.22 m。

(8)层$⑤_1$ 粉质黏土。浅灰色，可塑，含云母片、氧化铁染，见有机质。中压缩性。位于层⑤的上部，层厚0.9～1.8 m，层底埋深13.8～14.3 m，层底标高38.01～38.63 m。

(9)层$⑤_2$粉质黏土。灰色，可塑为主，含云母片、氧化铁染，见有机质。中(偏高)压缩性。位于层⑤的中部，层厚0.4～2.0 m，层底埋深15.0～15.7 m，层底标高36.73～37.42 m。

(10)层⑥粉质黏土。灰色、褐黄色，含云母片、氧化铁染，见少量有机质，可塑为主，中压缩性。顶部因隔水而强度降低明显，为软塑状态。层厚2.0～4.6 m，层底埋深28.1～30.0m，层底标高22.27～24.21 m。

(11)层⑦细砂。灰黄色、黄色，密实，饱和，主要成分为石英、长石，见暗色矿物、少量有机质，低压缩性。层厚5.4～8.3 m，层底埋深35.4～37.0 m，层底标高15.58～16.87 m。

(12)层⑧粉质黏土。褐黄色为主，含云母、氧化铁染，可塑为主，中压缩性。局部见钙质结核(含量10%～30%)，夹薄层粉土。揭露最大厚度为9.6 m。

各土层主要物理性质及工程特性指标统计见表10-1，原体试验区地质剖面图见图10-1。

三、地下水条件

场地地下水类型为潜水，调查当地民用机井的水位，稳定水位埋深为21～23 m。

腐蚀性分析结果表明，场地地下水和土对混凝土结构均具微腐蚀性，地基土对混凝土结构中的钢筋具微腐蚀性。

四、地震动参数

该场地50年超越概率10%的地震动峰值加速度为0.15g，对应地震基本烈度为7度。场地土为中软场地土，建筑场地类别为Ⅲ类。

第三节　原体试验设计

一、原体试验目的和要求

(1)检验所试验的桩型和施工方法对场地条件的适宜性及实际效果，确定施工机械、配套设备及合理的施工工艺等有关参数。

(2)确定单桩竖向抗压承载力特征值和水平承载力特征值，综合确定相应土层的极限桩侧阻力和极限桩端阻力。

(3)埋设桩底反力和桩身应力检测元件，直接测定桩周各土层的极限桩侧阻力和极限桩端阻力。

(4)进行单桩低应变检测，检测桩身完整性。

(5)通过单桩竖向静载荷试验和高应变检测，确定单桩竖向承载力，获取静、动力试桩对比资料，为施工图设计、工程桩的检测提供依据。

(6)通过单桩水平静载荷试验，采用接近工程桩的实际工作状态，确定单桩水平承载力特征值、地基土水平抗力系数的比例系数，获取桩基设计所必需的计算参数。

表 10-1 各土层主要物理性质及工程特性指标统计

地层编号及岩性	含水量 ω (%)	重度 γ (kN/m³)	干重度 γ_d (kN/m³)	孔隙比 e	饱和度 S_r (%)	液限 ω_L (%)	塑限 ω_P (%)	塑性指数 I_P	液性指数 I_L	压缩系数 a_{1-2} (MPa⁻¹)	压缩模量 E_{s1-2} (MPa)	直接快剪		相对密度 D_r	黏粒含量 ρ_c (%)	标贯击数 N (击)	双桥静探试验	
												黏聚力 c (kPa)	内摩擦角 φ (°)				锥尖阻力 q_c (MPa)	侧摩阻力 f_s (kPa)
层①粉土	17.3	17.6	15.0	0.797	59.7	24.4	17.1	7.3	—	—	—	11	25.2	—	2.9	10	2.93	49.2
层②粉砂	17.3	17.0	14.5	0.855	54.7	25.0	18.2	6.7	—	0.13	17.4	11	23.7	—	3.9	9	4.34	54.6
层③淤泥质黏土	46.7	17.9	12.3	1.246	97.3	40.1	22.5	17.7	1.56	0.44	5.5	12	15.6	—	—	3	0.53	17.0
层$③_1$粉土	24.9	19.0	15.3	0.785	84.4	27.0	17.3	9.8	—	0.29	8.0	11	22.3	—	5.4	8	2.00	41.6
层④粉砂	15.3	16.9	14.7	0.829	50.4	—	—	—	—	0.08	28.4	6	26.1	0.43	2.5	22	10.40	134.8
层$④_2$粉质黏土	—	—	—	—	—	—	—	—	—	—	—	—	—	—	—	28	10.01	164.2
层⑤粉细砂	20.5	19.2	15.6	0.710	84.0	—	—	—	—	0.05	40.1	11	26.4	0.64	—	39	20.42	233.8
层$⑤_1$粉质黏土	25.0	18.5	14.8	0.834	80.8	29.3	18.2	11.1	0.31	0.28	14.3	17	14.9	—	—	11	3.30	76.2
层$⑤_2$粉质黏土	27.4	18.5	14.6	0.867	83.9	33.5	19.6	13.9	0.49	0.22	16.9	15	15.7	—	—	9	6.48	105.2
层⑥粉质黏土	25.0	19.7	15.7	0.725	92.5	31.5	17.8	13.3	0.46	0.20	9.3	23	19.1	—	—	19	14.18	181.9
层⑦细砂	20.2	19.7	16.3	0.635	87.4	—	—	—	—	0.04	56.2	—	—	0.77	3.3	53	17.90	312.7
层⑧粉质黏土	23.6	19.8	16.1	0.685	92.6	28.8	17.8	10.8	0.55	0.17	10.6	—	—	—	9.1	34	—	—

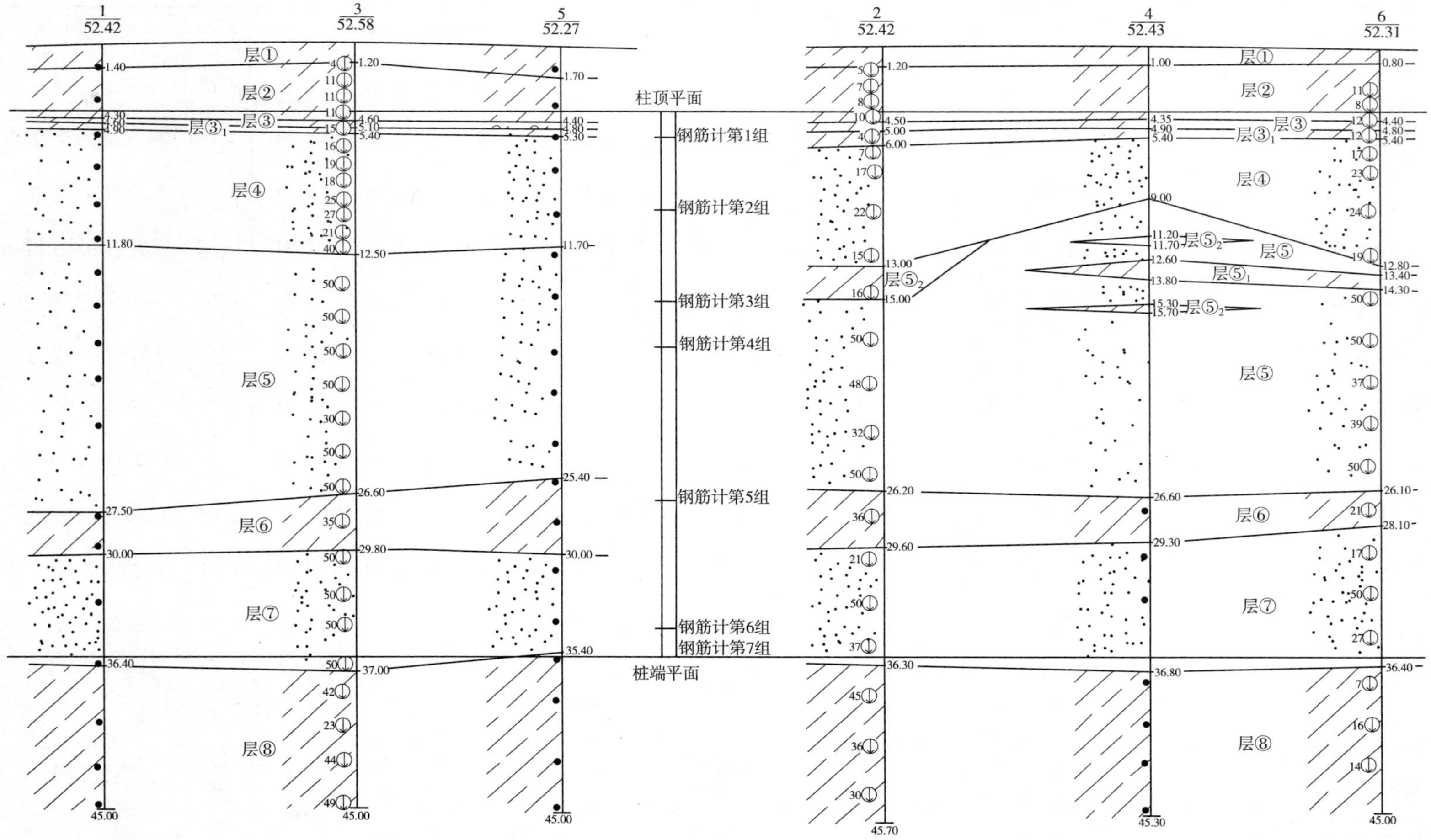

图 10-1　原体试验区地质剖面图

二、原体试验内容

(1)试验区岩土工程勘察。
(2)试桩施工。
(3)低应变检测。
(4)高应变检测。
(5)单桩竖向抗压静载荷试验及桩身应力检测(实测桩身极限桩侧阻力、桩端阻力)。
(6)单桩水平静载荷试验。

三、原体试验布置

试验区位置选在主厂房 A 列外侧,试验区平面尺寸为 6.4 m×19.2 m,呈南北向展布,中间一排为 3 根试桩,两边两排锚桩与试桩成正交布置,每一排桩间距均为 3 200 mm,见图 10-2。试桩、锚桩统一编号,用字母"S"表示,其中 S5、S6 和 S9 号桩为试桩,其余为锚桩。

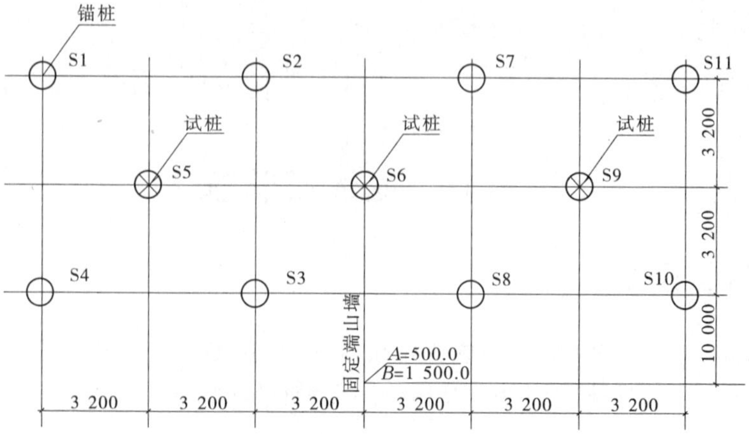

图 10-2 试桩平面布置图 (单位:mm)

四、试桩主要设计参数

(1)旋挖成孔灌注桩 1 组 3 根,截面为圆形,直径 800 mm,设计桩长 $L=32\ 000$ mm,设计试桩顶面绝对标高为 48.50 m、桩底绝对标高为 16.50 m(±0.00 m 对应标高为 54.40 m),桩端持力层为层⑦细砂、层⑧粉质黏土联合。

(2)混凝土强度等级 C40,主筋采用 HRB335 级,8 根长度为 2/3 桩身长度(20 900 mm),4 根通长配置(对称设置,长度 31 900 mm),以焊接应力检测元件;箍筋等采用 HPB235 级。详细情况见图 10-3。

五、锚桩主要设计参数

旋挖成孔灌注桩 1 组 8 根,截面为圆形,直径 1 000 mm,设计桩长 $L=32\ 000$ mm,设计试桩顶面绝对标高为 48.50 m(±0.00 m 对应标高为 54.40 m),混凝土强度等级 C40,

主筋采用 HRB335 级,18 根通长配置(长度 32 000 mm),箍筋采用 HPB235 级,而且主筋伸出桩顶 1 200 mm 作为锚筋,其余与试桩相同。详细情况见图 10-4。

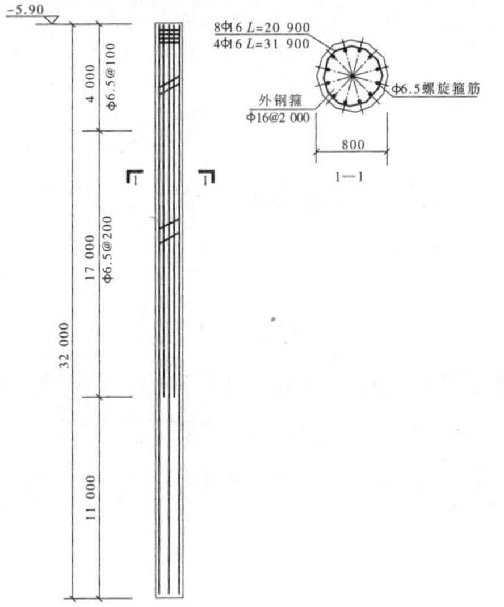

图 10-3　试桩图　(单位:mm)

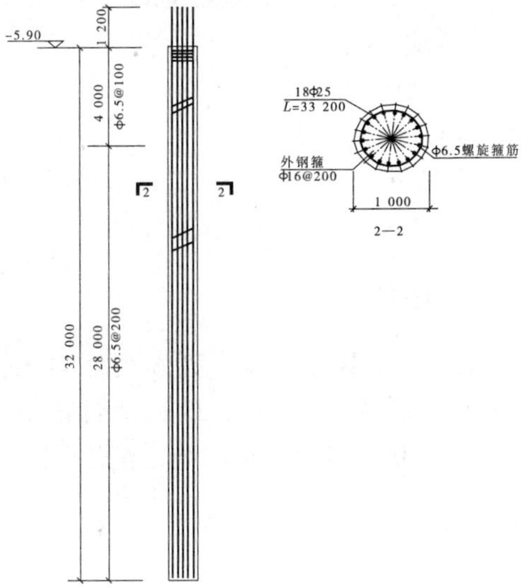

图 10-4　锚桩图　(单位:mm)

第四节　原体试验施工

一、施工机械及性能

本工程施工采用 SWDM20 型旋挖钻机成孔,采用 QY-50 型吊车下钢筋笼,现场 JS-1000型混凝土搅拌站,采用Φ 250 mm 刚性导管灌注混凝土。

二、施工工艺

钻孔灌注桩(旋挖成孔)的施工工艺主要流程为:定位放线→埋设护筒→钻机就位→钻进至设计深度(用山东潍坊国标膨润土制备泥浆)→清孔(沉渣厚度不大于 100 mm)→孔深量测→钻机移至下一孔位钻孔→下导管→水下灌注混凝土(留置混凝土试块)→拔出导管、护筒→渣土外运→养护。

三、施工效果分析

本次原体试验共完成钻孔灌注桩(旋挖成孔)11 根,各试桩与锚桩均施工至基底平面设计标高。施工效果良好。

分析现场施工结果可知,所有施工用原材料具备出场合格证和经实验室复验合格。

采用 SWDM20 型旋挖钻机成孔钻进过程中,单个钻孔的成孔时间控制在 3~4 h 内,下钻速度不能太快,泥浆比重宜为 1.08~1.15,对于黏性土层,用平底钻头、中等转速钻进,对于砂土层,低挡慢速钻进。孔底沉渣厚度按≤100 mm 控制。

吊放钢筋笼入孔时,不得左右旋转、高起高落、碰撞和强压下放。

灌注混凝土时,连续灌注不大于 5 m,当孔内混凝土面接近钢筋笼的底部时,防止钢筋笼上浮,导管提离混凝土面之前反复插入以密实桩体。充盈系数控制在 1.15 以上。

工程桩施工时,做好一系列质量保证工作,防止塌孔、串孔现象的发生,并及时将废弃泥浆、渣土运出工程场地。

第五节　原体试验检测

一、单桩极限承载力估算

根据《建筑桩基技术规范》(JGJ 94—2008)估算单桩承载力为:

(1)试桩(S5、S6、S9),单桩竖向极限抗压承载力标准值为 5 280 kN,单桩竖向承载力设计值为 3 300 kN,单桩水平承载力设计值为 88 kN。

(2)锚桩,单桩竖向抗拔承载力设计值为 1 440 kN。

二、低应变检测

使用 PIT 桩身完整性分析仪,传感器为加速度计。试验时严格按照《建筑基桩检测技术规范》(JGJ 106—2003)的有关规定进行。

现场检测时,使受检桩顶面平整、密实、水平,用足够强度的黏合剂把加速度传感器黏合在桩顶距桩中心 2/3 半径处,设置合适的参数,在桩中心部位激振,进行信号采集,并使采集的时域信号在 $2L/C$(L 为波长,C 为波速)时刻后延续不少于 5 ms。选择 2 个检测点,每个检测点记录的有效信号数不少于 3 个,当实测波形一致性较差时,分析原因,增加检测点数量。

对 3 根试桩及 8 根锚桩全部进行了低应变检测,依据检测曲线分析,综合确定所检测的 11 根桩均为Ⅰ类桩。低压变检测成果见表 10-2。

表 10-2　低应变检测成果

桩号	桩长(m)	波速(m/s)	桩身完整性评价	分类	说明
S1	32.0	4 000	完整	Ⅰ	
S2	32.0	3 800	完整	Ⅰ	
S3	32.0	4 000	完整	Ⅰ	
S4	32.0	3 950	完整	Ⅰ	
S5	32.0	3 750	完整	Ⅰ	试桩
S6	32.0	3 600	完整	Ⅰ	试桩
S7	32.0	3 800	完整	Ⅰ	
S8	32.0	3 750	完整	Ⅰ	
S9	32.0	3 800	完整	Ⅰ	试桩
S10	32.0	4 000	完整	Ⅰ	
S11	32.0	3 800	完整	Ⅰ	

三、高应变检测

低应变检测后,对全部3根试桩、锚桩中的6根进行了高应变检测。高应变动力检测严格按照《建筑基桩检测技术规范》(JGJ 106—2003)的有关规定进行。检测仪器为武汉岩海公司生产的RS－1616K(P)基桩动测仪,加速度传感器为扬州无线电二厂生产的CA－YD－106型压电式加速度传感器,力传感器为北京科奥高技术开发公司生产的YBF－800A型力传感器。

现场检测时,首先安装传感器,并对力传感器进行调节,直至平衡,然后分别弹击每个传感器,通过仪器检测其触发性能是否良好。若触发不良应检查其是否安装好,并对其进行重新安装,直至其触发良好。以上工作完成后,用重锤锤击桩头并采集信号,一般应进行1～2次锤击,锤自由下落锤击桩顶,瞬时冲击产生的加速度和力信号通过桩基动测系统放大,并转换成数字信号传给微机,经过软件处理后存入磁盘,同时显示实测波形。用FEIPWAPCTM法进行综合分析,以判定单桩承载力、桩侧阻力和桩身完整性。高应变检测成果见表10-3。

表10-3 高应变检测成果

桩号	极限桩侧阻力 q_{sik}(kN)	极限桩端阻力 q_{pk}(kN)	单桩竖向极限承载力 Q_{uk}(kN)	说明
S1	6 074.4	353.2	6 428	
S2	5 882.0	588.6	6 471	
S4	6 088.1	484.6	6 573	
S5	6 304.9	264.9	6 570	试桩
S6	5 591.7	1 030.1	6 622	试桩
S7	6 177.4	382.6	6 560	
S9	6 043.0	586.6	6 630	试桩
S10	6 144.0	322.7	6 467	
S11	6 016.5	490.5	6 507	

由表10-3可知,3根试桩的单桩竖向极限承载力平均值为6 607 kN。

四、单桩竖向抗压静载荷试验

(一)单桩竖向抗压静载荷试验

静载荷试验采用锚桩横梁反力装置,油压千斤顶加载。荷载由安装在千斤顶上的压力传感器测定,沉降量由安装在基准梁上的位移传感器测定。

试验遵循《建筑基桩检测技术规范》(JGJ 106—2003)的要求进行,采用慢速维持荷载法,分级加载至破坏,有关检测成果见表10-4～表10-6及图10-5～图10-7。钻孔灌注桩竖向单桩静载荷试验成果见表10-7。

表 10-4　S5 号桩竖向抗压静载荷试验数据汇总

荷载(kN)	本级沉降量(mm)	累计沉降量(mm)	本级时间(min)	累计时间(min)
1 100	0.83	0.83	120	120
1 650	0.46	1.29	120	240
2 200	0.62	1.91	120	360
2 750	0.72	2.63	120	480
3 300	0.99	3.62	150	630
3 850	0.93	4.55	210	840
4 400	0.67	5.22	120	960
4 950	1.00	6.22	120	1 080
5 500	1.38	7.60	210	1 290
6 050	1.58	9.18	240	1 530
6 600	1.74	10.92	180	1 710
7 150	29.53	40.45	30	1 740

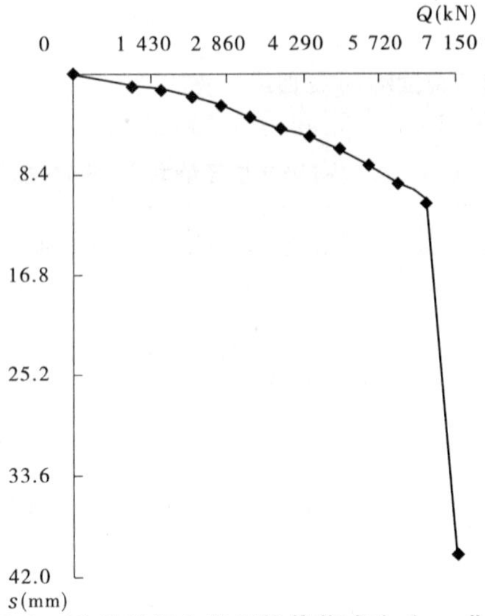

图 10-5　S5 号桩竖向抗压静载荷试验 $Q \sim s$ 曲线

表 10-5　S6 号桩竖向抗压静载荷试验数据汇总

荷载(kN)	本级沉降量(mm)	累计沉降量(mm)	本级时间(min)	累计时间(min)
1 100	0.85	0.85	120	120
1 650	0.56	1.41	120	240
2 200	0.77	2.18	120	360
2 750	0.90	3.08	120	480
3 300	0.82	3.90	120	600
3 850	1.30	5.20	180	780
4 400	1.21	6.41	150	930
4 950	1.58	7.99	150	1 080
5 500	2.87	10.86	120	1 200
6 050	3.12	13.98	240	1 440
6 600	1.84	15.82	180	1 620
7 150	27.28	43.10	150	1 770

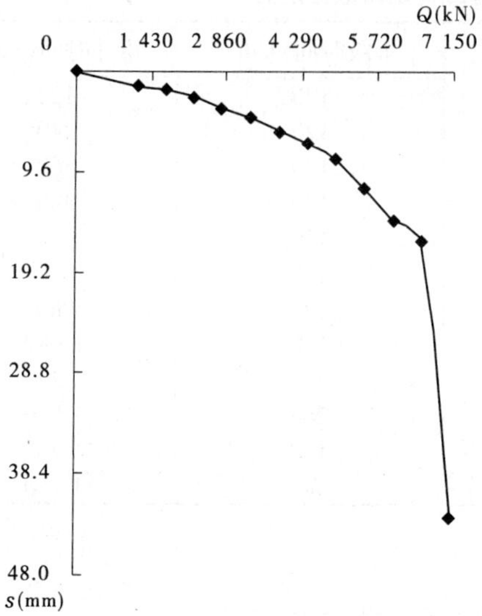

图 10-6　S6 号桩竖向抗压静载荷试验 $Q\sim s$ 曲线

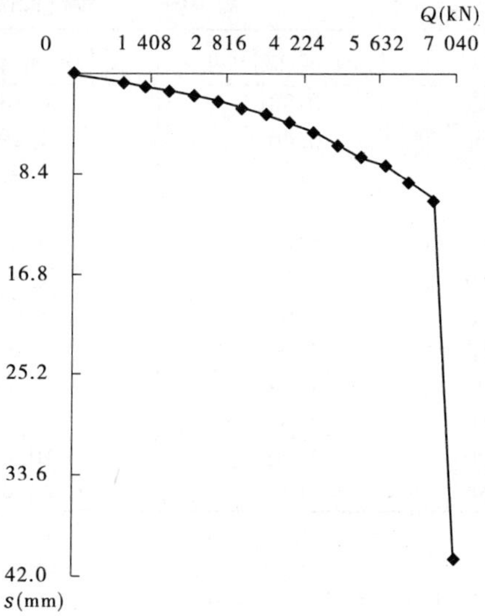

图 10-7　S9 号桩竖向抗压静载荷试验 $Q\sim s$ 曲线

表 10-6　S9 号桩竖向抗压静载荷试验数据汇总

荷载(kN)	本级沉降量(mm)	累计沉降量(mm)	本级时间(min)	累计时间(min)
880	0.78	0.78	150	150
1 320	0.31	1.09	120	270
1 760	0.36	1.45	120	390
2 200	0.40	1.85	120	510
2 640	0.44	2.29	120	630
3 080	0.52	2.81	120	750
3 520	0.64	3.45	120	870
3 960	0.61	4.06	120	990
4 400	0.71	4.77	120	1 110
4 840	1.18	5.95	210	1 320
5 280	0.97	6.92	180	1 500
5 720	0.77	7.69	120	1 620
6 160	1.30	8.99	150	1 770
6 600	1.68	10.67	270	2 040
7 040	29.85	40.52	30	2 070

表 10-7　钻孔灌注桩单桩竖向静载荷试验成果

桩号	S5	S6	S9
最大加载(kN)	7 150	7 150	7 040
终止试验条件	$s_{i+1}/s_i>5$,且总沉降量大于 40 mm	$s_{i+1}/s_i>5$,且总沉降量大于 40 mm	$s_{i+1}/s_i>5$,且总沉降量大于 40 mm
最大沉降量(mm)	40.45	43.10	40.52
确定承载力原则	陡降型 $Q\sim s$ 曲线,取其发生明显陡降的起始点对应的荷载值	陡降型 $Q\sim s$ 曲线,取其发生明显陡降的起始点对应的荷载值	陡降型 $Q\sim s$ 曲线,取其发生明显陡降的起始点对应的荷载值
单桩极限承载力(kN)	6 600	6 600	6 600

3 根试桩单桩极限承载力平均值为 6 600 kN,极差小于 30%,单桩竖向承载力特征值为 3 300 kN。

(二)桩身应力检测

本次试验对 S6 号、S9 号试桩桩身应力、应变进行检测,采用振弦式钢筋测力计来测定,在 -1.5 m、-5.8 m、-11.2 m、-13.9 m、-22.9 m、-30.4 m、-31.8 m 处分别对称安装了 2 个钢筋测力计。现场检测时,在施加荷载前,分别读记每个传感器的初始值,然后在每级荷载稳定后,分别读记每个传感器的输出频率模数实时测量值,然后通过已经标定的频率与力的关系换算成力,再计算成与钢筋计断面处的混凝土应变相等的钢筋应变量。有关检测成果见表 10-8 ~ 表 10-11 及图 10-8 ~ 图 10-11。

表 10-8　S6 号桩桩侧阻力及桩端阻力成果

桩号	位置	深度(m)	单位极限阻力(kPa)	桩侧/桩端阻力(kN)	极限承载力(kN)
S6	桩侧	-1.5 ~ -5.8	102.5	5 489	6 600
		-5.8 ~ -11.2	25.5		
		-11.2 ~ -13.9	73.5		
		-13.9 ~ -22.9	57.8		
		-22.9 ~ -30.4	86.8		
		-30.4 ~ -31.8	147.5		
	桩端	-31.8	2 212	1 111	

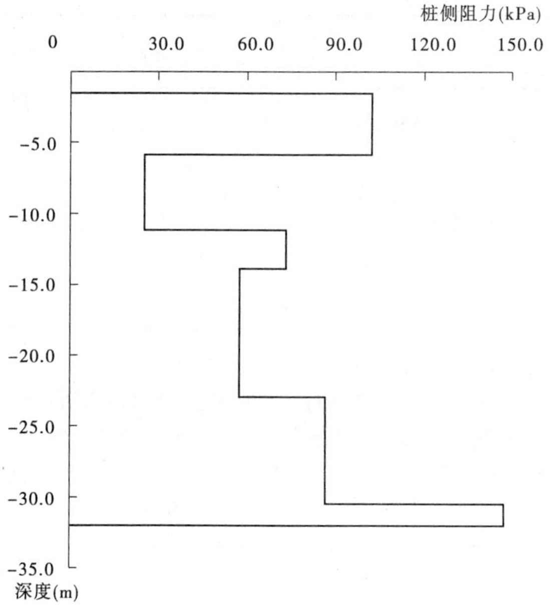

图 10-8　S6 号桩桩侧阻力分布图

表 10-9　S6 号桩各级荷载作用下轴力分布

地层编号	层①	层②	层③	层④	层⑤	层⑥	层⑦
深度(m)	-1.5	-5.8	-11.2	-13.9	-22.9	-30.4	-31.8
轴力(kN)	1 100.0	342.5	218.6	195.8	113.1	77.6	7.7
	1 650.0	597.6	372.5	276.9	214.8	128.8	31.2
	2 200.0	1 004.6	824.2	755.0	343.6	222.0	75.2
	2 650.0	1 558.5	1 414.2	1 255.5	497.5	347.5	148.4
	3 300.0	2 363.2	2 238.4	1 980.4	1 015.9	444.9	210.1
	3 850.0	3 175.1	3 025.6	2 696.9	1 483.3	590.1	314.1
	4 400.0	3 652.9	3 472.6	3 106.4	1 820.0	734.3	398.5
	4 950.0	4 121.2	3 888.9	3 532.0	2 212.6	1 013.3	594.0
	5 500.0	4 566.5	4 304.2	3 885.4	2 752.0	1 119.9	648.2
	6 050.0	5 019.0	4 711.7	4 273.0	3 019.8	1 429.9	867.3
	6 600.0	5 492.4	5 146.5	4 647.9	3 341.4	1 704.9	1 111.7

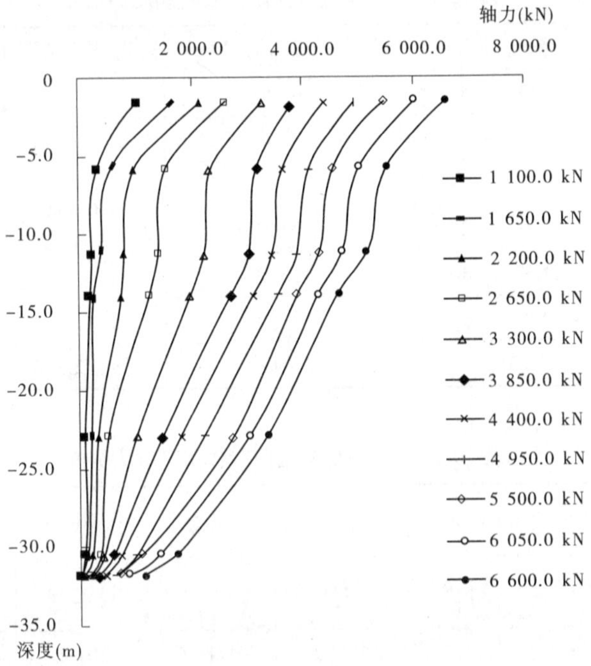

图 10-9　S6 号桩桩身轴力分布图

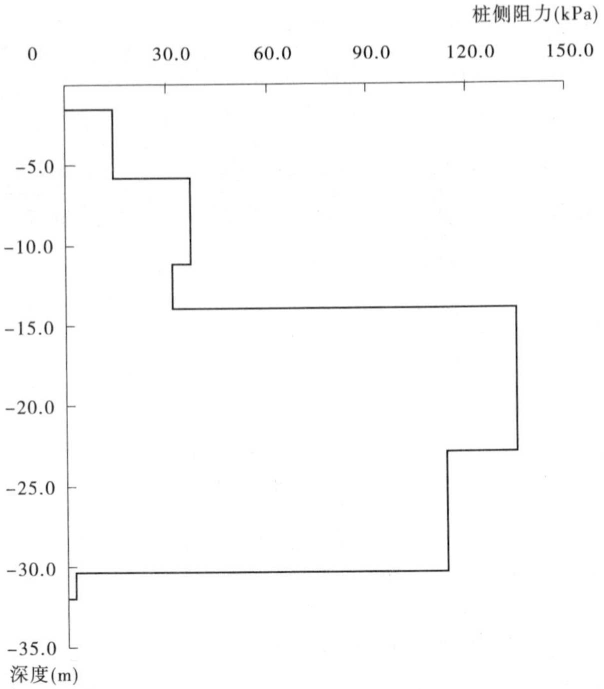

图 10-10　S9 号桩桩侧阻力分布图

表 10-10　S9 号桩桩侧阻力及桩端阻力成果

桩号	位置	深度(m)	单位极限阻力(kPa)	桩侧/桩端阻力(kN)	极限承载力(kN)
S9	桩侧	-1.5 ~ -5.8	14.5	6 091.4	6 600
		-5.8 ~ -11.2	37.6		
		-11.2 ~ -13.9	31.8		
		-13.9 ~ -22.9	134.9		
		-22.9 ~ -30.4	113.9		
		-30.4 ~ -31.8	2.5		
	桩端	-31.8	1 012	508.6	

表 10-11　S9 号桩各级荷载作用下轴力分布

地层编号	层①	层②	层③	层④	层⑤	层⑥	层⑦
深度(m)	-1.5	-5.8	-11.2	-13.9	-22.9	-30.4	-31.8
轴力(kN)	880.0	644.7	574.2	471.9	201.2	105.1	20.3
	1 320.0	1 180.2	1 042.9	844.3	298.1	110.1	26.4
	1 760.0	1 654.4	1 311.6	1 044.1	355.5	117.4	34.6
	2 200.0	2 090.5	1 746.1	1 510.4	508.1	146.0	52.4
	2 640.0	2 495.8	2 167.8	1 854.9	622.1	162.2	68.6
	3 080.0	2 893.0	2 396.6	2 146.6	730.6	174.0	85.8
	3 520.0	3 379.3	2 795.0	2 519.5	876.2	194.5	106.2
	3 960.0	3 769.6	3 599.2	3 369.0	1 238.7	249.4	160.7
	4 400.0	4 157.8	3 741.2	3 590.0	1 290.7	257.0	166.6
	4 840.0	4 816.3	4 383.6	4 139.0	1 583.7	303.9	210.3
	5 280.0	5 187.7	4 668.0	4 433.8	1 783.8	329.9	236.3
	5 720.0	5 644.3	5 205.5	4 971.1	2 075.8	377.9	288.5
	6 160.0	6 115.2	5 634.7	5 408.2	2 378.2	438.8	389.5
	6 600.0	6 443.1	5 932.7	5 717.0	2 664.8	518.7	508.6
	7 040.0	6 645.4	6 167.3	5 974.6	2 836.2	1 720.0	605.5

从钻孔灌注桩的桩身轴力分布图可以看出，随着荷载的增加，荷载传递自上而下直至桩端，即先发挥桩侧阻力，而后发挥桩端阻力。从轴力曲线的平缓特征可知，桩侧阻力的发挥主要是层⑤粉细砂层、层⑥粉质黏土层。在桩顶极限荷载下，虽然桩端阻力已经发挥作用，但是桩侧阻力的发挥是主要的。各土层实测应力综合推荐值如表 10-12 所示。

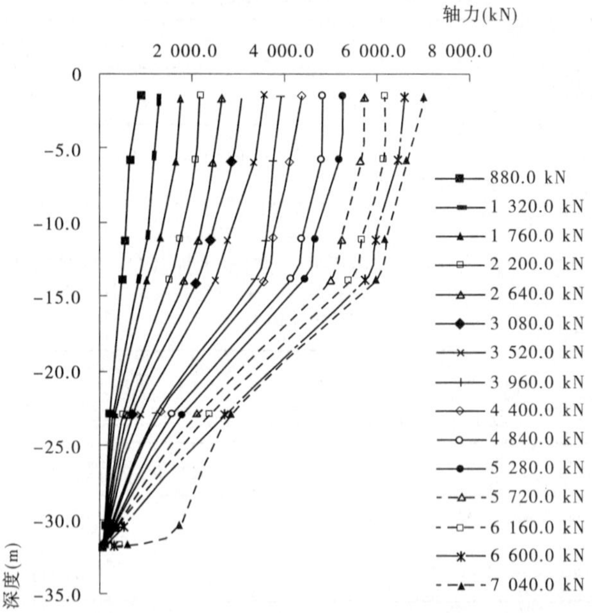

图 10-11　S9 号桩桩身轴力分布图

表 10-12　各土层实测应力综合推荐值

地层编号	极限桩侧阻力标准值 q_{sik}(kPa)	极限桩端阻力标准值 q_{pk}(kPa)
层②	20	—
层③	37	—
层④	51	—
层⑤	120	—
层⑥	100	—
层⑦+层⑧	75	1 400

注:1. q_{sik} 为极限桩侧阻力标准值,q_{pk} 为极限桩端阻力标准值。

2. 桩端持力层为层⑦、层⑧联合。

五、单桩水平静载荷试验

单桩竖向抗压静载荷试验结束后,对 2 根试桩进行了单桩水平静载荷试验。该试验仅按最大加载值控制,未达到桩身破坏,取最大加载值为单桩水平临界荷载。单桩水平临界荷载值见表 10-13。

分析水平静载荷试验结果,单桩水平承载力特征值为 140 kN。

地基土水平抗力系数的比例系数计算结果见表 10-14。

表 10-13　单桩水平静载荷试验成果

桩号	S5	S6
最大加载(kN)	140	140
终止试验条件	最大加载值	最大加载值
最大水平位移量(mm)	3.86	3.56
确定承载力原则	未达到极限状态,取最大加载量	未达到极限状态,取最大加载量
单桩水平临界荷载（kN)	140	140

表 10-14　地基土水平抗力系数的比例系数

桩号	地基土水平抗力系数的比例系数 m(MN/m^4)
S5	16.63
S6	19.03

地基土水平抗力系数的比例系数的平均值为 17.83 MN/m^4。

第六节　原体试验成果分析

一、单桩竖向承载力分析

(一)原体试验成果分析

从静载荷试验结果可以看出,三根试桩的 $Q \sim s$ 曲线形态比较接近,均呈陡降型,破坏特征点明显,试桩在最大试验荷载下已经达到极限状态。说明试验在加荷前期,桩侧阻力与桩端阻力均随着荷载的增加而增大,桩侧阻力首先发挥作用,当桩侧阻力发挥到极限时,桩端阻力持续增大,直至达到极限荷载时,桩与桩周土发生了明显的剪切位移,同时桩周土发生了剪切破坏,桩端沉降陡然增加,桩端阻力已充分发挥。

由表 10-12 可以看出,在该极限承载力所对应的荷载作用下,桩侧阻力约占总阻力的 22%,桩端阻力约占总阻力的 78%,为摩擦端承桩。

(二)实测值与计算值的比较分析

根据《建筑桩基技术规范》(JGJ 94—2008)估算单桩竖向极限抗压承载力标准值为 5 280 kN,由单桩竖向抗压静载荷试验实测单桩竖向极限承载力为 6 600 kN,实测值较估算值偏大。这是由于在规范中利用土的物理指标计算单桩极限承载力标准值时,仅通过了土状态的差异给出了极限桩侧阻力和极限桩端阻力的一个范围值。通过人为取值计算的结果值导致了计算单桩极限承载力标准值的偏低。另外,在灌注桩成桩过程中,在桩端与桩侧周围灌注的混凝土会与砂土结合形成扩大头,一定程度上增加了灌注桩单桩竖向极限承载力。

（三）桩基设计参数

根据对几种检测方法得出资料的分析，主要根据桩身应力实测成果，建议本工程桩基设计参数见表 10-15。

表 10-15　桩基设计参数

地层编号	极限桩侧阻力标准值 q_{sik}（kPa）	极限桩端阻力标准值 q_{pk}（kPa）
层②	20	—
层③	37	—
层④	51	—
层⑤	120	—
层⑥	100	—
层⑦＋层⑧	75	1 400

二、单桩水平静载荷试验分析

根据对水平静载荷试验成果分析，单桩水平承载力特征值为 140 kN，m 值为 17.83 MN/m^4。

第七节　结　语

（1）灌注桩成孔采用旋挖成孔工艺，根据本工程的地层情况，泥浆比重宜为 1.08～1.15；对于砂土地层，在成孔时宜采用低挡慢速钻进。孔底沉渣厚度按≤100 mm 控制。

（2）在进行大面积工程桩施工时，应做好防止塌孔、串孔的预防措施，并及时将废弃泥浆、渣土运出工程场地。

（3）灌注桩桩径 800 mm，有效桩长 32 m，层⑦细砂、层⑧粉质黏土作为联合桩端持力层。通过单桩竖向静载荷试验，确定试桩单桩承载力特征值为 3 300 kN。

第十一章　硬塑黏性土地层支盘灌注桩原体试验

第一节　工程概述

某电厂二期工程装机容量 2×660 MW。工程场地地层以黏性土为主,工程特性不能满足主要建(构)筑物对天然地基的要求,拟采用支盘灌注桩基础方案。

第二节　岩土工程条件

一、地形地貌

场地原地貌为岗地地貌,经过一期工程场地整平时的整平、堆填,现地形起伏不大。

二、岩土地层构成特征

场地地层主要可分为四个主层(编号层①~层④)和两个亚层,分述如下:

(1)层① 素填土。褐黄色、浅黄色,主要成分为粉质黏土,厚度与密实度变化大,均匀性较差,含少量姜石,偶见建筑垃圾。层厚 2.40~3.30 m,层底标高 155.23~156.23 m。

(2)层② 粉质黏土。褐黄色、黄褐色,含少量锰质结核与少量粒径 0.5~3.0 cm 的钙质结核。硬塑,具中(偏低)压缩性。层厚 6.10~6.80 m,层底埋深 9.20~9.70 m,层底标高 148.83~149.43 m。

(3)层②$_3$ 粉质黏土。黄褐色,含氧化锰和小钙质结核,硬塑,具中(偏低)压缩性。层厚 1.00~2.80 m,层底埋深 10.70~12.00 m,层底标高 146.63~147.83 m。

(4)层③黏土。黄褐色,含氧化锰和小钙质结核,坚硬为主,具中(偏低)压缩性。层厚 6.90~7.20 m,层底埋深 17.60~19.10 m,层底标高 139.51~140.93 m。

(5)层③$_1$ 黏土。黄褐色、浅黄色,含氧化锰和钙质结核。坚硬,具中(偏低)压缩性。层厚 2.90~4.20 m,层底埋深 21.80~22.80 m,层底标高 135.81~136.75 m。

(6)层④黏土混姜石、碎石。黄褐色、红褐色,混 10%~40% 钙质结核与碎石,局部中胶结,硬塑,具低压缩性。最大揭露厚度 10.50 m,层顶埋深 21.80~22.80 m,层顶标高 135.81~136.75 m。

岩土地层主要物理性质及工程特性指标见表 11-1,场地地质剖面图见图 11-1。

三、地下水条件

地下水位埋深 1.90~2.10 m,相应高程为 156.53~156.78 m,地下水对钢筋混凝土结构具微腐蚀性，对钢筋混凝土结构中的钢筋具微腐蚀性。

表 11-1　地基土主要物理性质和工程特性指标

土层编号及岩性	含水量 ω (%)	重度 γ (kN/m^3)	孔隙比 e	液性指数 I_L	压缩系数 a (MPa^{-1})	压缩模量 E_s (MPa)	黏聚力 c (kPa)	内摩擦角 φ(°)	标贯击数 N (击)	双桥静探 锥尖阻力 q_c (MPa)	双桥静探 侧摩阻力 f_s (kPa)
层①素填土	22.4	19.5	0.722	0.24	0.22	8.7	33	15.3	9	2.04	108.3
层②粉质黏土	22.2	20.0	0.671	0.05	0.11	16.0	52	17.0	28	5.24	232.9
层②$_3$ 粉质黏土	25.2	19.7	0.734	0.28	0.17	9.7	47	16.2	20	4.06	106.8
层③黏土	22.4	20.2	0.667	-0.06	0.08	21.7	91	18.3	40	5.75	346.0
层③$_1$ 黏土	21.3	20.1	0.654	-0.07	0.09	18.0	68	19.3	52	—	—
层④黏土	23.1	19.8	0.705	0.16	0.20	12.3	36	10.9	68	—	—

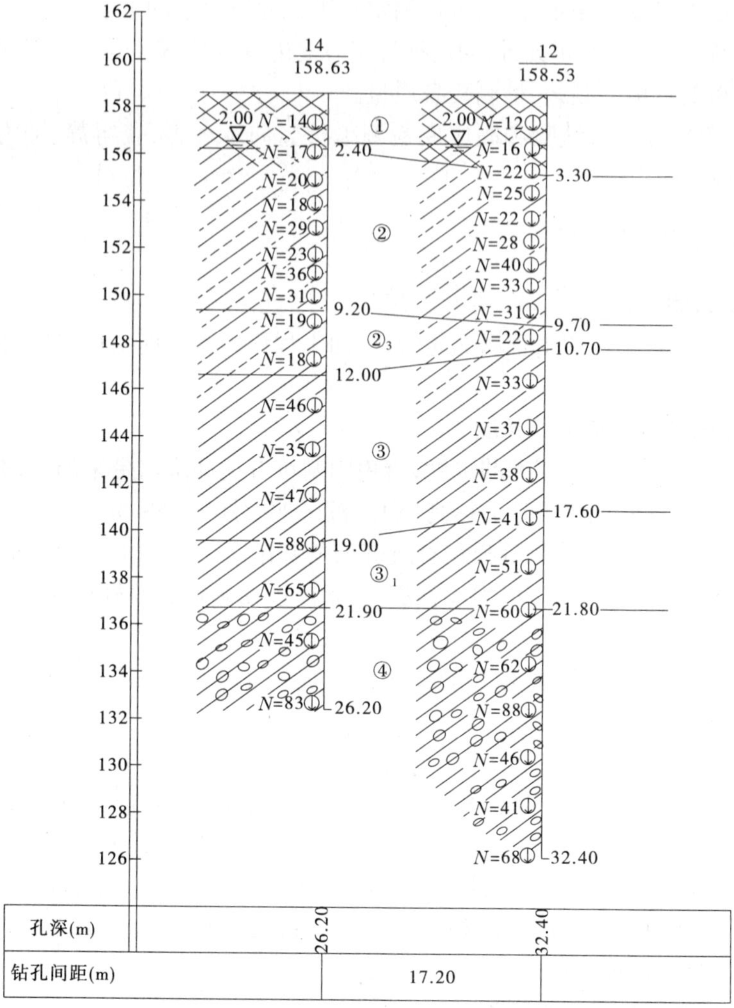

图 11-1　场地地质剖面图

四、地震动参数

工程场地 50 年超越概率 10% 危险水平的地震动加速度峰值为 96. 80 gal(0. 099g),地震基本烈度 7 度。场地土类型为中硬场地土,建筑场地类别为Ⅱ类。

第三节　原体试验设计

一、原体试验目的和要求

(1)确定单桩竖向承载力、水平承载力和各土层的桩侧阻力、桩端阻力,为桩基的优化设计及大面积施工提供依据。

(2)通过试验,确定施工工艺和施工参数,为工程桩施工工艺参数选择提供依据。

(3)在桩底埋设反力测量元件,直接测定各级试验压力下的桩端阻力。

(4)在桩身埋设应力测量元件,测定桩身应力变化,并求得桩身轴力和桩侧阻力分布。

(5)进行桩的低应变测试,检测桩身质量。

(6) 通过单桩静载荷试验和高应变检测单桩竖向承载力,获得静、动力试桩对比资料,为工程桩检测提供依据。

二、原体试验方案设计

(一)原体试验位置

原体试验的位置为二期工程场地北侧、一期工程锅炉和二期工程锅炉间的空地上,试桩平面布置见图 11-2。

(二)现场试桩桩长和主筋长度

为了加快本次原体试验工期的进度,避免因基坑开挖和降水带来的工期延长问题,特将试桩的顶标高提高到试桩区地面标高(现试桩区地面标高 158. 50 m)。因此,桩顶标高提高 6. 1 m,即本次原体试验的桩长在有效桩长的基础上增加 6. 1 m,相应的主筋长度也分别增加 6. 1 m,并在桩下 6. 1 m 埋设钢筋应力计,以便确定有效桩长的承载力时扣除上部的桩侧阻力。

为了和图纸等保持一致,所叙述的桩长和配筋等均为未加长到地面的长度。

(三)试桩设计参数

1. 试桩的直径和桩长

试桩共三根,每桩分两盘两支,桩径 $d=700$ mm,盘径 $D=1\ 400$ mm。支为十字形,支宽 300 mm,支径 $D=1\ 400$ mm。桩长 $L=17.30$ m(桩长根据设计要求及试桩区桩前勘测资料,以试桩区层④实际层顶埋深计算出),桩端进入层④1. 5 m。承台底埋深 -6. 90 m,相应绝对标高 152. 40 m(±0. 00 m 相应于绝对标高 159. 30 m),承力盘分别位于层③中和层④的顶部,具体位置详见图 11-3。

2. 试桩的配筋和混凝土强度等级

试桩的主筋为 14 根 16 mm HRB335 级钢筋,主筋通长配筋。螺旋箍筋为 8 mm HPB235 级

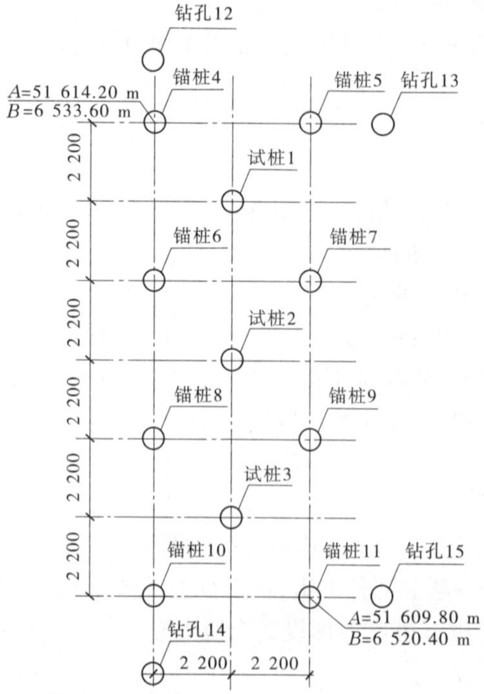

图 11-2　**试桩平面布置**　（单位:mm）

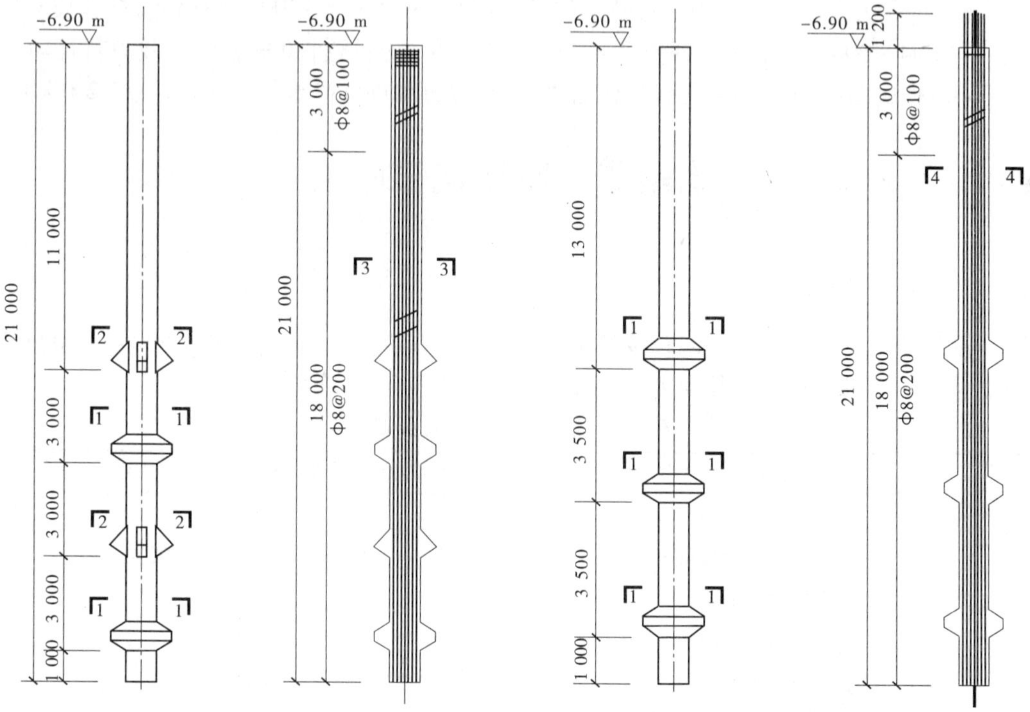

(a)试桩外形图　(b)试桩配筋图　(c)锚桩外形图　(d)锚桩配筋图

图 11-3　**试桩图**　（单位:mm）

钢筋，间距200 mm，桩顶部3.0 m范围加密为100 mm。桩身混凝土强度等级采用C40，钢筋保护层厚度不小于50 mm。在试桩桩头做间距50 mm的5层6.5 mm的HPB235级钢筋网片，见图11-3。

(四)锚桩设计参数

1.锚桩的直径和桩长

锚桩共8根，每桩分3盘，桩径 $d=700$ mm，盘径 $D=1\ 400$ mm，桩长 $L=17.30$ m，承力盘分别位于层③中和层④的顶部。

2.锚桩的配筋和混凝土强度等级

锚桩的主筋为18根25 mm的HRB335级钢筋，主筋通长配筋并伸出桩头1 200 mm。螺旋箍筋为8 mm HPB235级钢筋，间距200 mm，桩顶部3.0 m范围加密为100 mm。桩身混凝土强度等级采用C40，钢筋保护层厚度不小于50 mm。

三、应变计的埋设

每根试桩埋设钢筋应变计7组，其中天然地面下1.0 m处1组，承台底(-6.9 m)处1组，第一支上一组，第一盘上下各1组，第二盘上下各1组，其中第二盘下应力计埋设在距桩底0.7 m处。在每根试桩底各埋设2个压力盒。

四、单桩极限承载力估算

根据《火力发电厂支盘灌注桩暂行技术规定》(DLGJ 153—2000)和《建筑桩基技术规定》(JGJ 94—2008)估算单桩承载力特征值(有效桩长)：试桩单桩竖向承载力特征值 = 3 900 kN，试桩单桩水平承载力设计值为200 kN，锚桩单桩抗拔承载力设计值为2 200 kN。

第四节　原体试验施工

一、施工机械

投入的施工设备主要有回转钻机1台，SH665型旋挖钻机1台，YZJ-600-Ⅱ型全液压支盘桩成型机1台等。其中支盘桩成型机主要参数见表11-2。

表11-2　支盘桩成型机主要参数

参数	YZJ-600-Ⅱ型(用于 $d=600\sim800$ mm桩)
设备外径(mm)	560
分支盘最大尺寸(mm)	ϕ1 500 (设计取1 400)
分支宽度(mm)	300
油缸内径(mm)	340
油缸工作面积(mm^2)	90 792
液压系统额定工作压力(MPa)	25
公称输出工作压力(kN)	2 269
电机功率(kW)	18.5

二、施工工艺

(一)施工顺序

(1)按试桩平面布置图测放桩位,清理场地,接通电源和水源,施工机械就位。安装钻机位置偏差不大于 20 mm。

(2)成孔。采用回转钻进泥浆护壁成孔和旋挖钻成孔两种方式成孔,先进行锚桩成孔,掌握了地层和钻进情况后再进行试桩成孔。

(3)成孔后,分支、分盘,清孔。

(4)安装好钢筋笼,并埋设测试原件。

(5)混凝土灌注。按设计配合比要求搅拌好混凝土,运至试桩现场,进行灌注成桩。

(二)施工过程

1. 成孔

先采用回转钻进泥浆护壁成孔,但速度较慢,后改用旋挖钻成孔。钻进过程根据泥浆补给情况进行控制,在硬土层的钻进速度以钻机不发生跳动为准,并及时清理沉淀池,调整泥浆比重,使钻进顺利进行。每钻进 2 ~3 节钻杆就校正一次垂直度。

2. 第一次清孔

在钻进到设计深度时立即清孔,采用泥浆循环方法带出孔底沉渣。

清孔后孔底沉渣不大于 30 cm,并将孔口处杂物清理干净后进行下步工序。

3. 做盘

(1)利用 YZJ -600 - Ⅱ型全液压支盘桩成型机进行分支做盘。分支做盘采用自下而上的顺序实施,按设计要求标高,在支盘机连接杆上标注挤扩支盘深度标志。按照支盘成型刻度盘上的度数,每转动一次为 22.5°。挤扩成型以时间来控制,同时以压力值辅助控制。每次挤扩支盘时,弓压臂压出或回收过程认真读取表压值、设备起浮高度、液压油位差、起止时间等,并随时检测泥浆变化。成型支盘过程中机长详细记录支盘时间、支盘压力及一些特殊情况的发生经过和处理措施。

(2)每挤扩成型一个承力盘后均及时补充泥浆,保持水头高度。

(3)分支做盘成型机离孔后,及时清除了孔口的泥皮、泥块,防止回落,并立即补充泥浆,保持水头压力。

(4)挤扩支盘检验合格后,连续施工下道工序,桩孔成型完毕至开始灌注的时间间隔一般在 2 h 左右。

4. 钢筋笼制作安装

(1)钢筋笼制作严格按设计图纸和规范规定加工,主筋均经仔细检查,加强筋搭接焊,主筋单面搭接焊,搭接长度、钢材的选用应符合规范要求。

(2)钢筋笼制作完成后,在检测单位的配合下,安装测试元件。

(3)在钢筋笼的上、中、下部的每一横截面上,均对称设置 4 个钢筋“耳环”,以保证主筋保护层厚度。钢筋笼吊放时均对准孔位扶正、轻放、慢放,以保护好测试元件,钢筋笼下放位置均达到设计要求。

5. 第二次清孔

在第一次清孔达到要求后，由于分支做盘、安放钢筋笼及导管，孔底又产生了新渣，所以进行第二次清孔，清孔完成后，在符合设计及规范要求的情况下立即进行灌注水下混凝土，二次清孔后孔底沉渣厚度小于 10 cm。

6. 混凝土灌注及对导管的要求

(1)开始灌注前认真清孔，清孔后泥浆比重以不塌孔为原则降至最低，一般控制在 1.15 左右，孔底 500 mm 以内的泥浆比重小于 1.25；检查导管长度，底节导管长度为 4 m；导管密封，无漏气、窜浆现象，导管内光滑、清洁、畅通。

(2)灌注时有足够的混凝土储备，导管第一次埋入混凝土面以下 1.00 m 以上。水下混凝土灌注连续施工，开始灌注时导管距孔底的距离为 300 ~ 500 mm，导管埋深 6 ~ 11 m，拔管时导管提管较慢，对浇筑过程中的一切故障均进行记录。灌注前测定混凝土的坍落度，并根据规范要求做好和留足混凝土试块，注明日期、时间。

(3)灌注过程中，作好施工记录，并签字。小心轻振导管，以保护好测试元件，不使测试元件在灌注混凝土过程中损坏。

(4)浇筑到桩顶标高后，移开钻机，并养护。

(三)施工参数

1. 成孔时间

开始 M9、M11 两根锚桩用回转钻机钻进成孔，成孔进行实地测量沉渣厚度小，且不易塌孔，但成孔时间较长。后采用 SH665 型旋挖钻机成孔，成孔后用注入泥浆的办法来解决塌孔问题。具体各桩的成孔时间见表 11-3。

表 11-3　各桩成孔时间

桩位编号	M4	M5	M6	M7	M8	S1	S2	S3	M9	M10	M11
成孔时间(h)	3.0	3.0	3.0	4.0	4.5	3.0	3.5	3.6	19	3.0	12

注：M、S 分别表示支盘桩锚桩和试桩，以下各表同。

从现场施工情况及表 11-3 可知，回转钻机成孔时间较长，为 12 ~ 19 h，成孔质量好，不发生塌孔情况。旋挖钻机成孔较快，但易塌孔。若及时向旋挖钻机成孔的孔中注入泥浆，对防止塌孔会起一定作用。

2. 支盘首扩压力

本试桩工程分支、分盘采用 YZJ－600－Ⅱ型全液压支盘桩成型机进行挤扩成型。锚桩施工分支首扩压力具体记录见表 11-4，试桩施工分支首扩压力具体记录见表 11-5。

表 11-4　锚桩施工分支首扩压力具体记录

桩位编号		M4	M5	M6	M7	M8	M9	M10	M11
首扩压力(MPa)	下盘	7.2	8.4	9.3	9.1	9.3	10.3	9.1	8.0
	中盘	7.3	6.3	6.9	6.5	6.9	5.1	6.5	6.6
	上盘	9.1	4.8	6.5	6.3	5.6	4.4	6.4	6.3

表 11-5 试桩施工分支首扩压力具体记录

桩位编号		S3	S2	S1
首扩压力(MPa)	下盘	8.3	8.3	9
	下支	10	10	8
	上盘	7.1	7.6	6.3
	上支	9	9	6

由表 11-4、表 11-5 可知,分支施工时,各盘的首扩压力相对较为平稳,表明各土层物理性质及工程特性较为均匀,变化不大,与地质报告描述较为接近,据表 11-5 统计,试桩下盘平均压力为 8.5 MPa,试桩上盘平均压力为 7.0 MPa,符合上述规律。

3. 混凝土灌注

本工程采用商品混凝土,具体施工混凝土浇筑量及充盈系数详见表 11-6。

表 11-6 各桩混凝土浇筑量

桩位编号		M4	M5	M6	M7	M8	S3	S2	S1	M9	M10	M11
浇筑时间(min)		55	55	65	75	80	85	50	65	50	60	50
混凝土浇筑量(m^3)	设计	10.2	10.2	10.2	10.2	10.2	10.2	10.2	10.2	10.2	10.2	10.2
	实灌	12.5	13.5	13	12.5	13.9	12.5	12.5	12.5	12.5	12.5	13.3
充盈系数		1.2	1.3	1.27	1.2	1.36	1.2	1.2	1.2	1.2	1.2	1.24

由表 11-6 可知,各桩的平均浇筑时间约为 63 min,平均充盈系数约为 1.23。

(四)施工应注意的问题

(1)支盘灌注桩成孔采用泥浆护壁回转钻进成孔时泥浆护壁效果好,不易塌孔。当采用旋挖钻机成孔时,应及时注入泥浆,泥浆比重控制为 1.20~1.25。

(2)分支机械宜采用最大分支压力为 40 MPa 的液压支盘成型机。分支、分盘时泥浆比重宜为约 1.20。分支过程中要严格控制两支盘垂直,成盘时应严格控制旋转角度 22.5°,不得超转或少转,以免盘不能贯通或把盘做成支。

(3)浇筑混凝土前应严格控制孔底沉渣厚度,浇筑时孔底沉渣厚度应小于 100 mm。

(4)混凝土的坍落度宜为 180~200 mm。

第五节 原体试验检测

一、检测手段和方法

本次原体试验检测采用多种手段进行综合检测。对桩体质量采用低应变、高应变检测,对桩体承载力采用竖向静载荷试验和水平静载荷试验检测。成桩前在试桩区进行了 4 个孔的钻探,孔深 35 m。在成桩 28 d 后开始进行低、高应变和静载荷试验。

二、检测工作量

所有桩全部进行低应变测试，所有试桩全部进行高应变测试、竖向静载荷试验和水平静载荷试验。对于试桩，水平静载荷试验最后进行。

三、低应变动力检测

（一）检测过程

检测采用瞬态反射波法，试验时严格按照《建筑基桩检测技术规范》（JGJ 106—2003）的有关规定进行。

现场检测时，被测桩凿去浮浆，平整桩头。正式检测前先进行激振方式和接收条件的选择试验，确定最佳激振方法和接收条件。激振点选择在桩头的中心部位，传感器稳定地安置在桩头上，每根桩沿桩中心对称布置 2 个检测点。每一根被检测的单桩均进行四次以上的重复测试，出现异常波形在现场及时研究，排除影响测试的不良因素后重复测试，当重复测试的波形具有较好的一致性时，再进行下一根桩的测试工作。

（二）评价标准

根据野外采集的波列图中的入射波和反射波的波形、相位、频率及波的到达时间等特征，推定单桩的完整性。

（三）检测结果

该试桩区共检测桩 3 根，检测结果所有桩均为 Ⅰ 类（桩身完整）。

四、高应变动力检测

高应变动力检测严格按照《建筑基桩检测技术规范》（JGJ 106—2003）的有关规定进行。

（一）检测设备

检测仪器为 PAL 打桩分析仪，加速度传感器型号为 353M231，应变传感器型号为 PDA（环形应变传感器），采用 8 t 自由落锤，落距小于 1.5 m。

（二）检测过程

将 2 只加速度传感器和 2 只应变传感器分别对称安装在距桩顶 1.0 m 左右的桩侧表面，用重锤冲击桩顶，使桩 - 土产生足够的相对位移，以充分激发桩周阻力和桩端支承力，通过安装在桩顶以下桩周两侧的力和加速度传感器接收桩的应力波信号，应用应力波理论和数学解析方法对力（或速度）时程曲线进行拟合分析，从而判定桩的承载力和评价桩身结构完整性。

实测曲线拟合法的具体做法是：先假设桩 - 土模型及参数，以实测速度信号作为边界条件输入，利用特征线法求解波动，反算桩顶的力，如果计算的力曲线与实测的力波形（以及锤击数）不吻合，则继续调整桩 - 土模型及参数，再行拟合计算，直至计算的力曲线的吻合程度不能进一步改善，最终给出桩的极限承载力、桩身剖面、荷载—沉降曲线及土阻力沿桩的分布图。

（三）检测结果

本工程对 3 根试桩均进行了高应变检测，检测时每根桩进行 2～3 次锤击，落锤高度为 0.5～0.8 m。每根桩的实测曲线分析结果见表 11-7。

表 11-7　基桩高应变法分析结果

桩号	单桩极限承载力（kN）	极限桩侧阻力（kN）	极限桩端阻力（kN）	桩身完整性	说明
S1	8 686	7 020	1 666	完整	试验在自然地坪下 1.5 m（相应高程 157.00 m）处进行，试验结果扣除基底标高以上部分桩侧阻力值
S2	8 823	8 258	565	完整	
S3	8 897	7 537	1 360	完整	

根据《建筑基桩检测技术规范》（JGJ 106—2003）第 9.4.11 条规定，本场单桩极限承载力平均值为 8 802 kN，极差（211 kN）为平均值的 2.40%，不超过 30%。单桩竖向抗压承载力特征值 R_a 按单桩竖向抗压极限承载力统计值的一半取值，为 4 401 kN。

五、单桩竖向抗压静载荷试验

（一）试验装置

静载荷试验采用锚桩横梁反力装置，采用 3 台 500 t 千斤顶并联加载。采用 JCQ－503A静力载荷测试仪，自动完成整个测试过程。

（二）试验过程

试验根据《建筑基桩检测技术规范》（JGJ 106—2003）和《建筑桩基技术规范》（JGJ 94—2008）的要求进行。

1. 加载分级

加载分级进行采用逐级等量加载；分级荷载为预估极限承载力的 1/10，第一级取分级荷载的 2 倍。具体分级见表 11-8。

表 11-8　竖向静载荷试验加载分级

分级	1～2	3	4	5	6	7	8	9	10	11	12	13
荷载（kN）	1 800	2 700	3 600	4 500	5 400	6 300	7 200	8 100	9 000	9 900	10 800	11 700

2. 沉降观测

每级荷载施加后按第 5 min、15 min、30 min、45 min、60 min 测读桩顶沉降量，以后每隔 30min 测读一次。每次测读值由仪器自动记录。

3. 沉降相对稳定标准

每一小时内的桩顶沉降量不超过 0.1 mm，并连续出现两次（从分级荷载施加后第 30 min 开始，按 1.5 h 连续三次每 30 min 的沉降观测值计算），当桩顶沉降速率达到相对稳定标准时，再施加下一级荷载。

4. 卸荷及回弹观测

卸载应分级进行，每级卸载量取加载时分级荷载的 2 倍，逐级等量卸载。卸载时，每级荷载维持 1 h，按第 15 min、30 min、60 min 测读桩顶沉降量后，即可卸下一级荷载。卸载至 0 后，应测读桩顶残余沉降量，维持时间为 3 h，测读时间为第 15 min、30 min，以后每隔 30 min 测读一次。

（三）试验曲线

三根试桩 $Q \sim s$ 曲线见图 11-4 ~ 图 11-6。

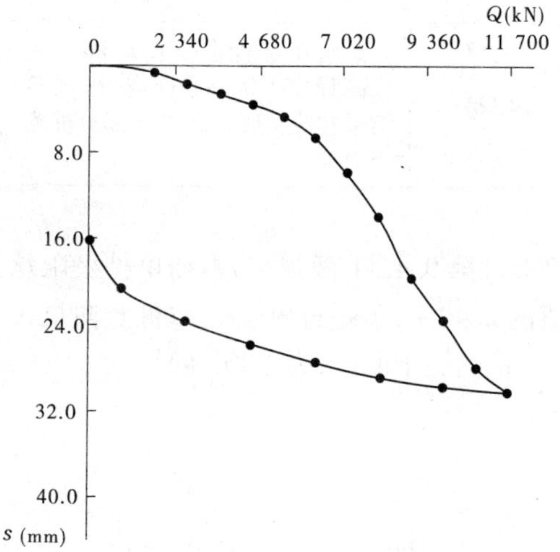

图 11-4　S1 试桩 $Q \sim s$ 曲线

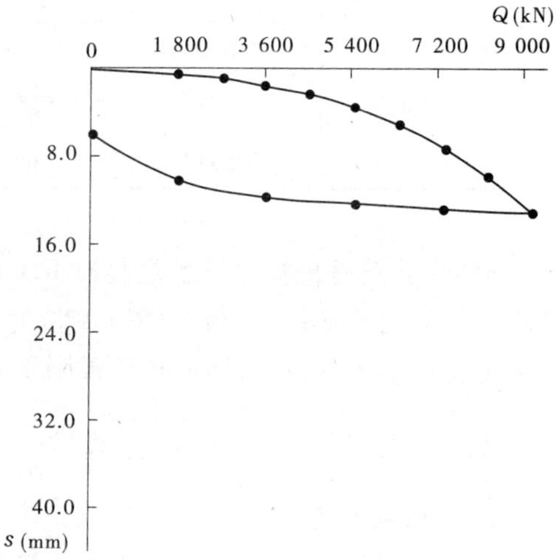

图 11-5　S2 试桩 $Q \sim s$ 曲线

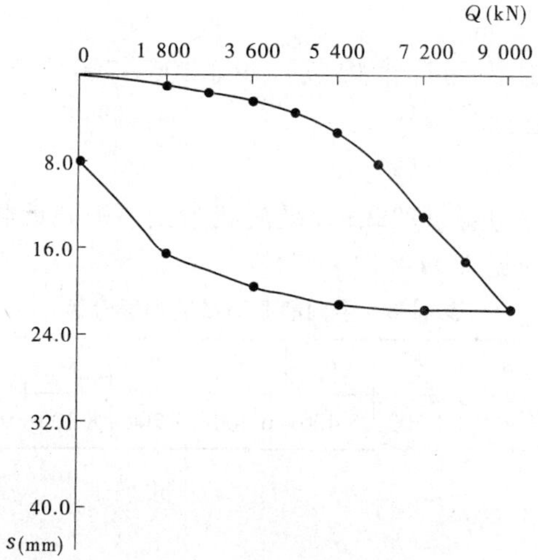

图 11-6　S3 试桩 $Q \sim s$ 曲线

（四）桩身和桩端的应力测试

桩身应力测试采用 JXG－1 型钢筋应力传感器，桩端反力采用 JXY－4 型压轴双膜土压力传感器（压力盒），其工作原理和结构特点为在微幅振荡条件下，钢弦的自振频率与钢弦应力之间存在的关系为

$$f = 1/2L \times (\sigma/\rho)^{1/2} \tag{11-1}$$

式中：f 为钢弦的自振频率；L 为钢弦的长度；σ 为钢弦所受的力；ρ 为钢弦的质量密度。

当应力计受力后,使钢弦应力发生变化,弦的自振频率相应地改变,利用激励装置使钢弦起振并接收其振荡频率,根据标定的压力—频率曲线即可得到作用在传感器上的压力值。

应力计的预埋为分别对称对焊在钢筋笼主筋上。在承力盘的上部和下部分别布置应力计,同时在地层的分界面附近布置钢筋应力计。3 根试桩在桩顶下 1.5 m、6.1 m、11.7 m、14.55 m、17.5 m、20.55 m、22.9 m 处布置 7 个测量断面,每个断面对称桩中心在桩身主筋上设置 2 个应力计,每个应力计测量导线沿桩身主筋引到地表,在桩的底部对称埋设两个压力盒。

根据相关规范,并结合现场采集的数据,钢筋对应的弹性模量 $E = 2.0 \times 10^5$ N/mm^2,根据公式 $\varepsilon = \sigma/E$,可得到测点处的应变值 ε,并由此得到测点处混凝土的应力值,根据测点处的桩截面面积求得测点处的轴向力,桩身两截面间的轴力差除以该段桩身侧面积即为该层土的侧摩阻力。支盘上下轴力差除以支盘投影面积即为支盘端承力,桩端轴力除以桩底面积即为桩底端承力。

(五)桩身轴力曲线

三根试桩各级荷载下桩身轴力分布曲线见图 11-7 ~ 图 11-9。

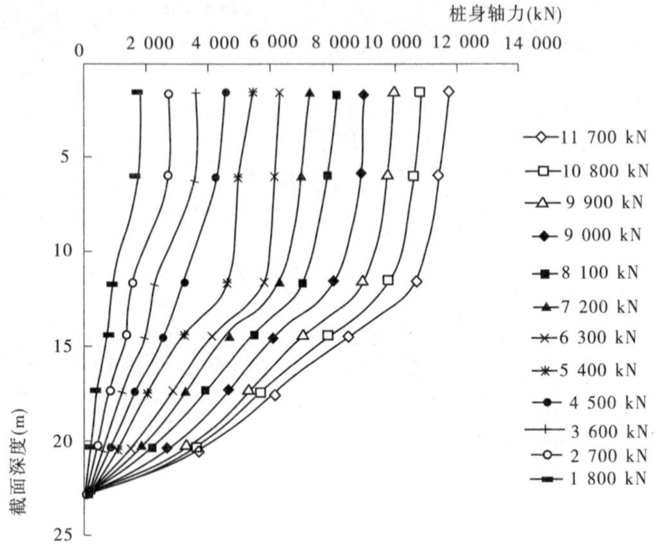

图 11-7　S1 试桩各级荷载下桩身轴力分布曲线

(六)试验结果分析

综合分析桩身应力测试成果及单桩竖向抗压静载荷试验成果,得出的单桩竖向承载力值见表 11-9。

根据《建筑基桩检测技术规范》(JGJ 106—2003)第 9.4.11 条规定,单桩极限承载力平均值为 9 556 kN,极差(2 720 kN)为平均值的 28.46%,不超过 30%。单桩竖向抗压承载力特征值 R_a 按单桩竖向抗压极限承载力统计值的一半取值,为 4 778 kN。

根据场地岩土工程特征、单桩竖向静载荷试验成果、高应变检测成果、桩身及桩端应力测试结果综合考虑,得出本场地桩周土层极限桩侧阻力、极限桩端阻力,结果见表 11-10。

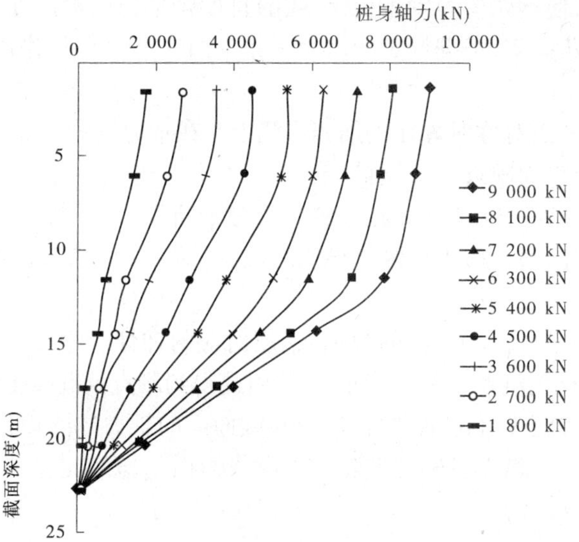

图 11-8　S2 试桩各级荷载下桩身轴力分布曲线

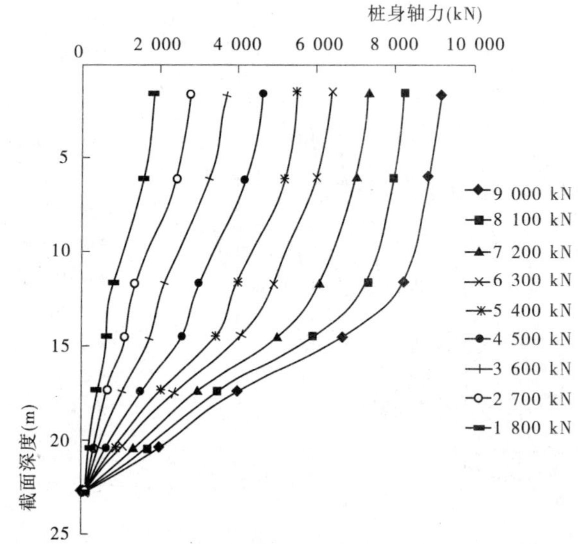

图 11-9　S3 试桩各级荷载下桩身轴力分布曲线

表 11-9　基底标高处单桩竖向承载力试验结果

试验桩号	基底标高处极限承载力(kN)	极限承载力统计值(kN)	承载力特征值(kN)	说明
S1	11 361	9 556	4 778	试验在自然地坪处进行，基底标高处极限承载力由第二层应力计测量得出
S2	8 641			
S3	8 667			

表 11-10　桩周土层极限桩侧阻力、极限桩端阻力

地层编号	层①	层②	层②$_3$	层③	层③$_1$	层④
极限桩侧阻力标准值 q_{sik}(kPa)	25	80	82	90	95	105
极限桩端阻力标准值 q_{pk}(kPa)	—	—	—	1 475	1 616	1 955

六、单桩水平静载荷试验

(一)试验装置

试验采用力球架－力传感器－千斤顶装置,由两个相邻的锚桩提供水平反力。荷载由装置中的荷重力传感器测量,水平位移由安装于桩身受力点对侧位置和水平力作用平面的 50 cm 处的数显百分表测量,采用 JCQ－503A 静力载荷测试仪完成测试过程。

(二)试验过程

(1)采用单向多循环加载试验法。试验过程严格按照《建筑基桩检测技术规范》(JGJ 106—2003)进行。

(2)加载分级见表 11-11。

表 11-11　水平静载荷试验加载分级

分级		1	2	3	4	5	6	7	8	9
荷载(kN)	S1	40	80	120	160	200	240	280	320	—
	S2	25	50	75	100	125	150	175	200	225
	S3	25	50	75	100	125	150	175	200	225

注:由于设计值为 200 kN,第一组试验(S1)最大加荷按 400 kN 考虑,单级荷载为 40 kN。S2、S3 根据第一组试验完成后的结果对其余试验加载分级进行了调整。

(3)每级加荷恒载时间 4 min 后测读水平位移,然后卸载至 0,停 2 min 测读残余水平位移,至此完成一个加卸载循环。如此循环 5 次,完成一级荷载的位移观测。

(三)终止加载条件

(1)桩身折断。

(2)水平位移达到 40 mm。

(3)试验荷载达到最大控制荷载 400 kN。

(四)试验曲线

三根试桩单桩水平静载荷试验曲线见图 11-10 ~ 图 11-12。

(五)试验结果分析

1. 单桩水平承载力

综合分析单桩水平静载荷试验成果,得出单桩水平承载力值见表 11-12。

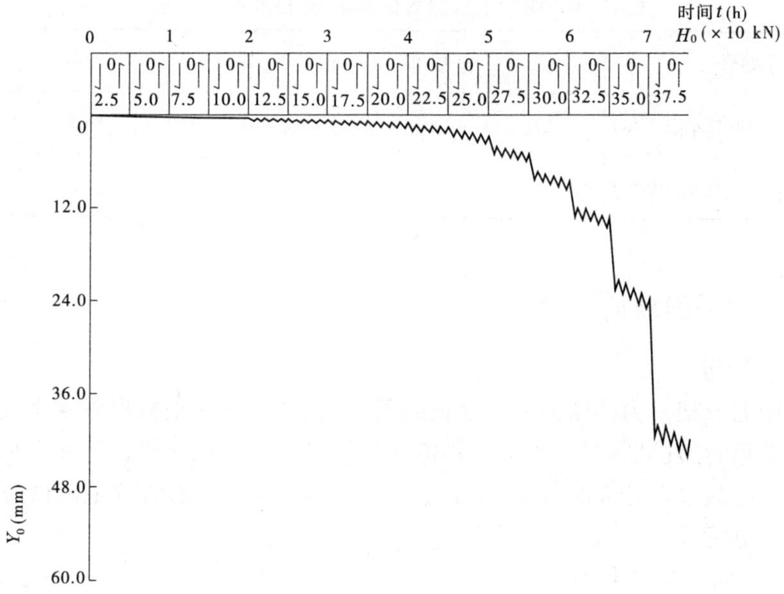

图 11-10 S1 试桩单桩水平静载荷试验曲线

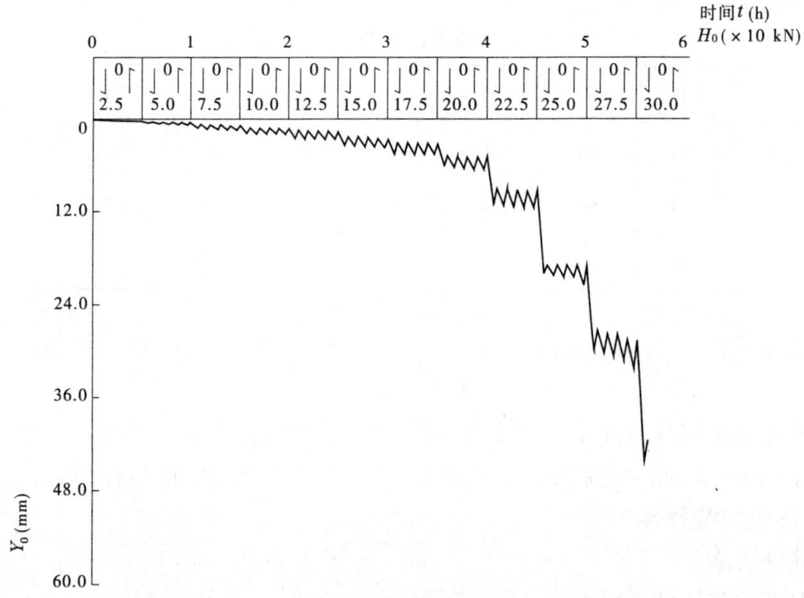

图 11-11 S2 试桩单桩水平静载荷试验曲线

本场地单桩水平极限承载力平均值为 241 kN,极差(125 kN)为平均值的 51.7%,超过 30.0%,故按《建筑基桩检测技术规范》(JGJ 106—2003)的规定,取低值为本场地单桩水平极限承载力统计值和临界荷载统计值。本场地单桩水平临界荷载为 150 kN,单桩水平极限承载力为 200 kN。

2. 地基土水平抗力系数的比例系数 m

地基土水平抗力系数的比例系数见表 11-13。

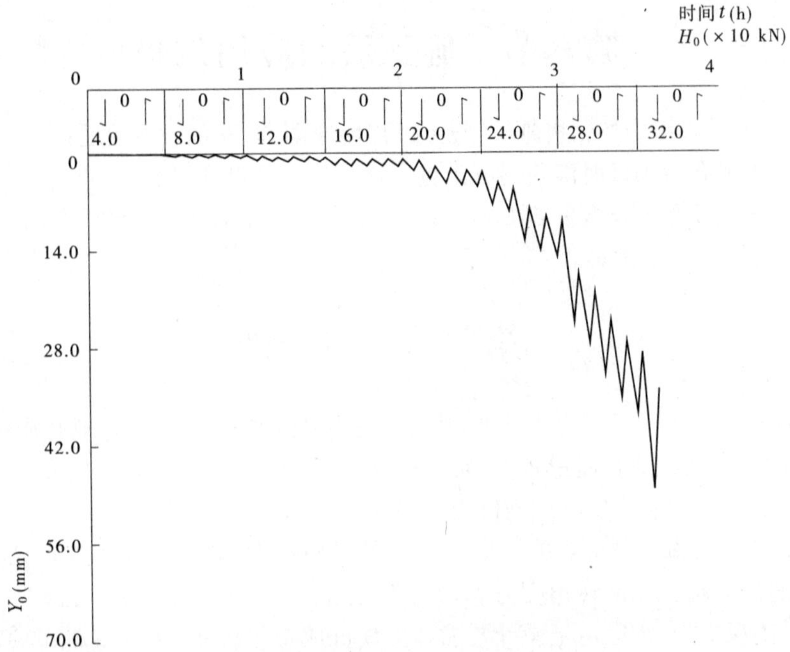

图 11-12　S3 试桩单桩水平静载荷试验曲线

表 11-12　单桩水平静载荷试验成果

试验桩号	极限承载力（kN）	临界荷载（kN）	极限承载力统计值（kN）	临界荷载（kN）	说明
S1	325	200	200	150	试验在自然地坪下 2.0 m（相应标高 156.50 m）处进行
S2	200	150			
S3	200	160			

表 11-13　地基土水平抗力系数的比例系数

试验桩号	临界荷载（kN）	临界荷载时位移（mm）	水平抗力系数的比例系数 m（MN/m^4）
S1	150	2.61	56.5
S2	150	2.30	69.8
S3	150	2.31	69.5

根据表 11-13 可知，地基土水平抗力系数的比例系数平均值为 65.2 MN/m^4。

第六节　施工后的应用效果

工程桩施工采用旋挖钻机施工,施工过程恰逢雨季,发现以下问题:

(1)对于成孔后未及时浇筑混凝土进行桩基施工的桩孔,塌孔严重。

(2)对于坚硬黏土及混姜石的黏土,采用最大分支压力为 25 MPa 的液压支盘成型机有时会出现分支、分盘困难。

第七节　结　语

(1)对于地下水位以下黏土地层,成孔时采用泥浆护壁回转钻进成孔质量较好,不易塌孔。采用旋挖钻机成孔质量较差,易塌孔;对于坚硬黏土及混姜石的黏土,采用最大分支压力为 25 MPa 的液压支盘成型机会出现分支、分盘困难。

(2)盘和支的施工质量对单桩承载力结果影响较大,分支过程中要严格控制两支垂直。成盘时应严格控制旋转角度为 22.5°,不得超转或少转,以免盘不能贯通或把盘做成支。同时,确保支径、盘径达至设计要求。支盘桩成桩过程中,灌注混凝土前应严格控制孔底沉渣厚度,浇筑时孔底沉渣厚度应小于 100 mm。

(3)通过单桩竖向载荷试验、桩身应力分析及高应变检测,支盘灌注桩单桩竖向承载力特征值为 4 778 kN。通过单桩水平载荷试验(试验标高 156.50 m),支盘灌注桩单桩水平临界荷载为 150 kN,单桩水平极限承载力为 200 kN。地基土水平抗力系数的比例系数平均值为 65.2 MN/m^4。

第十二章　水下黏性土地层支盘灌注桩原体试验

第一节　工程概述

该工程属于拆小建大项目,装机容量为 2×300 MW。

工程场地位于山前坡麓向平原过渡地带,工程场地地下水位埋藏较浅,地层以黏性土为主,工程特性不能满足主要建(构)筑物对天然地基的要求,拟采用支盘灌注桩基础方案。

第二节　岩土工程条件

一、地形地貌

场地地貌属于山前坡麓向平原过渡地带,地形较为平坦,地势开阔,北高南低,地面标高为 92.51 ~95.70 m。

二、岩土地层构成与特征

地基土主要为第四系冲洪积的黏性土,勘探深度内揭露的岩土地层依据其物理性质及工程特性的差异自上而下可以划分为 6 个主层(编号为层① ~ 层⑥)和 7 个亚层。分述如下:

(1)层①粉质黏土。黄褐色、褐黄色及棕黄色,偶见钙质条纹。可塑,具中压缩性。层厚 2.00 ~8.50 m,层底标高 86.15 ~92.38 m。

(2)层$①_1$粉质黏土。黄褐色、褐黄色及棕黄色,偶见钙质条纹。软塑,具高压缩性。层底埋深 3.30 ~6.00 m,层厚 0.60 ~4.00 m,层底标高 87.87 ~91.70 m。

(3)层②粉质黏土。棕黄色、棕红色及浅棕红色,含铁锰氧化物及少量钙结核。硬塑,具中压缩性。层底埋深 6.50 ~ 15.40 m,层厚 4.40 ~ 9.50 m,层底标高 78.41 ~ 88.00 m。

(4)层$②_1$粉质黏土。褐黄色,含铁锰氧化物。可塑,具中压缩性。层底埋深 6.80 ~ 9.60 m,层厚 0.70 ~3.10 m,层底标高 85.21 ~87.30 m。

(5)层③粉质黏土。棕黄、褐黄等色,含少量铁锰氧化物,偶有锰结核。硬塑,具中压缩性。层底埋深 17.40 ~21.50 m,层厚 2.50 ~7.50 m,层底标高 72.51 ~77.28 m。

(6)层$③_1$粉质黏土。褐黄色,含少量铁锰氧化铁。可塑,具中压缩性。层底埋深 18.00 ~28.00 m,层厚 3.00 ~9.50 m,层底标高 65.36 ~75.51 m。

(7)层④粉质黏土。褐黄、棕黄等色，含氧化铁和少量锰结核。硬塑，具中压缩性。层底埋深28.00～32.60 m，层厚2.00～8.00 m，层底标高61.01～65.50 m。

(8)层④$_1$卵砾石。褐黄色、棕黄色，砾卵石约占50%，形状以亚圆形为主，母岩成分为石英砂岩，稍密，充填物以黏性土为主，局部为粗砂。层底埋深28.50～32.00 m，层厚1.00～1.80 m，层底标高62.68～66.10 m。

(9)层④$_2$粉质黏土。褐黄色，含少量铁锰氧化铁。可塑，具中压缩性。层底埋深28.50～34.00 m，层厚1.00～4.00 m，层底标高58.81～66.15 m。

(10)层⑤粉质黏土。棕黄、褐黄及黄褐等色，含铁锰氧化物，局部混少量小姜石。硬塑，具中压缩性。最大揭露厚度9.15 m。

(11)层⑤$_1$卵砾石。褐黄色、棕黄色，砾卵石约占50%，形状以亚圆形为主，母岩成分为石英砂岩，中密，充填物以黏性土为主，局部为粗砂充填。最大揭露厚度5.20 m。

(12)层⑥粉质黏土。棕黄、褐黄及黄褐等色，含铁锰氧化物，局部混少量小姜石。坚硬，具中压缩性。最大揭露厚度5.70 m。

(13)层⑥$_1$粉细砂。褐黄色，主成分为石英和长石，具低压缩性。最大揭露厚度4.20 m。

各岩土地层主要物理性质及工程特性指标见表12-1。地质剖面图见图12-1。

表12-1　各岩土地层主要物理性质及工程特性指标

土层编号及岩性	含水量 ω (%)	湿重度 $\gamma_{湿}$ (kN/m^3)	孔隙比 e	液性指数 I_L	压缩模量 E_{s1-2} (MPa)	直剪 黏聚力 c (kPa)	直剪 内摩擦角 φ (°)	标贯原始击数 N (击)	静力触探锥尖阻力 q_c (MPa)	静力触探侧摩阻力 f_s (kPa)
层①粉质黏土	22.9	19.0	0.759	0.34	6.0	23	12.2	10	1.88	108.9
层①$_1$粉质黏土	26.9	19.0	0.817	0.44	4.8	15	5.0	4	1.37	71.3
层②粉质黏土	22.7	19.6	0.707	0.11	10.5	38	15.0	28	4.53	306.5
层②$_1$粉质黏土	24.8	19.3	0.765	0.55	8.2	22	6.0	13	1.52	99.5
层③粉质黏土	23.2	19.8	0.696	0.24	14.2	31	13.5	36	5.96	320.8
层③$_1$粉质黏土	25.1	19.3	0.764	0.58	10.0	12	12.6	14	3.22	125.7
层④粉质黏土	23.7	19.8	0.693	0.22	10.0	—	—	32	4.19	200.8
层④$_1$卵砾石	23.8	20.1	—	—	17.9	—	—	—	—	—
层④$_2$粉质黏土	25.1	19.3	0.774	0.50	6.9	—	—	18	—	—
层⑤粉质黏土	21.6	19.8	0.675	0.12	11.3	—	—	57	—	—
层⑤$_1$卵砾石	23.7	23.0	—	—	26.0	—	—	—	—	—
层⑥粉质黏土	22.9	19.8	0.692	0.08	16.9	—	—	—	—	—
层⑥$_1$粉细砂	22.5	21.1	0.650	—	24.5	—	—	100	—	—

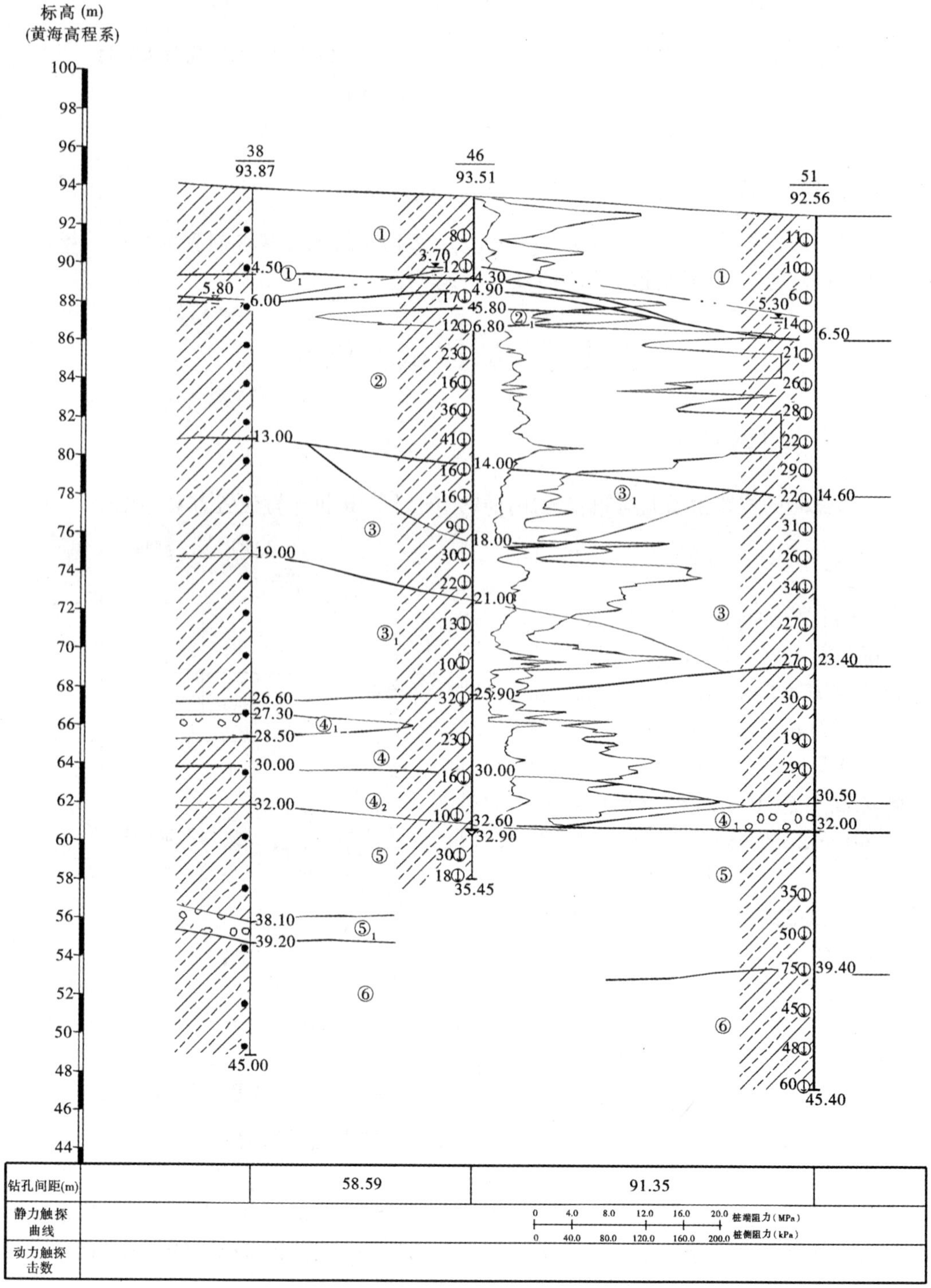
标高 (m)
(黄海高程系)
38
93.87
46
93.51
51
92.56
45.00
35.45
45.40
钻孔间距(m)
58.59
91.35
静力触探曲线
桩端阻力(MPa)
桩侧阻力(kPa)
动力触探击数

图 12-1 地质剖面图

三、地下水条件

地下水为孔隙裂隙潜水。地下水稳定水位埋深 3.40 ~ 7.10 m，高程 86.15 ~ 89.81 m。地下水位变化与大气降水密切相关，年变幅为 2 ~ 3 m。

地下水对混凝土结构和钢筋混凝土结构中的钢筋具微腐蚀性。

四、地震动参数

场地地震动峰值加速度为 246.9 gal(0.25g)，相应的地震基本烈度为 8 度。场地土类型为中硬场地土，建筑场地类别为Ⅱ类。

第三节　原体试验设计

一、原体试验位置

原体试验的位置为场地南侧、烟囱南面的空地上。试桩布置位置方案详见图 12-2。

二、试桩设计参数

(一)试桩的直径和桩长

试桩共 3 根，每桩设有两盘，桩径 d = 700 mm，盘径 D = 1 400 mm，盘高 800 mm。桩长 L = 31 m(桩长根据设计要求，以试桩区层⑤实际层顶埋深计算出)，桩端进入层⑤ 2.0 m。承台底标高 −5.90 m，相应绝对标高 89.60 m(±0.00 m 相应于绝对标高 95.50 m)，承力盘分别位于层②中部和层⑤的顶部。

(二)试桩的配筋和混凝土强度等级

试桩的主筋为 16 根 18 mm HRB335 级钢筋，主筋通长配筋。螺旋箍筋为 8 mm HPB235 级钢筋，间距 200 mm，桩顶部 10.0 m 范围加密为 100 mm。桩身混凝土强度等级采用 C40，钢筋保护层厚度不小于 50 mm。在试桩桩头做间距 50 mm 的五层 6.5 mm HPB235 级钢筋网片，并且桩头直径加大至 1.0 m，以利于静载荷试验。

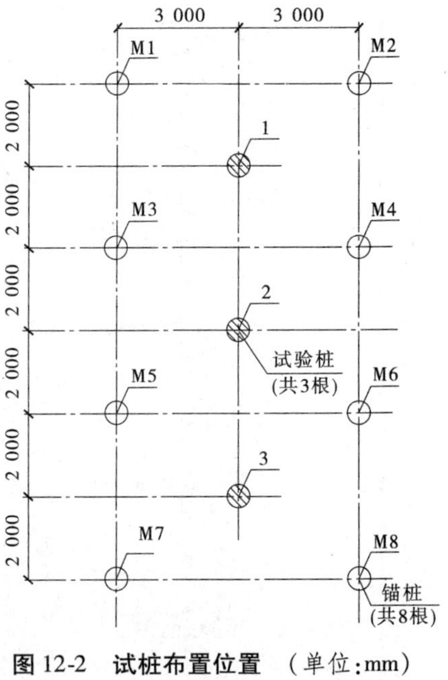

图 12-2　试桩布置位置　(单位:mm)

为了加强钢筋笼的刚度与整体性，使吊放和灌注混凝土时不致变形，提高钢筋笼骨架的焊接质量，在主筋内侧每隔 2 m 设置一道直径为 16 mm 的加强箍筋(HRB335 级)。

三、锚桩设计参数

锚桩共 8 根，每桩分 8 盘，桩径 d = 700 mm，盘径 D = 1 400 mm，桩长 L = 32 m。锚桩

的主筋为16根28 mm的HRB335级钢筋,主筋通长配筋并伸出桩头1 900 mm。螺旋箍筋为8 mm HPB235级钢筋,间距200 mm,桩顶部10.0 m范围加密为100 mm。桩身混凝土强度等级采用C40,钢筋保护层厚度不应小于50 mm。

四、应变计的埋设

每根试桩考虑埋设钢筋应变计8组,桩头下0.50 m处1组;每盘上下各1组;在土层界线处各埋设应力元件1组,通过测定桩身应力变化,计算相应土层的极限桩侧阻力;在每根试桩桩端各埋设2个压力盒。

五、单桩极限承载力估算

根据《火力发电厂支盘灌注桩暂行技术规定》(DLJG 153—2000)和《建筑桩基技术规定》(JGJ 94—2008)估算单桩承载力特征值(有效桩长):试桩单桩竖向承载力特征值为4 000 kN,试桩单桩水平承载力设计值为300 kN,锚桩单桩抗拔承载力设计值为2 600 kN。

第四节　原体试验施工

一、施工机械

本次试桩施工投入的设备主要有回转钻机2台、YZJ-600-Ⅱ型全液压支盘桩成型机1台等。其中,支盘桩成型机主要参数见表12-2。

二、施工工艺

(一)施工顺序

(1)按试桩平面布置图测放桩位,清理场地,接通电源和水源,施工机械就位。安装钻机,位置偏差不大于20 mm。

(2)采用回转钻进泥浆护壁成孔,先成锚桩,掌握了地层和钻进情况后再成试桩孔。

(3)成孔后,分支、分盘并清孔。

(4)安装好钢筋笼,并埋设测试原件。

(5)混凝土灌注:按设计配合比要求搅拌好混凝土,运至试桩现场,进行灌注成桩。

(二)施工过程

1.钻探

采用回转钻进泥浆护壁成孔。每钻进2~3节钻杆校正一次垂直度。

2.第一次清孔

在钻进到设计深度时立即清孔,采用泥浆循环方法带出孔底沉渣。

清孔后孔底沉渣不大于30 cm,并将孔口处杂物清理干净后进行下步工序。

表 12-2　支盘桩成型机主要参数

参数	YZJ-600-11 型(用于 $d=600\sim800$ mm 桩)
设备外径(mm)	560
分支盘最大尺寸(mm)	直径为 1 500（设计取 1 400）
分支宽度(mm)	300
油缸内径(mm)	340
油缸工作面积(mm^2)	90 792
液压系统额定工作压力(MPa)	25
公称输出工作压力(kN)	2 269
电机功率(kW)	18.5

3. 做盘

(1)利用 YZJ-600-11 型全液压支盘桩成型机进行分支做盘。分支做盘采取自下而上的顺序实施,按设计要求标高,在支盘机连接杆上标注挤扩支盘深度标志。按照支盘成型刻度盘上的度数,每转动一次为 22.5°。挤扩成型以时间来控制,同时以压力值辅助控制。每次挤扩支盘时,弓压臂压出或回收过程认真读取表压值、设备起浮高度、液压油位差、起止时间等,并随时检测泥浆变化。成型支盘过程中机长详细记录支盘时间、支盘压力及一些特殊情况的发生经过和处理措施。

(2)每挤扩成型一个承力盘后均及时补充泥浆,保持水头高度。

(3)分支做盘成型机离孔后,及时清除孔口的泥皮、泥块,防止回落,并立即补充泥浆,保持水头压力。

(4)挤扩支盘检验合格后,连续施工下道工序,桩孔成型完毕至开始灌注的时间间隔一般为 2 h 左右。

4. 钢筋笼制作安装

(1)桩基工程使用的钢筋具有出厂合格证和复试报告,焊工持证上岗。钢筋笼制作严格按设计图纸和规范规定加工,主筋均经仔细检查,加强筋搭接焊,主筋单面搭接焊,搭接长度、钢材的选用应符合规范要求。

(2)钢筋笼制作完成后,在检测单位的配合下,安装测试元件。

(3)在钢筋笼的上、中、下部的每一横截面上,均对称设置 4 个钢筋“耳环”,以保证主筋保护层厚度。钢筋笼吊放时均对准孔位扶正、轻放、慢放,以保护好测试元件,钢筋笼下放位置均达到设计要求。

5. 第二次清孔

在第一次清孔达到要求后,由于分支做盘、安放钢筋笼及导管,这段时间间隔较长,孔底又产生了新渣,所以需进行第二次清孔,清孔完成后,在符合设计及规范要求的情况下立即灌注水下混凝土,二次清孔后孔底沉渣厚度小于 10 cm。

6. 混凝土灌注及对导管的要求

(1)开始灌注前认真清孔,清孔后泥浆比重以不塌孔为原则降至最低,一般控制在 1.15 左右,孔底 500 mm 以内的泥浆比重小于 1.25;检查导管长度,底节导管长度为 4 m;

导管密封，无漏气、窜浆现象，导管内光滑、清洁、畅通。

（2）灌注时有足够的混凝土储备，导管第一次埋入混凝土面以下 1.00 m 以上。水下混凝土连续施工，开始灌注时导管距孔底的距离为 300 ~ 500 mm，导管埋深 2 ~ 6 m，拔管时导管提管较慢，对浇筑过程中的一切故障均进行记录。灌注前测定混凝土的坍落度，并根据规范要求做好和留足混凝土试块，注明日期、时间。

（3）灌注过程中，均作好施工记录，并签字，小心轻振导管，以保护好测试元件，不使测试元件在灌注混凝土过程中损坏。

（4）浇筑到桩顶标高后，移开钻机，并养护。

三、施工参数分析

（1）支盘灌注桩成孔采用泥浆护壁回转钻进时泥浆护壁效果好，不易塌孔。

（2）分支机械建议采用最大分支压力为 40 MPa 的液压支盘成型机。分支、分盘时泥浆比重宜为 1.20 左右。分支过程中要严格控制两支盘垂直，成盘时应严格控制旋转角度为 22.5°，不得超转或少转，以免盘不能贯通或把盘做成支。

（3）浇筑混凝土前应严格控制孔底沉渣厚度，浇筑时孔底沉渣厚度应小于 100 mm。

（4）混凝土的坍落度宜为 180 ~ 200 mm。

第五节　原体试验检测

一、检测手段

本次原体试验的检测主要手段和目的为：竖向静载荷试验以确定单桩竖向承载力特征值；水平静载荷试验以确定单桩水平极限承载力特征值；桩身应力、桩端反力测试，以分析桩侧阻力和桩端反力，低应变测定桩身完整性，高应变测定单桩承载力、桩侧阻力、桩端阻力及桩身完整程度和动力特性。

二、检测工作量

三根试桩全部进行竖向静载荷试验、水平静载荷试验、高应变测试、低应变测试和桩身的应力和桩端反力测试。对于试桩，应在竖向静载荷前先进行低应变测试，进行高应变测试后测试竖向静载，最后进行水平静载荷试验。所有锚桩进行低应变测试，其中的 4 根作高应变测试。试桩 S1 ~ S3 在作竖向静载的同时进行的具体工作量详见表 12-3。

表 12-3　检测工作量一览

桩号	桩长（m）	垂直静载	水平静载	桩身应力	桩端反力	高应变	低应变
S1	28	√	√	√	√	√	√
S2	28	√	√	√	√	√	√
S3	28	√	√	√	√	√	√
锚桩 8 根						其中 4 根	√

三、低应变动力检测

（一）检测过程

采用瞬态反射波法，试验时严格按照《建筑基桩检测技术规范》（JGJ 106—2003）的有关规定进行。检测仪器为 RS－1616K（S）基桩动测仪。

现场检测时，被测桩凿去浮浆，平整桩头。

正式检测前先进行激振方式和接收条件的选择试验，确定最佳激振方法和接收条件。

激振点选择在桩头的中心部位，传感器稳定地安置在桩头上，每根桩沿桩心对称布置 2 个检测点。

每一根被检测的单桩均进行四次以上重复测试，出现异常波形在现场及时研究，排除影响测试的不良因素后重复测试，当重复测试的波形具有较好的一致性时，再进行下一根桩的测试工作。

（二）评价标准

根据野外采集的波列图中的入射波和反射波的波形、相位、频率及波的到达时间等特征，判定单桩的完整性。

（三）检测结果

共检测桩 11 根，其中Ⅰ类桩 10 根，占抽检总数的 90.91%，Ⅱ类桩一根，占抽检总数的 9.09%，无Ⅲ、Ⅳ类桩。

四、高应变动力检测

高应变动力检测严格按照《建筑基桩检测技术规范》（JGJ 106—2003）的有关规定进行。

（一）检测设备

检测仪器为 FEI－C5Z 桩基动测分析仪，传感器型号为压电式加速度传感器和应变式力传感器，采样频率为 10 kHz。用 12 t 落锤，落距 1.5 m。

（二）检测过程

将 2 只加速度传感器和 2 只应变传感器分别对称安装在距桩顶 1.1 m 左右的桩侧表面，用重锤冲击桩顶，使桩－土产生足够的相对位移，以充分激发桩周土阻力和桩端支承力，通过安装在桩顶以下桩周两侧的力和加速度传感器接收桩的应力波信号，应用应力波理论和数学解析方法对力（或速度）时程曲线进行拟合分析，从而判定桩的承载力和评价桩身结构完整性。

实测曲线拟合法的具体做法是：先假设桩－土模型及参数，以实测速度信号作为边界条件输入，利用特征线法求解波动，反算桩顶的力，如果计算的力曲线与实测的力波形（以及锤击数）不吻合，则继续调整桩－土模型及参数，再行拟合计算，直至计算的力曲线的吻合程度不能进一步改善，最终给出桩的极限承载力、桩身剖面、荷载—沉降曲线及土阻力沿桩的分布图。

（三）检测结果

三根试桩单桩承载力极差不超过平均值的 30%，取其平均值为单桩承载力统计值，每根桩的结果见表 12-4。

表 12-4　基桩高应变法分析结果汇总

桩号	极限单桩承载力（kN）	极限桩侧阻力（kN）	极限桩端阻力（kN）	桩身完整性评价
S1	13 232.7	8 632.7	4 600	完整
S2	12 926.0	9 126.0	3 800	完整
S3	12 265.1	8 365.1	3 900	完整
平均值	12 807.9	8 707.9	4 100	

五、单桩竖向抗压静载荷试验

（一）试验装置

静载荷试验采用锚桩横梁反力装置，采用 3 台 500 t 千斤顶并联加载。采用 JCQ－503 静力载荷测试仪，自动完成整个测试过程。

（二）试验过程

试验根据《建筑桩基检测技术规范》（JGJ 106—2003）要求进行，采用慢速维持荷载法。

1. 加载分级

加载分级进行采用逐级等量加载，分级荷载为预估极限承载力的 1/10，单级荷载为 680 kN，第一级取分级荷载的 2 倍。具体静载荷试验加载分级见表 12-5 。

表 12-5　竖向静载荷试验加载分级

分级		1～2	3	4	5	6	7	8	9	10	11	12	13	14	15	16
荷载（kN）	S1	1 360	2 040	2 720	3 400	4 080	4 760	5 400	6 120	6 800	7 480	8 160	8 840	9 520	10 200	10 880
	S2	1 360	2 040	2 720	3 400	4 080	4 760	5 400	6 120	6 800	7 480	8 160	8 840	9 520	10 200	
	S3	1 360	2 040	2 720	3 400	4 080	4 760	5 400	6 120	6 800	7 480	8 160	8 840	9 520	10 200	

2. 沉降观测

每级荷载施加后按第 5 min、15 min、30 min、45 min、60 min 测读桩顶沉降量，以后每隔 30 min 测读一次。每次测读值由仪器自动记录。

3. 沉降相对稳定标准

每一小时内的桩顶沉降量不超过 0.1 mm，并连续出现两次（从分级荷载施加后第 30 min 开始，按 1.5 h 连续三次每 30 min 的沉降观测值计算），当桩顶沉降速率达到相对稳定标准时，再施加下一级荷载。

4. 卸荷及回弹观测

卸载分级进行，每级卸载量取加载时分级荷载的 2 倍，逐级等量卸载。卸载时，每级荷载维持 1 h，按第 15 min、30 min、60 min 测读桩顶沉降量后，即可卸下一级荷载。卸载至 0 后，测读桩顶残余沉降量，维持时间为 3 h，测读时间为第 15 min、30 min，以后每隔

30 min 测读一次。

(三)桩身和桩端的应力测试

本次桩身应力测试采用振弦式钢筋测力计和土压力计,试桩桩顶以下 0.5 m 处安装 1 组,支盘上下各 1 组,地层分界线处各 1 组,共布置 8 组,每组 2 个钢筋测力计在测试断面上对称布设。钢筋测力计焊接在钢筋笼的轴向主筋上,将接线固定并沿钢筋笼引出地面,试验前开始利用频率显示仪读记钢筋测力计初始频率值,每级荷载稳定后读记频率值。

每根试桩桩底均匀布设 2 ~ 3 个土压力计。将接线沿钢筋笼引出地面,试验前开始利用频率显示仪读记初始频率值,每级荷载稳定后记录压力计频率值。

(四)试验结果

综合分析桩身应力测试成果及单桩竖向抗压静荷试验成果,得出的单桩竖向承载力值见表 12-6。

表 12-6 基底标高处单桩竖向承载力试验结果

试验桩号	极限承载力(kN)	单桩极限承载力统计值(kN)	单桩承载力特征值(kN)	最大沉降量(mm)
S1	10 200	9 746.7	4 873.4	104.50
S2	9 520			85.87
S3	9 520			60.81

根据《建筑基桩检测技术规范》(JGJ 106—2003)第 9.4.11 条规定:参加统计的试桩结果,当满足其极差不超过平均值的 30% 时,取其平均值为单桩承载力统计值。本场地基底标高处极限承载力平均值为 9 746.7 kN,极差不超过平均值的 30%。单桩竖向抗压承载力特征值 R_a 按单桩竖向抗压极限承载力统计值的一半取值为 4 873.4 kN。

根据场地岩土特性、单桩竖向静载荷试验成果、高应变检测成果、桩身及桩端应力测试结果,综合考虑,得出本场地桩周土层极限桩侧阻力、极限桩端阻力,结果见表 12-7。

表 12-7 桩周土层极限桩侧阻力、极限桩端阻力

地层	层①	层②	层③$_1$	层④	层⑤
极限桩侧阻力标准值 q_{sik}(kPa)	73	93	76	104	116
极限桩端阻力标准值 q_{pk}(kPa)	—	—	973		1 960

三根试桩检测成果曲线见图 12-3。

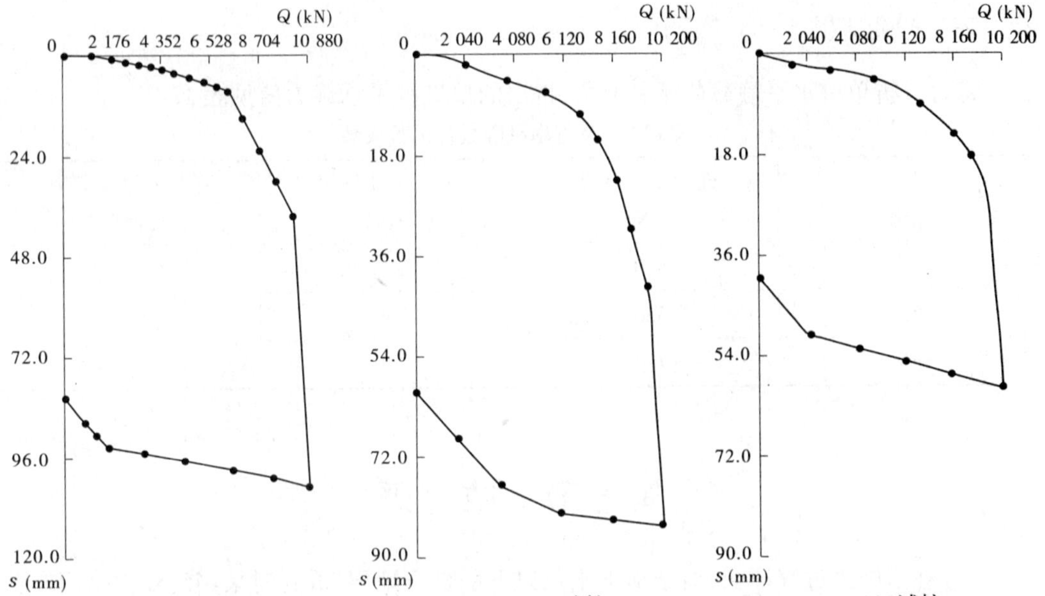

(a)S1试桩　　(b)S2试桩　　(c)S3试桩

图 12-3　S1、S2、S3 试桩 $Q \sim s$ 曲线

第六节　单桩水平静载荷试验

一、试验装置

试验采用力球架－力传感器－千斤顶装置，两个相邻的锚桩提供水平反力。荷载由装置中的荷重力传感器测量，水平位移由安装于桩身受力点对侧位置和水平力作用平面的 50 cm 处的数显百分表测量，采用 JCQ－503A 静力载荷测试仪完成测试过程。

二、试验过程

(1)采用单向多循环加载试验法。试验过程严格按照《建筑基桩检测技术规范》(JGJ 106—2003)进行。

(2)加载分级见表 12-8。

表 12-8　水平静载荷试验加载分级

分级		1	2	3	4	5	6	7	8	9	10	11	12	13
荷载(kN)	S1	40	80	120	160	200	240	280	320	360	400	440	480	
	S2	40	80	120	160	200	240	280	320	360	400	440	480	520
	S3	40	80	120	160	200	240	280	320	360	400	440	480	

三、试验结果

综合分析单桩水平静载荷试验成果，得出的单桩水平承载力值见表 12-9。

表 12-9 单桩水平静载荷试验成果

试验桩号	最大加载荷载（kN）	水平临界荷载（kN）	单桩水平承载力特征值(kN)
S1	500	280	253. 3
S2	520	240	
S3	480	240	

第七节 结 语

(1)桩基施工过程证明，对于地下水位以下的黏土地层，成孔时采用泥浆护壁回转钻进成孔质量较好，不易塌孔。当回转钻进成孔时，泥浆比重建议值为 1. 10 ~ 1. 25。混凝土坍落度建议值为 180 ~ 200 mm。

(2)盘和支的施工质量对单桩承载力结果影响较大，分支过程中要严格控制两支垂直；成盘时应严格控制旋转角度为 22. 5°，不得超转或少转，以免盘不能贯通或把盘做成支。同时，确保支径、盘径达至设计要求的 1 400 mm。

(3)支盘桩成桩过程中，灌注混凝土前应严格控制孔底沉渣厚度，浇筑时孔底沉渣厚度应小于 100 mm。

第十三章　湿陷性黄土地基夯实水泥土桩复合地基原体试验

第一节　工程概述

某电厂一期工程拟装机容量 2×600 MW，拟建工程场地位于豫西丘陵边缘的黄土塬前冲积平原。

工程场地为非自重湿陷性黄土场地，天然地基不能满足建筑物的要求，拟在冷却塔及部分辅助和附属建筑地段采用夯实水泥土桩进行复合地基。

第二节　岩土工程条件

一、地形地貌

工程场地地貌属于豫西丘陵边缘的黄土塬前冲积平原，地形平坦，地势开阔。

二、岩土地层构成与特征

地基土由黄土状土、黄土、粉土和粉质黏土构成。试验区勘探深度内揭露的岩土地层依物理性质及工程特性可分为 7 个主层（编号为层①～层⑦）和 1 个亚层（编号为层$②_1$）。分述如下：

（1）层①黄土状粉土。灰黄色、褐黄色，含锰质及小钙质结核，上部为耕植土。中密，稍湿，中压缩性。层底埋深 0.70～2.70 m，层底标高 127.20～128.95 m。

（2）层②黄土状粉质黏土。黄褐色，局部灰黄色，含少量钙质结核。可塑—硬塑，中压缩性。层底埋深 3.50～6.00 m，厚度 0.50～4.00 m，层底标高 123.64～126.42 m。

（3）层$②_1$黄土状粉质黏土。灰褐色，含少量钙质结核。硬塑—坚硬，中压缩性。层底埋深 2.00～5.00 m，厚度 1.30～3.40 m，层底标高 125.25～126.65 m。

（4）层③黄土状粉土。灰黄色、黄褐色，含少量钙、锰质结核。密实，稍湿，低压缩性。层底埋深 5.40～8.00 m，厚度 1.50～3.00 m，层底标高 122.14～123.78 m。

（5）层④黄土状粉土。灰黄色、褐黄色，含少量钙、锰质结核，见蜗牛壳等。该层内夹多层可塑状态黄土状粉质黏土薄层。中密—密实，稍湿，中压缩性。层底埋深 9.00～11.50 m，厚度 2.50～4.40 m，层底标高 118.39～120.60 m。

（6）层⑤黄土（粉土）。褐黄色，含钙质结核、少量氧化铁及锰质结核，局部钙质结核富集，含量可达 20%～30%。中密，稍湿，低压缩性。层底埋深 13.10～17.50 m，厚度 4.60～7.40 m，层底标高 112.36～115.32 m。

(7)层⑥黄土(粉土)。灰黄色、褐黄色,含钙质结核,部分地段富集,见云母及白色网纹。部分地段夹薄层细砂。中密,湿,中压缩性。层底埋深 17.80 ~ 21.50 m,厚度 2.80 ~ 5.90 m,层底标高 108.43 ~ 110.55 m。

(8)层⑦粉土。褐黄色、灰黄色,含少量钙质结核,见云母及白色钙质网纹。密实,湿,中压缩性。最大揭露厚度 7.30 m。

各主要地层分布情况见图 13-1。

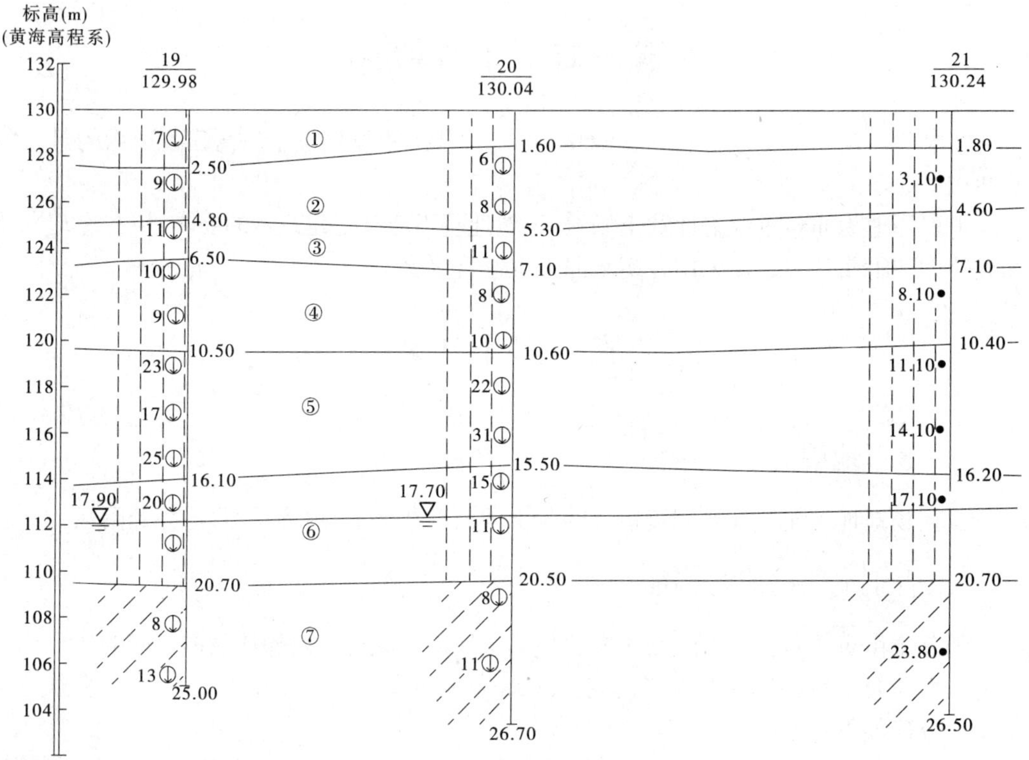

图 13-1 工程地质剖面图

各主要岩土地层物理性质及工程特性指标见表 13-1。

三、地下水条件

地下水类型为潜水,水位埋深为 15.60 ~ 21.10 m,相应标高为 109.86 ~ 115.93 m。

四、地震动参数

工程场地 50 年超越概率 10% 危险水平的地面动峰值加速度为 0.10g,相应的地震基本烈度为 7 度。场地土类型为中硬场地土,建筑场地类别为Ⅱ类。

五、黄土的湿陷性

(1)湿陷程度:在 100 kPa、200 kPa 压力下湿陷程度为轻微—中等,在 300 kPa、400 kPa、500 kPa 压力下湿陷程度为轻微—强烈。

表 13-1　各主要岩土地层物理性质及工程特性指标

地层编号及岩性	含水量 ω (%)	湿重度 $\gamma_{湿}$ (kN/m^3)	孔隙比 e	饱和度 S_r (%)	塑限 ω_P (%)	塑性指数 I_P	液性指数 I_L	黏粒含量 ρ_c (%)	压缩模量 E_{s1-2} (MPa)	标贯击数 N (击)	双桥静探试验 锥尖阻力 q_c (MPa)	双桥静探试验 侧摩阻力 f_s (kPa)
层①黄土状粉土	13.8	17.2	0.802	50.7	19.4	10.1		18.7	10.0	7	2.8	60.5
层②黄土状粉质黏土	22.9	18.4	0.815	77.2	20.3	13.9	0.25		6.0	7	1.8	79.7
层②$_1$ 黄土状粉质黏土	18.4	18.0	0.779	63.9	19.0	12.0	-0.10		11.0	13	5.1	124.4
层③黄土状粉土	17.0	18.7	0.683	67.5	18.0	9.1		13.2	13.0	12	4.9	140.0
层④黄土状粉土	18.4	18.4	0.738	67.9	17.4	10.0		13.5	7.0	10	2.5	100.6
层⑤黄土(粉土)	11.9	17.1	0.757	43.1	19.5	8.3		8.5	18.0	22	8.9	216.9
层⑥黄土(粉土)	23.5	18.7	0.774	82.9	19.4	8.2		8.8	10.0	14	5.8	150.4
层⑦粉土	25.8	19.9	0.698	97.7	18.3	8.5		11.4	10.0	12	2.6	106.4

(2)计算自重湿陷量小于 70 mm,场地为非自重湿陷性黄土场地。

(3)在平面上整个场地均有湿陷性土层分布;在竖向上湿陷性土层的分布不连续,湿陷性土层主要分布在层④及以上,层⑤中零星分布,湿陷性土层最大深度在 200 kPa、300 kPa、400 kPa、500 kPa 压力等级下分别为 11.10 m、11.10 m、11.30 m、11.60 m。

(4)在各级压力下计算总湿陷量均小于 300 mm,场地湿陷等级为Ⅰ级(轻微)。

(5)层①、层②湿陷起始压力小于 100 kPa,其余各层湿陷起始压力均大于 100 kPa。

第三节　原体试验设计

地基处理的目的是消除黄土地基的湿陷性,提高地基承载力,提高地基刚度,减小地基变形量。

试验按桩间距的不同分两个方案,分别为桩间距 1.25 m 方案(以下称方案一)和桩间距 1.40 m 方案(以下称方案二),以是否完全消除湿陷作为方案最终取舍的首要条件。两方案同时进行施工,然后进行湿陷性检测,若方案二能完全消除湿陷,则优先采用方案二。

一、试验位置

试验位置布置在两座冷却塔中心连线的中点处,两方案试验区之间的净间距大于 10 m。

二、桩位布置

方案一平面尺寸为 8.63 m×5.91 m,桩间距为 1.25 m;方案二平面尺寸为 9.60 m×6.56 m,桩间距为 1.40 m。两方案均由 6 排共 33 根平面上呈正三角形布置的夯实水泥土桩组成(见图 13-2)。

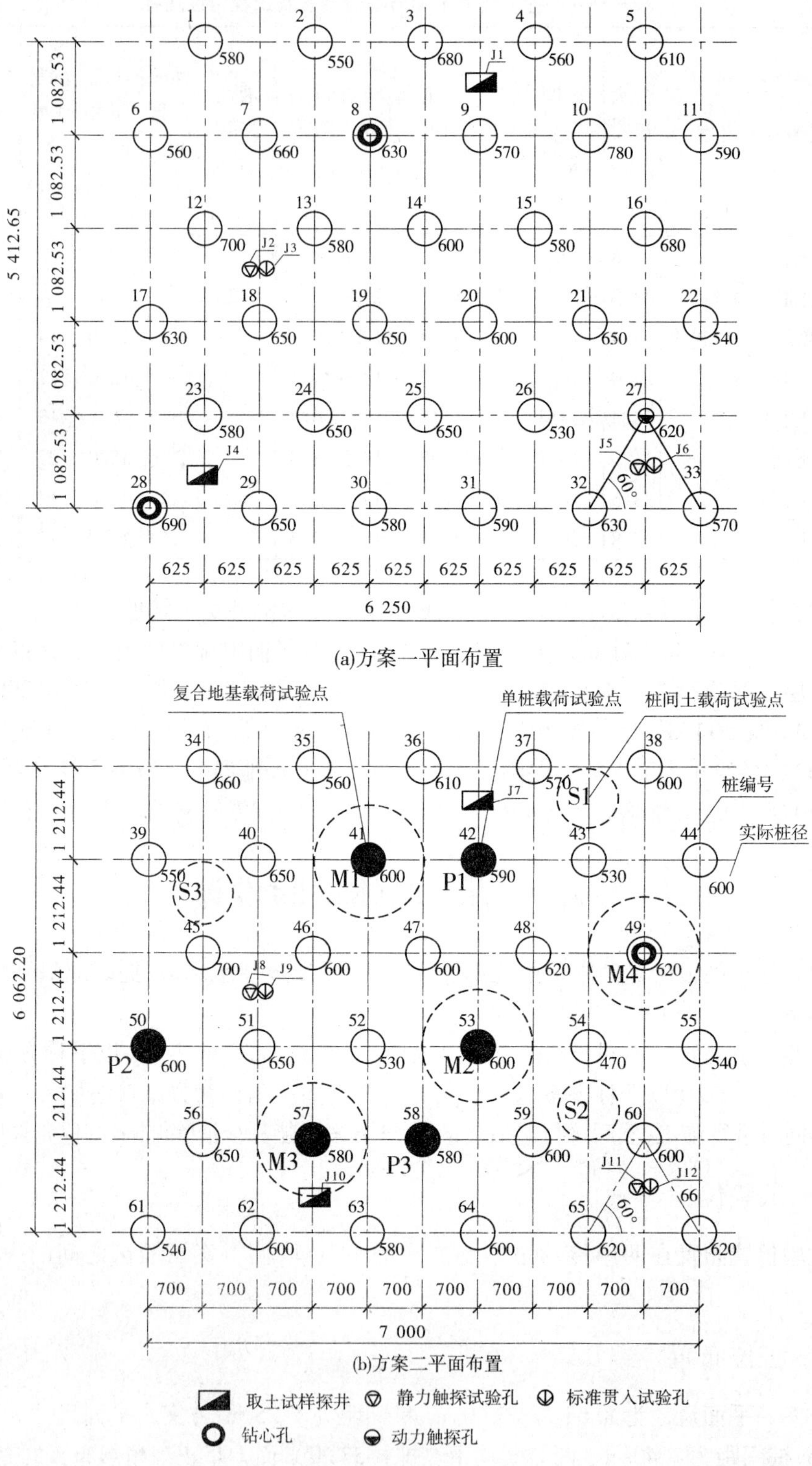

图 13-2　原体试验平面布置　（单位:mm）

三、桩径和桩长

两方案夯实水泥土桩直径均为 500 mm，有效桩长均为 10.00 m（进入层⑤大于 1.0 m），垫层厚度 300 mm，桩顶设计标高为 -4.40 m，桩底标高为 -14.40 m。夯实水泥土桩桩顶夯填高度大于设计桩顶标高不小于 0.60 m。

四、桩体强度及配合比

桩体混合料采用水泥和素土的拌和物。桩体混合料最优含水量、最大干密度、水泥重量与素土干重量的比例等根据水泥品种及素土性质通过试验进行确定，其中水泥重量与素土干重量的比例采用 1∶5。

五、施工工艺

夯实水泥土桩采用冲击成孔，不进行预钻孔。填料前，孔底夯实；填料时，桩体混合料分层回填夯实，压实系数不小于 0.97。

夯实水泥土桩施工完毕后，相邻 3 根基桩之间土的平均挤密系数不小于 0.93，最小挤密系数不小于 0.88。

六、基坑开挖

冷却塔区的 ±0.00 m 相应于绝对标高 131.80 m，目前地面标高为 130.15 m 左右，桩顶设计标高为 127.40 m，预留 0.60 m 的桩顶夯填高度，则基坑开挖深度约为 2.15 m。采用直立开挖。

第四节　原体试验施工

一、施工主要工艺流程

施工主要工艺流程为：基坑开挖→桩机定位→成孔→填料→夯实→再填料→再夯实，最后填土封口压实，一根桩即完成。

二、主要控制指标

（1）成孔。采用柴油爆发锤锤击成孔（锤重 3.2 t），采用隔排跳打方式，成孔直径 400 mm。

（2）夯填。填料前，用卷扬吊锤夯实机（锤重 1 t）以落距 7 ~ 8 m 夯底 1 次，再用水泥土料分层夯填，落距 3.0 m 左右，每层填料厚约 700 mm，每层夯实 8 锤，填至基坑底面。

（3）混合料。水泥采用 32.5 级普通硅酸盐水泥，土料采用原基坑开挖时层①粉土（去除 0.7 m 厚耕植土），土料用碎土机粉碎，混合料干重量比采用 1∶5拌和均匀，混合料的最优含水量 15.6%，最大干密度 1.76 g/cm^3，混合料的含水量控制在最优含水量 ±2% 以内，现场的控制标准是“手握成团，落地开花”。

三、施工过程中存在的问题

施工过程中发现在基底下 1.5 m(层②)及 6.7 m(层④)左右部分孔有轻微缩颈现象,造成夯实机吊锤上下困难,最后采用直径 400 mm 洛阳铲钻头对有缩颈现象的桩孔进行清孔,得以顺利夯填。造成缩颈的原因是层②和层④局部含水量较大,土层较软。

第五节 原体试验检测

一、检测顺序

施工前先进行勘测,以进一步确定地层分布。夯实水泥土桩施工的同时进行桩身检测(动力触探试验和钻心取土),桩体施工后进行桩间土挤密效果检验(探井、静力触探测试、标准贯入试验、湿陷性检测)。湿陷性检测发现,两方案地基的湿陷性均得以消除,则放弃对方案一的后续检测,采用方案二。

对方案二施工浸水孔、浸水,桩施工完成 28 d 后开始单桩、复合地基及桩间土静载荷试验(3 种静载荷试验面标高均为 127.40 m,对应地层均为层②黄土状粉质黏土),最后部分开挖,检测桩径及成桩质量。

二、检测点的布置、检测工作量

检测点的布置见图 13-2。

本次试验检测工作量见表 13-2。

表 13-2 本次试验检测工作量

检测位置	载荷试验组数	钻心	动力触探	标准贯入	静力触探	探井
单桩	3 组	3 孔	1 孔	—	—	—
复合地基	4 组	—	—	—	—	—
桩间土	3 组	—	—	4 孔	4 孔	4 孔

三、桩体检测

(一)桩径

在载荷试验前,将试验平面人工清理到设计标高 127.40 m。量测桩头实际直径结果见图 13-2。经计算方案一和方案二桩头平均直径分别为 617.3 mm 和 594.5 mm。

检测工作结束后,在方案二选择 41 号、42 号和 47 号三根桩进行开挖,深度 8.00 m,每隔 1.00 m 进行桩径量测,其平均桩径分别为 694 mm、570 mm 和 574 mm,3 根桩的平均桩径为 614 mm。

桩头和抽检的 3 根桩平均桩径均超出设计桩径 500 mm 的最小要求,造成夯填量比 500 mm 桩径增大较多。

(二)压实系数

根据击实试验,在干重量配合比为1∶5时混合料最大干密度 ρ_{dmax} 为 1.76 g/cm^3。在桩体施工完成后,抽取8号、28号、49号桩进行了钻心取样,检测试样干密度结果见表13-3。

表13-3 抽检桩体干密度结果

8号桩			28号桩			49号桩		
深度(m)	干密度(g/cm^3)	压实系数	深度(m)	干密度(g/cm^3)	压实系数	深度(m)	干密度(g/cm^3)	压实系数
1.60	1.64	0.94	1.00	1.69	0.97	1.00	1.79	1.02
2.60	1.73	0.99	2.00	1.70	0.97	2.00	1.63	0.93
3.70	1.74	0.99	3.00	1.86	1.06	3.00	1.64	0.94
4.60	1.64	0.94	4.00	1.78	1.02	4.00	1.69	0.97
5.60	1.74	0.99	5.00	1.75	1.00	5.00	1.76	1.01
6.60	1.60	0.91	6.00	1.82	1.04	6.00	1.83	1.05
7.60	1.78	1.02	7.00	1.77	1.01	7.00	1.72	0.98
			8.00	1.75	1.00	8.00	1.61	0.92
			9.00	1.78	1.02	9.00	1.70	0.97
平均值	1.70	0.97	平均值	1.77	1.01	平均值	1.71	0.98

由表13-3可知,各桩的平均压实系数均大于或等于0.97,但8号桩和49号桩均有3处压实系数不满足不小于0.97的设计要求。

(三)轻型动力触探成果

在27号桩成桩10 min后,进行了轻型动力触探试验。试验持续进行1.5 h,总进尺0.70 m,每10 cm击数分别为130、126、158、123、140、214、381,说明桩体强度较高。

(四)桩体试块抗压强度

为选择合适的混合料配合比,在试验之前分别按水泥和土干重量1∶5、1∶5.5、1∶6、1∶6.5、1∶7的比例制作标准立方体试块(每组三块)。按规范要求在标准养护28 d后,对制成的立方体试块进行抗压强度试验。抗压强度代表值按一组三块试件强度的平均值确定。试验结果见表13-4。

表13-4 不同配合比混合料试验块抗压强度试验结果

混合料配合比	1∶5	1∶5.5	1∶6	1∶6.5	1∶7
抗压强度(MPa)	6.2	5.6	4.7	4.6	3.8

四、桩间土检测

为直观地反映地基处理前后地基土湿陷性及工程特性的变化，在地基处理前和处理后的第 14 天，分别进行了探井取土和原位测试工作（标准贯入试验、静力触探试验）。检测点的布置：处理前，在试验区周围；处理后，在三桩之间。载荷试验在地基处理 28 d 后（浸水 10 d 后）进行。

（一）湿陷性检测

地基处理前后湿陷性评价结果比较见表 13-5。

表 13-5　地基处理前后湿陷性评价结果比较

压力（kPa）	方案一				方案二			
	处理前			处理后	处理前			处理后
	计算湿陷量（mm）	湿陷性评价	湿陷最大深度（m）	计算湿陷量（mm）	计算湿陷量（mm）	湿陷性评价	湿陷最大深度（m）	计算湿陷量（mm）
200	4.3	Ⅰ级	2.60	0	6.8	Ⅰ级	3.10	0
300	32.0	Ⅰ级	4.60	0	39.6	Ⅰ级	4.10	0
400	58.1	Ⅰ级	4.60	0	63.6	Ⅰ级	11.10	0
500	43.9	Ⅰ级	10.60	0	44.1	Ⅰ级	11.10	0

注：计算条件为 ±0.00 m 标高 131.80 m，基础埋深 −4.40 m。

由表 13-5 可以看出两方案的湿陷性都完全消除。

（二）主要物理性质及工程特性指标检测

地基处理前后各地层主要物理性质及工程特性指标比较见表 13-6。

表 13-6　地基处理前后各地层主要物理性质及工程特性指标比较

地层编号	岩土类别	试验分区	湿重度 $\gamma_{湿}$（kN/m³）	干重度 γ_d（kN/m³）	孔隙比 e	压缩模量 E_{s1-2}（MPa）	三轴剪 黏聚力 c_{uu}（kPa）	三轴剪 内摩擦角 φ_{uu}（°）	标贯击数 N（击）	锥尖阻力 q_c（MPa）	侧摩阻力 f_s（kPa）
层②	黄土状粉质黏土	处理前	18.3	15.1	0.801	12.9	23	48.9	7.6	1.6	80.7
		方案一	18.9	13.9	0.845	15.3			7.0	1.8	104.0
		方案二	19.0	15.3	0.786	14.4	17	68.9	6.6	1.9	94.0
层③	黄土状粉土	处理前	18.7	16.0	0.686	20.1	31	20.5	12.7	4.5	144.1
		方案一	20.1	16.9	0.587	20.7	26	54.5	15.3	6.7	341.1
		方案二	19.7	16.7	0.602	24.5	29	50.2	13.9	6.3	307.4

续表 13-6

地层编号	岩土类别	试验分区	湿重度 $\gamma_{湿}$ (kN/m³)	干重度 γ_d (kN/m³)	孔隙比 e	压缩模量 E_{s1-2}	三轴剪 黏聚力 c_{uu} (kPa)	三轴剪 内摩擦角 φ_{uu} (°)	标贯击数 N(击)	锥尖阻力 q_c (MPa)	侧摩阻力 f_s (kPa)
层④	黄土状粉土	处理前	18.2	15.3	0.762	21.3	24	42.0	9.3	2.2	99.5
		方案一	19.5	16.3	0.658	17.5	21	72.8	11.2	4.2	289.9
		方案二	19.3	16.3	0.658	18.1	25	42.5	8.8	2.9	164.5
层⑤	黄土状粉土	处理前	16.5	15.0	0.789	28.1	28	32.0	19.7	8.5	244.0
		方案一	18.4	16.2	0.661	20.6	31	30.4	32.7	13.4	513.4
		方案二	16.6	15.4	0.736	26.9	34	18.1	21.3	13.0	484.1

由表 13-6 可以看出,层②的压缩模量、锥尖阻力和侧摩阻力等工程特性指标均有所提高,但处理前后孔隙比等物理性质指标变化不明显。其余各层处理前后物理性质和工程特性指标均有明显改善,且方案一改善程度要高于方案二。

(三)桩间土的挤密系数

根据击实试验结果,试验区基底土的最大干密度 ρ_{dmax} 为 1.73 g/cm³。方案一两个检测探井 1.00 m 处土样的干密度分别为 1.53 g/cm³ 和 1.40 g/cm³,挤密系数分别为 0.882 和 0.865;方案二两个检测探井 1.00 m 处土样的干密度分别为 1.40 g/cm³ 和 1.42 g/cm³,挤密系数分别为 0.865 和 0.876。由试验结果可知,桩间土的挤密系数偏低,未达到不小于 0.88 的要求。

(四)桩间土浸水浅层平板载荷试验

进行桩间土载荷试验 3 组,遵循《建筑地基基础设计规范》(GB 50007—2002),以堆载方式提供反力,采用沉降相对稳定法。压板为圆形,面积 0.5 m²。

荷载分级见表 13-7,试验概况见表 13-8,试验 $p \sim s$ 曲线见图 13-3,试验成果见表 13-9。

表 13-7　桩间土荷载分级　（单位:kPa）

分级	1	2	3	4	…	13	14	15	16	17	18
S1	26	52	78	104	…	338	364	390	416	442	468
S2	34	66	100	134	…	434	468				
S3	34	66	100	134	…	434					

表 13-8　桩间土地基载荷试验概况

桩号	试验历时 (min)	最大加载量 (kPa)	最大沉降量 (mm)	终止加载条件
S1	3 340	468	48.47	$s/b > 0.06$
S2	2 210	468	48.59	$s/b > 0.06$
S3	1 900	434	48.37	$s/b > 0.06$

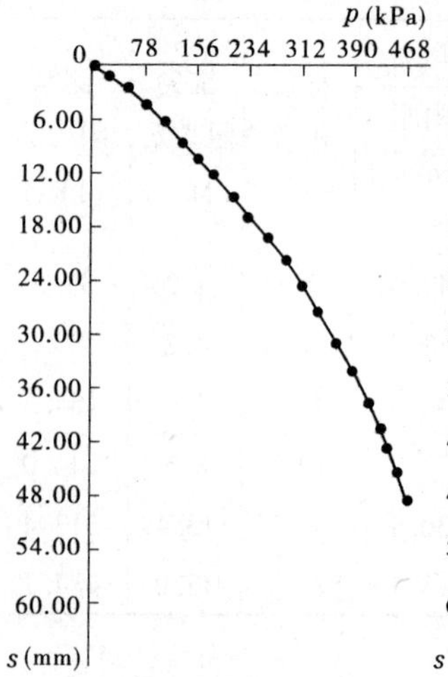

(a)S1试桩

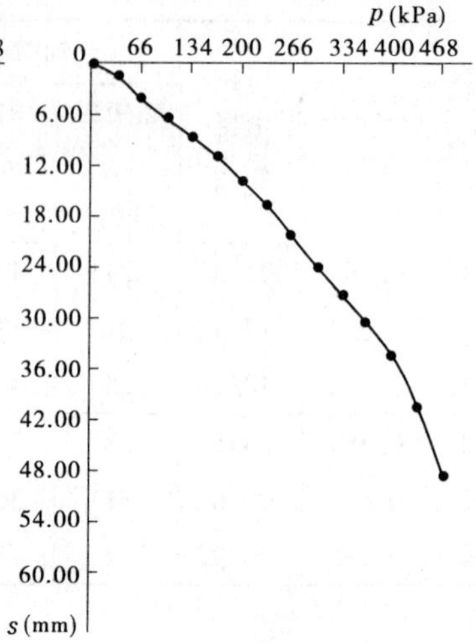

(b)S2试桩

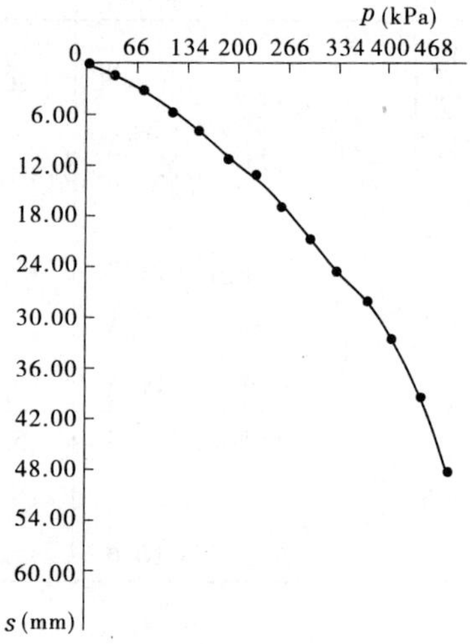

(c)S3试桩

图 13-3　S_1、S_2、S_3 试桩 $p \sim s$ 曲线

表 13-9　桩间土静载荷试验成果

桩号	最大加荷量		累计沉降量	承载力特征值确定方法	承载力特征值	桩间土承载力
	(kN)	(kPa)	(mm)	(mm)	(kPa)	特征值 (kPa)
S1	234	468	48.47	相对变形法, $s/b=0.0125$	150	152
S2	234	468	48.59	相对变形法, $s/b=0.0125$	154	
S3	217	434	48.37	相对变形法, $s/b=0.0125$	154	

(五)浸水单桩竖向抗压静载荷试验

选择42、50、58(对应于试验编号为P1、P2和P3)三根夯实水泥土桩进行了单桩竖向抗压静载荷试验。试验遵循《建筑基桩检测技术规范》(JGJ 106—2003),以堆载方式提供反力,采用慢速维持荷载法。压板为圆形,直径600 mm。荷载分级见表13-10,试验概况见表13-11,试验 $Q \sim s$ 曲线见图13-4,试验成果见表13-12。

表 13-10　单桩竖向抗压静载荷试验分级　　(单位:kN)

分级	1	2	3	4	5	…	9	10	11	12
P1	133	200	266	333	399	…	666			
P2	120	180	240	300	360	…	600	660	720	780
P3	160	240	320	400	480	…	800			

(六)浸水单桩复合地基载荷试验

选择41、49、53、57(对应试验编号分别为M1、M4、M2、M3)4根夯实水泥土桩+桩间土进行单桩复合地基载荷试验。试验遵循《建筑地基处理技术规范》(JGJ 79—2002),以堆载方式提供反力，采用沉降相对稳定法。压板为圆形，直径为 1.47 m。荷载分级见表 13-13，试验概况见表 13-14，试验 $p \sim s$ 曲线见图 13-5，试验成果见表 13-15。

表 13-11　单桩竖向抗压静载荷试验概况

编号	试验历时 (min)	最大加载量 (kN)	桩顶最大沉降量 (mm)	桩顶残余沉降量 (mm)	终止加载条件
P1	1 845	666	105.61	97.79	$s > 100$ mm
P2	2 400	780	100.97	80.75	$s > 100$ mm
P3	1 845	800	100.84	93.23	$s > 100$ mm

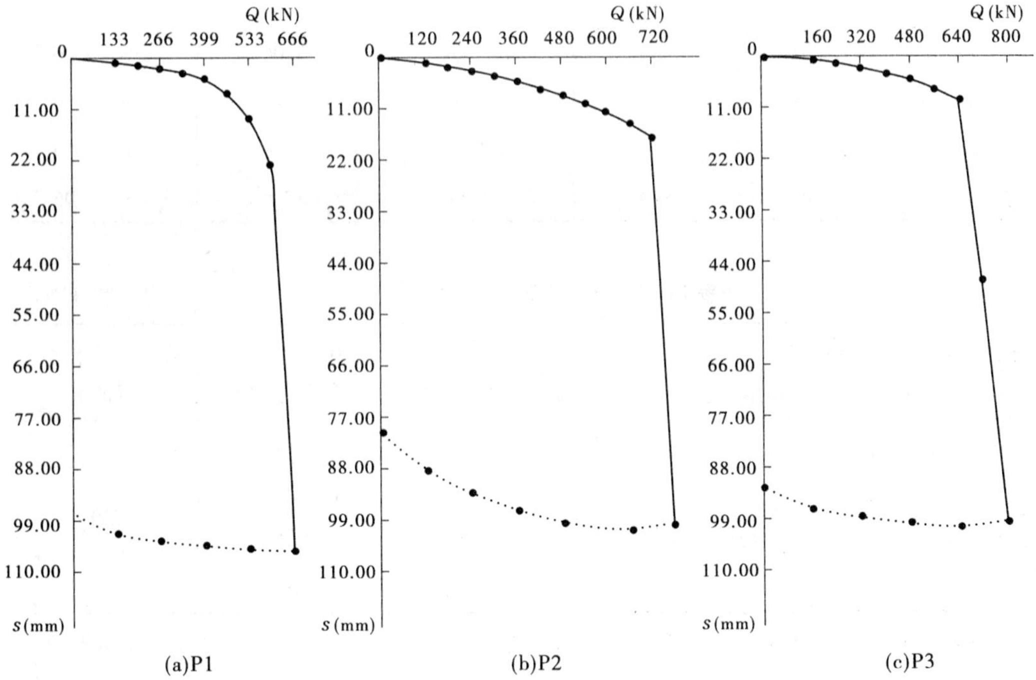

图 13-4　$Q \sim s$ 曲线

表 13-12　单桩竖向抗压静载荷试验成果

试验桩号	极限承载力 (kN)	取值依据	极限承载力统计值(kN)	承载力特征值 (kN)	说明
P1	600	陡降型 $Q \sim s$ 曲线	653	327	陡降型 $Q \sim s$ 曲线取其发生明显陡降的起始点对应的荷载值为极限承载力
P2	720	陡降型 $Q \sim s$ 曲线			
P3	640	陡降型 $Q \sim s$ 曲线			

表 13-13　复合地基静载荷试验加载分级　（单位：kPa）

分级	1	2	3	4	…	11	12	13	14	15	16
M1	60	120	181	241	…	663	723	783	844		
M2	60	120	181	241	…	663					
M3	42	85	128	171	…	470	513	555	598	641	684
M4	60	120	181	241	…	663	723	784	844		

表 13-14　复合地基载荷试验概况

点号	试验历时（min）	最大加载量（kPa）	最大沉降量（mm）	残余沉降量（mm）	终止加载条件
M1	2 550	844	102.43	93.06	$s/b>0.06$
M2	2 490	663	96.91	74.93	$s/b>0.06$
M3	3 210	684	102.18	87.58	$s/b>0.06$
M4	2 730	844	104.57	86.34	$s/b>0.06$

表 13-15　复合地基承载力特征值判定　（单位：kPa）

试验点号	极限承载力		承载力特征值		单桩复合地基承载力值	复合地基承载力特征值
	相对变形法	极限荷载	相对变形法	比例界限		
M1	781		284		284	291
M2	602		329		301	
M3		555		385	277	
M4		727		301	301	

注：相对变形法确定极限承载力采用 $s/b=0.05$ 所对应的压力，确定承载力特征值采用 $s/b=0.01$ 所对应的压力。

第六节　工程应用效果

夯实水泥土桩复合地基应用于电厂冷却塔与部分辅助和附属建筑的地基处理中，目前工程已经投运，未出现地基问题。其中，1 号冷却塔地基处理后的检测结论如下：

（1）164 根桩轻型动力触探，检测的桩身强度及均匀性满足设计要求。

（2）45 组浸水单桩复合地基静载荷试验的承载力特征值大于 291 kPa，满足设计要求。

（3）21 个点桩间土试样的干密度、压缩性、湿陷性试验结果：有 10 个点上部 1 m 处有轻微湿陷。

（4）164 根桩钻孔取心检测，桩长满足设计要求。

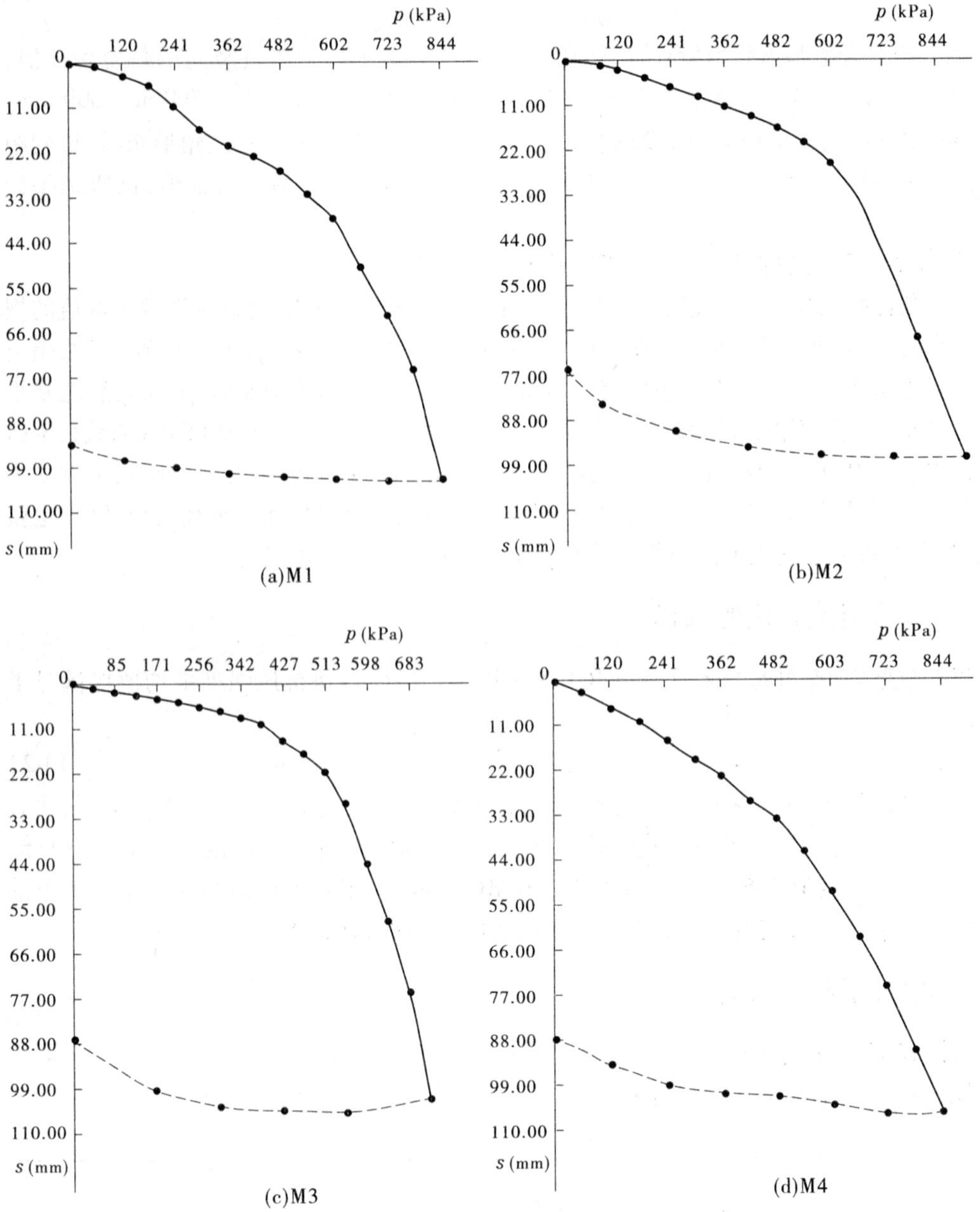

图 13-5　$p \sim s$ 曲线

第七节　原体试验成果分析

一、桩间土承载力折减系数的取值

《建筑地基处理技术规范》(JGJ 79—2002)中提供的估算复合地基承载力的公式(规范中为式(9.2.5))为:

$$f_{spk} = mR_a/A_p + \beta(1-m)f_{sk} \tag{13-1}$$

式中：f_{spk}为复合地基承载力特征值，试验结果为 291 kPa；R_a 为单桩竖向承载力特征值，试验结果为 327 kN；A_p 为桩的截面面积，试验所用三根桩的直径分别为 590 mm、600 mm、580 mm，则截面面积平均值为 0.273 4 m^2；m 为桩土面积置换率，等边三角形布桩，桩间距 s 为 1.40 m，则 $m = d^2/(1.05\ s)^2 = 0.169$；$f_{sk}$为处理后桩间土承载力特征值，试验结果为 152 kPa。

由公式可反算出桩间土承载力折减系数 β 为 0.70。

《建筑地基处理技术规范》(JGJ 79—2002)中对于桩间土承载力折减系数 β 取值的规定是：宜按地区经验取值，如无经验可取 0.90～1.00。本工程中的 β 值为 0.70，显然超出了规范的经验值范围。该规范还规定 f_{sk}为处理后桩间土承载力特征值，可取天然地基承载力特征值。我们把由勘测报告提供的天然地基承载力特征值 $f_{sk} = 110$ kPa 代入式(13-1)计算出的 β 为 0.97。由此可见，工程估算复合地基承载力特征值时处理后桩间土承载力特征值可取天然地基承载力特征值，而不能取处理后试验所得桩间土承载力特征值，也就是说，规范推荐的桩间土承载力折减系数 β 取值范围不适用于本场地。

二、混合料配合比的选择

根据《建筑地基处理技术规范》(JGJ 79—2002)，桩体试块抗压强度平均值应满足下式要求：

$$f_{cu} \geq 3R_a/A_p \tag{13-2}$$

根据试验结果，单桩承载力特征值 R_a 为 327 kN，桩截面面积 A_p 为 0.273 4 m^2，代入式(13-2)，计算得 $f_{cu} \geq 3\ 588$ kPa(约 3.6 MPa)。试验中采用水泥和土的干重量比为 1∶5，其立方体抗压强度值为 6.2 MPa，远大于 3.6 MPa。因此，工程中可适当降低水泥和土的干重量比。由表 13-4 可知，混合料水泥和土的干重量比可选择大于等于 1∶7。

三、单桩承载力取值

根据表 13-1 中的土的物理参数，参照《建筑桩基技术规范》(JGJ 94—2008)相关表格，得出的夯实水泥土桩所在各土层的桩基参数如表 13-16 所示。

表 13-16　桩基参数建议值

地层编号	岩土类别	层厚(m)	夯实水泥土桩	
			桩侧阻力特征值(kPa)	桩端阻力特征值(kPa)
层②	黄土状粉质黏土	2.3	30	
层③	黄土状粉土	1.7	31	
层④	黄土状粉土	4.0	22	
层⑤	黄土状粉土	2.0	30	500

规范所推荐估算单桩承载力特征值的计算公式(规范中式(9.2.6))为：

$$R_a = u_p \sum q_{si} l_i + q_p A_p \tag{13-3}$$

式中：u_p 为桩身周长；q_{si}为桩侧第 i 层土的极限桩侧阻力标准值；q_p 为极限桩端阻力标准值；l_i 为桩周第 i 层土的厚度；A_p 为桩端截面面积，为 0.273 4 m^2。

根据式(13-3)利用表 13-16 中的参数可估算出单桩承载力特征值为 718 kN，而单桩载荷试验所得的特征值为 327 kN，仅为估算值的 46%。

由单桩静载荷试验 $Q \sim s$ 曲线可以看出，曲线的破坏形态均为陡降型，分析其原因是：桩长较长(10 m)，复合地基的主要受力区为桩长加固深度范围内，由于桩的存在使加固区的变形大大减少，桩端土受荷较小，最终的破坏是由于桩身强度的破坏而造成的沉降陡增，因而曲线表现为陡降型。规范中估算承载力的公式是适用于刚性桩的，而对于像夯实水泥土桩这类半刚性桩，桩端和桩侧不可能同时达到破坏，故式(13-3)不适用于桩身强度较低的桩。

四、桩身质量检测方法

检测桩身的压实系数是桩身质量检测的通用方法。《建筑地基处理技术规范》(JGJ 79—2002)规定：干密度的检测，可在 24 h 内采用取土样测定或采用轻型动力触探试验 N_{10}，以判断桩身质量与现场试验确定的干密度进行对比，以判别桩身质量。但该规范没有写明 N_{10}的判别标准，其他规范也未涉及该问题。在《工程地质手册》(第四版)中提出在成桩 1 h 内进行检测，采用锥角为 50°的锥头进行轻型动力触探试验，N_{10}的击数不小于 25 击的桩为合格桩。

本试验中，在 27 号桩成桩 10 min 后，进行了轻型动力触探试验。试验持续进行约 1.5 h，仅进尺 0.70 m，每 10 cm 击数分别为 130、126、158、123、140、214、381，远远大于《工程地质手册》(第四版)提供的判别标准。而钻心取样干密度的检测结果却显示桩身质量不甚理想，说明 N_{10}和干密度检测的结论不一致，N_{10}受桩体夯实影响较大。

本试验实践表明，用轻型动力触探的方法在成桩 1 h 内不能完成对整根夯实水泥土桩的检测，且其试验数据均远远大于可供参考的判别标准。因此，N_{10}检测夯实水泥土桩桩身质量的适用性和判断标准值得商榷，可能是混合料配合比过大等因素造成的，还有待进一步积累和总结工程经验。

因此，工程中建议采用干密度法进行桩身质量检测，即现场取土样测定干密度与试验确定的混合料的最大干密度对比的检测方法。

五、地基土变形模量

根据《岩土工程勘察规范》(GB 50021—2001)，浅层平板载荷试验的变形模量按下式计算：

$$E_0 = I_0(1 - \mu^2)\frac{pd}{s} \tag{13-4}$$

式中：I_0 为刚性承压板形状系数(圆形承压板选 0.785)；E_0 为土的变形模量，MPa；p 为 $p \sim s$ 曲线线性段压力，kPa；s 为与 p 对应的沉降量，mm；d 为承压板直径或边长，m；μ 为土的泊松比(粉质黏土取 0.38)。

由式(13-4)计算的桩间土和复合地基的变形模量如表 13-17 和表 13-18 所示。

表 13-17 桩间土变形模量计算成果

点位	p(kPa)	s(mm)	d(m)	μ	E_0(MPa)
S1	177	12.00	0.8	0.38	7.9
S2	179	12.00	0.8	0.38	8.0
S3	181	12.00	0.8	0.38	8.1

三个试验点桩间土变形模量的平均值为 8.0 MPa。

表 13-18 复合地基变形模量计算成果

点位	p(kPa)	s(mm)	d(m)	μ	E_0(MPa)
M1	301	16.64	1.47	0.38	17.9
M2	301	13.42	1.47	0.38	22.1
M3	342	8.78	1.47	0.38	38.5
M4	241	14.28	1.47	0.38	16.7

M3 点所计算的复合地基变形模量的极差大于 30%，舍去。其余三个试验点复合地基变形模量的平均值为 18.9 MPa，是桩间土变形模量的 2.36 倍。

由此可见，地基处理提高了地基的刚度，将有效减小建筑物的沉降量。

六、地基土压缩模量

《建筑地基处理技术规范》(JGJ 79—2002)规定，夯实水泥土桩复合地基复合土层的压缩模量等于该层天然地基压缩模量的 ζ 倍，ζ 值由式(13-5)确定：

$$\zeta = f_{spk}/f_{ak} \tag{13-5}$$

式中：f_{spk} 为复合地基承载力特征值，试验结果为 291 kPa；f_{ak} 为基础底面下天然地基承载力特征值，kPa。

因此，天然土层压缩模量的提高倍数 ζ 值为 2.65。复合地基分层压缩模量计算结果见表 13-19。

表 13-19 复合地基分层压缩模量

分层	层②	层③	层④	层⑤
复合 E_{s1-2}(MPa)	15.9	37.0	18.5	47.6

由本章第七节五和表 13-19 可知，复合地基的变形模量和压缩模量分别是 18.9 MPa 和 15.9 MPa，这显然不符合由弹性理论中广义虎克定律导出的土的变形模量与压缩模量之间的关系。其原因在于地基土不是理想弹性体，也不完全符合虎克定律。

七、基坑开挖和夯实水泥土桩施工顺序的选择

由本章第五节三可知，本试验桩体质量检测中发现，有部分检测点压实系数小于设计要求，且集中在浅部，即 0 ~ 2 m 范围内。

由本章第五节四可知，4 个探井检测结果均显示，桩间土在埋深 1 m 处挤密系数偏

低，未能达到不小于0.88的要求；浅部层②处理前后孔隙比等物理性指标变化不明显，其余各层处理前后各层物理性质和工程特性指标均有明显改善。

由本章第六节可知，1号冷却塔的工程施工检测发现，在21个检测点中有10个点地下1 m附近的湿陷性未完全消除。

由上述三点可以找到一个共同特点，就是质量不合格或处理效果不明显均出现在地基的浅部，下部的桩体质量、桩间土的挤密系数和湿陷性的消除情况均比较理想。

分析其原因：深部地基土上覆土压力大，桩和桩间土挤密过程中不致造成地基土的侧向挤出，因而挤密效果较好；而浅部地基土因上覆土压力小，在重锤的夯击下使附近地基土破坏和侧向挤出，从而影响挤密效果。具体表现就是地表隆起（本试验中地基处理区地表隆起20～30 cm），反映在工程参数上就是浅部地基土的挤密系数小，桩体压实系数小，湿陷性不能完全消除。

解决这个问题的办法就是从土力学的基础原理出发，在基础埋深以上预留土层，增加地基土的上覆压力，从而增加夯击时对地基土的限制作用。由试验可以看出，2 m附近地基土的处理检测效果未出现不合格或湿陷未消除的情况。由于试验中的取样间距，本书中只能认为预留土层的合理高度为1～2 m。本工程基础底面距地面只有约2.15 m，因而建议直接在地面上进行地基处理，然后进行基坑开挖，以取得较好的处理效果。

《建筑地基处理技术规范》（JGJ 79—2002）只有桩顶夯填高度应大于设计桩顶标高200～300 mm的规定，但未对基础开挖深度或预留土层深度作出规定或建议。本试验中夯实水泥土桩桩顶夯填高度是按大于设计桩顶标高不小于600 mm的标准进行的，但还是出现了上述问题。可以认为，只按规范规定或略大于规定的标准来控制夯填高度大于桩顶标高的高度而不控制基底以上土的预留高度会造成浅层地基处理效果不佳。

第八节　结　语

（1）原体试验实践证明，采用夯实水泥土桩对湿陷性黄土地基进行处理，可达到消除湿陷性和地基承载力和地基刚度的目的。

（2）用《建筑地基处理技术规范》（JGJ 79—2002）式（9.2.5）估算本工程复合地基承载力特征值时，处理后桩间土承载力特征值应取天然地基承载力特征值，而不宜取处理后试验所得桩间土承载力特征值。

（3）用《建筑地基处理技术规范》（JGJ 79—2002）式（9.2.6）估算本工程夯实水泥土桩单桩承载力时的准确性较差。

（4）《工程地质手册》（第四版）提出的N_{10}检测夯实水泥土桩桩身质量的适用性和判断标准不适用于本工程，可能是混合料配合比过大等造成的，有待进一步积累和总结工程经验。

（5）依据规范，按试验数据分别计算出来的地基土的变形模量和压缩模量是不符合弹性理论中广义虎克定律导出的土的变形模量与压缩模量之间的关系式的。

（6）为保证地基处理效果，应在基础埋置深度以上预留一定的土层，增加地基土的上覆压力，从而增加夯击时对地基土的限制作用。

第十四章　湿陷性黄土地层支盘灌注桩原体试验

第一节　工程概述

豫西某电厂一期工程建设规模为 2×600 MW 超临界机组。厂区大致呈矩形南北向阶梯状(南高北低)布置,长约 1 000 m,宽约 400 m(拟建输煤系统处宽约 600 m)。

为消除场地上部黄土地层的湿陷性,主厂房区采用支盘灌注桩方案进行地基处理。

第二节　岩土工程条件

一、地形地貌

工程场地处于黄河Ⅱ级阶地,为山前缓倾斜冲洪积平原地带,地形整体上南高北低,南北高差约 10 m,标高 135.00～145.00 m。

二、岩土地层构成与特征

场地地基土主要由第四系冲洪积形成的黄土状粉土、黄土状粉质黏土、粉细砂和卵石层组成。自上而下依据工程特性和成因的差别可分为 6 个主层和 2 个亚层,各层分述如下:

(1)层①黄土状粉土。褐黄色、浅黄色,见大虫孔和钙质网纹,可见蜗牛壳,垂直节理发育,不均匀夹有粉砂或粉质黏土薄层。稍湿,中密,具中压缩性。层底埋深 5.00～10.50 m,层厚 0.30～9.30 m(不包括夹层厚度,下同),层底标高 130.75～135.59 m。

(2)层$①_1$黄土状粉质黏土。黄褐色,见虫孔和较多针状孔。可塑—硬塑,中压缩性。该层在水平方向上分布不连续,竖向上基本分布在主层中部。层底埋深 1.20～5.30 m,层厚 0.50～3.20 m,层底标高 134.04～140.11 m。

(3)层②黄土状粉土。黄褐色,见虫孔和较多针状孔,含小姜石和锰质,该层夹有粉质黏土及薄砂层。稍湿,中密,中压缩性,该层局部缺失。层厚 0.60～5.20 m,层底埋深 7.00～12.00 m, 层底标高 128.39～133.37 m。

(4)层③黄土状粉土。黄褐色、浅棕褐色,见针状孔、氧化锰及钙质斑点,夹有粉质黏土夹层,该层局部地段缺失。偶见小姜石和蜗牛壳。稍湿,中密,具中压缩性。层底埋深 9.30～14.30 m,层厚 0.70～6.50 m,层底标高 125.28～130.70 m。

(5)层④黄土状粉质黏土。黄褐色、浅红棕色,见针状孔、氧化锰等,有粉土夹层,可塑,具中压缩性。该层部分地段缺失,底部一般分布有厚约 0.5 m 的青灰色粉土或粉质黏土。层底埋深 12.50～21.50 m,层厚 0.90～8.50 m,层底标高 119.85～127.40 m。

（6）层④$_1$ 黄土状粉土。黄褐色，见针状孔、氧化锰等，湿，中密，具低压缩性，有粉质黏土夹层。层底埋深 15.40 ~ 24.10 m，层厚 0.30 ~ 10.10 m，层底标高 118.24 ~ 125.48 m。

（7）层⑤粉细砂。灰黄色、灰色，主要成分为石英、长石，为级配不良的砂土。密实度变化大，大部分地段为中密—密实，局部为稍密。具低压缩性。层底埋深 18.30 ~ 28.70 m，层顶埋深 17.00 ~ 24.10 m，层底标高 113.32 ~ 121.47 m，层顶标高 118.24 ~ 122.99 m，该层最大揭露厚度为 6.80 m。

（8）层⑥卵石。原岩以微风化灰白色、紫色石英砂岩，暗青色安山岩为主，亚圆形，分选性差。一般粒径 40 ~ 80 mm，揭露有超过 20 cm 的漂石，大部分地段钻进困难。卵石含量占 60% ~ 75%，混有粉细砂及砾砂。中密—密实，低压缩性。该层未揭穿，层顶标高为 113.32 ~ 121.47 m，层顶埋深为 18.30 ~ 28.70 m，最大揭露厚度达 10.40 m。

典型工程地质柱状图如图 14-1 所示。

地层编号	层底埋深 (m)	层底标高 (m)	层厚 (m)	柱状图	岩土名称及其特征	取样	标贯击数 (击)	稳定水位 (m) 和 水位日期 (年-月-日)
①	1.50	137.28	1.50		黄土状粉土：褐黄色、浅黄色，见大虫孔和钙质网纹	1 1.00~1.15		
①$_1$	3.70	135.08	2.20		黄土状粉质黏土：黄褐色，见虫孔和较多针状孔	2 2.00~2.15 3 3.00~3.15		
①	6.70	132.08	3.00		黄土状粉土：褐黄色、浅黄色，见大虫孔和钙质网纹	4 4.00~4.15 5 5.00~5.15 6 6.00~6.15		
②	8.90	129.88	2.20		黄土状粉土：黄褐色，见虫孔和较多针状孔，含小姜石和锰质，该层夹有粉质黏土及薄砂层	7 7.00~7.15 8 8.00~8.15		
③	10.90	127.88	2.00		黄土状粉土：黄褐色、浅棕褐色，见针状孔、氧化锰及钙质斑点，夹有粉质黏土夹层	9 9.00~9.15 10 10.00~10.15		
④	15.90	122.88	5.00		黄土状粉质黏土：黄褐色、浅红棕色，见针状孔、氧化锰及钙质斑点	11 11.00~11.15 12 12.00~12.15 13 13.00~13.15		
④$_1$	17.90	120.88	2.00		黄土状粉土：黄褐色，见针状孔、氧化锰，夹有粉质黏土夹层		=16.00 16.15~16.45	
⑤	22.60	116.18	4.70	fx	粉细砂：灰黄色、灰色，主要成分为石英、长石，分选性一般		=28.00 18.15~18.45 =32.00 20.15~20.45 =30.00 22.15~22.45	▽(1)118.980 07-04-06
⑥	26.90	111.88	4.30		卵石：原岩以轻微风化灰白色、紫色石英砂岩、暗青色安山岩为主，亚圆形，分选性差			

图 14-1　工程地质柱状图

各土层主要物理性质及工程特性指标见表 14-1。

表 14-1 各土层主要物理性质及工程特性指标

地层编号及岩性	含水量 ω (%)	湿重度 $\gamma_{湿}$ (kN/m^3)	孔隙比 e	液性指数 I_L	标贯原始击数 N (击)	双桥静探试验	
						锥尖阻力 q_c (MPa)	侧摩阻力 f_s (kPa)
层①黄土状粉土	15.3	16.6	0.875	—	7	2.58	50.9
层$①_1$黄土状粉质黏土	17.6	17.2	0.854	0.10	7	1.84	73.3
层②黄土状粉土	19.4	17.6	0.830	—	7	1.43	50.6
层③黄土状粉土	17.9	17.7	0.800	—	12	3.61	94.4
层④黄土状粉质黏土	24.7	18.2	0.762	0.47	8	1.43	40.9
层$④_1$黄土状粉土	24.2	18.7	0.738	13.3	12	2.80	78.5
层⑤粉细砂	24.0	19.0	0.650	—	41	16.34	268.8
层⑥卵石	—	22.0	—	—	—	—	—

三、地下水条件

场地地下水稳定水位埋深为 18.0～20.0 m，场地地下水对混凝土结构及钢筋混凝土结构中钢筋具微腐蚀性。

四、地震动参数

工程场地 50 年超越概率 10% 危险水平的动峰值加速度为 115.9 gal，相应的地震基本烈度为 7 度。场地土为中硬场地土，建筑场地类别为Ⅱ类，属于可进行建设的一般场地。

场地地基土不具液化性，可不考虑地震液化的影响。

五、黄土湿陷性评价

场地为非自重湿陷性黄土场地，湿陷程度为轻微—中等，湿陷等级为Ⅰ(轻微)～Ⅱ(中等)级，湿陷性黄土的下限深度为地面下 5.6～12.6 m。

第三节 原体试验设计

一、原体试验目的和内容

进行原体试验的目的是检验地基处理方法对场地条件的适应性及实际效果，以便进一步优化设计，为设计和施工提供必要的参数，确定施工工艺及检测手段，以取得明显的经济效益。本次支盘灌注桩地基原体试验的内容主要有：

(1)采用接近工程桩的实际工作状态的试验，确定单桩竖向极限承载力和水平极限承载力，获取桩基设计所必需的计算参数，提供对工程桩的承载力进行抽样检验和评价的依据及施工的可行性。

(2)在桩底埋设反力测量元件，可直接测定桩的极限桩端阻力，于桩身一定部位埋设应力元件，测定桩身在各级压力荷载下变化情况，确定相应土层极限桩侧阻力及极限桩端阻力。

(3)进行桩的低应变测试，检测桩身质量。

(4)通过单桩静载荷试验和动力检测单桩竖向承载力，获得静、动力试桩对比资料，为施工图设计及检测提供依据。

(5)静力试桩前先进行高应变动测，对3根桩全部做竖向静载荷试验，其中2根做水平静载荷试验。

本次原体试验采用多手段进行综合检测，各试桩均进行竖向静载荷试验、水平静载荷试验，并进行高应变测试、低应变测试。所有锚桩同时进行低应变测试，以确定桩身完整程度和动力特性。具体工作量见表14-2。

表14-2　检测工作量一览

桩号	桩长(m)	竖向静载	水平静载	桩身应力	桩端反力	高应变	低应变
1号、3号	19.1	√	√	√	√	√	√
2号	19.1	√		√	√	√	√
锚桩8根							√

二、试验区位置

考虑到不影响将来工程桩的施工和地层的一致性，试验区尽量靠近主厂房区域，本次试桩的位置选择在主厂房固定端外侧，呈长方形布置，平面尺寸为4.4 m×13.2 m，由中间3根试桩和两边两排共8根锚桩组成，锚桩与试桩成正交布置。相邻两根锚桩及试桩的中心距为4.4 m，试桩与相邻锚桩的中心距为3.11 m，具体布置见图14-2。

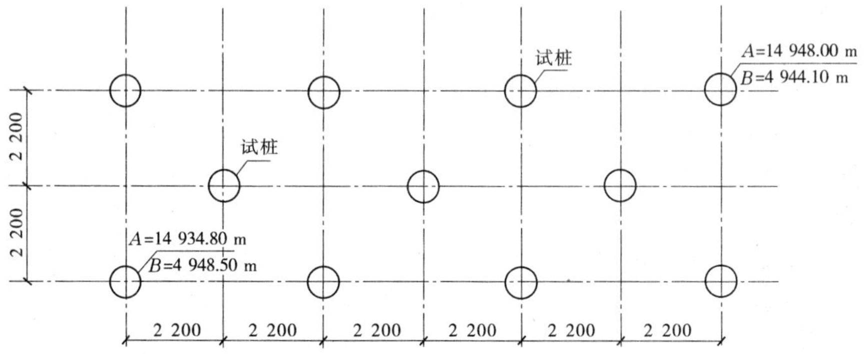

图14-2　试桩平面布置图　(单位:mm)

三、支盘桩的主要设计参数

试桩每根桩分两个盘，桩径 $d=700$ mm，盘径 $D=1\ 400$ mm，设计有效桩长 $L=19.1$ m，盘底 -17.85 m 和 -21.85 m（设计桩长以进入持力层 700 mm 控制，两盘分别在层④粉质黏土中间和层⑤粉细砂顶部），承台底标高 -6.9 m，相应绝对标高 135.1 m（±0.00 m 相应于绝对标高 142 m）。锚桩考虑相邻桩重复利用，共 8 根，桩径 $d=700$ mm，盘径 $D=1\ 400$ mm，设计有效桩长 $L=19.1$ m，每桩分三个盘，盘底位于 -14 m 和 -17.5 m、-21 m。

根据《火力发电厂支盘灌注桩暂行技术规定》（DLGJ 153—2000）及《建筑桩基技术规定》（JGJ 94—2008），估算支盘桩单桩极限承载力：单桩竖向承载力特征值为 2 100 kN，单桩水平承载力设计值为 140 kN，锚桩单桩抗拔承载力设计值为 1 600 kN。

四、浸水方案设计

由于试桩场地为湿陷性黄土场地，根据《湿陷性黄土地区建筑规范》（GB 50025—2004），测试前宜对试桩区桩周和桩端土体进行浸水。

为此，在试桩区四周开挖了浸水坑，其平面尺寸约为 10 m×10 m，深度约为 500 mm。在浸水坑底部均匀铺撒 150 mm 厚度的中砂，并沿 3 根试桩轴线方向等距离（距离为 4.4 m）人工掏挖了 4 个渗水孔（2 个位于 3 根试桩中间，另 2 个位于轴线方向试桩外），其直径为 400 mm，深度为 15 m，挖至层④粉质黏土中间部位，孔内用中、粗砂充填。

混凝土养护期满后，于加载前开始浸水，连续浸水 10 d，并保持浸水坑内水头高度 300 mm。

第四节　原体试验施工

本次原体试验施工顺序如下：

（1）按图 14-2 测放桩位，清理场地，接通电源和水源，施工机械就位。安装钻机，位置偏差不大于 20 mm。

（2）成孔：本工程采用回转钻进泥浆护壁方式成孔。

（3）成孔后，按设计要求分支、分盘、清孔。

（4）按设计要求安装好钢筋笼，并埋设测试原件。

（5）混凝土灌注：按设计配合比要求搅拌好混凝土，运至试桩现场，进行灌注成桩。

试桩施工采用的内黄 300 型回转钻机及 YZJ－600－Ⅱ型全液压支盘桩成型机见图 14-3。

施工工艺流程如下：定位放线→校核→埋设护筒→桩机就位并校正→钻进→第一次清孔→分支做盘→成孔检查→吊放钢筋笼→下导管→第二次清孔→灌注水下混凝土、拔出导管→拔出护筒→养护。

本试桩工程采用回转钻进泥浆护壁成孔，钻进过程根据泥浆补给情况进行控制，在硬土层的钻进速度以钻机不发生跳动为准。施工过程中及时清理沉淀池，调整泥浆比重，使

图 14-3　试桩施工采用的内黄 300 型回转钻机及 YZJ－600－Ⅱ型全液压支盘桩成型机

钻进顺利进行。为保证钻孔的垂直度，每钻进 2～3 节，钻杆就要校正一次垂直度，并密切注意钻进情况，发现异常及时处理。

钻至设计深度后稍微提取钻杆，使钻头距孔底 10～20 cm 处空转，并保持泥浆正循环，将比重为 1.20 左右（以不塌孔为原则，现场调试，尽量减低泥浆比重）的不含杂质的新浆压入钻杆，把钻孔内悬浮较多沉渣的泥浆置换出孔外，且孔底 500 mm 以内的泥浆比重应小于 1.25 或以不塌孔所定的泥浆比重值，孔底沉渣厚度≤100 mm。

利用 YZJ－600－Ⅱ型全液压支盘桩成型机进行分支做盘。分支做盘采用自下而上的顺序实施，按设计要求标高，在支盘机连接杆上标注挤扩支盘深度标志。按照支盘成型刻度盘上的度数，每转动一次为 22.5°，按指定方向转动。挤扩成型以时间来控制，同时以压力值辅助控制。每次挤扩支盘时，弓压臂压出或回收过程认真读取表压值、设备起浮高度、液压油位差、起止时间等，并随时检测泥浆变化。成型支盘过程中机长详细记录支盘时间、支盘压力及一些特殊情况的发生经过和处理措施。

开始灌注前认真清孔，清孔后泥浆比重以不塌孔为原则降至最低，一般控制在 1.15 左右，孔底 500 mm 以内的泥浆比重小于 1.25；检查导管长度，底节导管长度为 4 m；导管密封，无漏气、窜浆现象，导管内光滑、清洁、畅通。

从成孔钻进过程看，该工程上部地层主要为黄土状粉土、粉质黏土，下部地层为密实砂层、卵石层。由于砂层较厚，密实，且其中、下部混杂有砾石、卵石，合金钻头钻进速度较慢，换成牙轮钻头后，效果较好。同时，为解决塌孔问题，保证施工质量，施工方现场调试泥浆比重，较好地解决了这个问题。

分支施工时，各盘的首扩压力相对较为平稳，表明各土层物理性质及工程特性较为均匀，变化不大，与地质报告描述较为接近，据统计，试桩下盘平均压力为 10.3 MPa，试桩上盘平均压力为 7.7 MPa，符合上述规律。本工程施工混凝土浇筑量及充盈系数详见表 14-3。

由表 14-3 可知，各桩的平均浇筑时间约为 61 min，平均充盈系数约为 1.16。本工程混凝土试块强度值见表 14-4。

表 14-3　各桩混凝土浇筑量及充盈系数

桩位编号		M1	M2	M3	M4	M5	S3	S2	S1	M6	M7	M8
浇筑时间(min)		60	50	50	50	70	60	70	65	60	70	70
混凝土浇筑量(m^3)	设计	10.4	10.4	10.4	10.4	10.4	10	10	10	10.4	10.4	10.4
	实灌	12.0	12.0	11.8	12.2	12.5	12.0	11.7	11.5	12.0	12.0	12.0
充盈系数		1.15	1.15	1.14	1.17	1.20	1.20	1.17	1.15	1.15	1.15	1.15

表 14-4　混凝土试块强度汇总

桩位编号	M1	M2	M3	M4	M5	S3	S2	S1	M6	M7	M8
试验编号	335201－17	335201－18	335201－19	335201－20	335201－21	335201－22	335201－23	335201－24	335201－25	335201－26	335201－27
混凝土评定强度(MPa)	33.0	32.1	32.6	32.1	33.5	31.6	31.4	32.4	33.4	33.7	31.6

第五节　原体试验检测

一、低应变测试

成桩施工结束后，经过约 28 d 以上的养护、10 d 连续浸水后，对桩进行了低应变测试(反射波法)。检测遵循《建筑基桩检测技术规范》(JGJ 106—2003)，根据波形分析桩身完整性。支盘桩低应变测试成果见表 14-5。

表 14-5　低应变测试成果

桩号	桩长(m)	桩径(mm)	波速(m/s)	桩体完整性评价	分类	桩号	桩长(m)	桩径(mm)	波速(m/s)	桩体完整性评价	分类
S1	24	700	3 900	完整	Ⅰ类	M4	24	700	3 800	完整	Ⅰ类
S2	24	700	3 730	完整	Ⅰ类	M5	24	700	3 900	完整	Ⅰ类
S3	24	700	3 750	完整	Ⅰ类	M6	24	700	3 820	完整	Ⅰ类

二、高应变测试

高应变法检测分别进行了浸水前测试及浸水后测试，本工程共完成了 3 根工程桩的高应变法检测，检测时每根桩进行 2～3 锤锤击，落锤高度为 1.4～4.6 m。高应变法测试参数见表 14-6。

表 14-6　高应变法测试参数汇总

测试	桩号	设计桩径（mm）	试验桩长（m）	测点下桩长（m）	设计单桩承载力特征值(kN)	说明
浸水前	S1	700	24.5	24.0	2 100	含加固桩头 0.5 m
	S2	700	24.5	24.0		
	S3	700	24.5	24.0		
浸水后	S1	700	24.5	24.0	2 100	
	S2	700	24.5	24.0		
	S3	700	24.5	24.0		

根据《建筑基桩检测技术规范》(JGJ 106—2003)，用 CAPWAP 法进行综合分析，以判定单桩承载力、桩侧阻力和桩身完整性。高应变测试成果见表 14-7。

表 14-7　高应变测试成果

测试	桩号	单桩极限承载力 Q_{uk}（kN）	极限桩侧阻力 Q_{sk}（kN）	极限桩端阻力 Q_{pk}（kN）	桩身完整性评价	单桩承载力特征值 R(kN)
浸水前	S1	4 497	4 100	398	完整	2 250
	S2	4 353	3 987	367	完整	
	S3	4 652	4 167	486	完整	
浸水后	S1	4 181	3 797	384	完整	2 103
	S2	4 074	3 728	346	完整	
	S3	4 363	3 928	435	完整	

由表 14-7 可知，由高应变测试的浸水前支盘灌注桩竖向极限承载力统计值为 4 500 kN，特征值为 2 250 kN；浸水后支盘灌注桩竖向极限承载力统计值为 4 206 kN，特征值为 2 103 kN。

三、单桩竖向抗压静载荷试验

由于场区为湿陷性黄土区，成桩施工结束后，经过约 28 d 的养护、休止后，开始对试桩区进行浸水，连续浸水 10 d 后开始对 3 根试桩进行单桩竖向抗压静载荷试验。

试验依据《建筑地基基础设计规范》(GB 50007—2002)、《建筑桩基技术规范》(JGJ 94—2008)及《建筑基桩检测技术规范》(JGJ 106—2003)，采用慢速维持荷载法，分级加载，分级标准见表 14-8。

表 14-8 静载荷试验荷载分级标准

分级		1	2	3	4	5	6	7	8	9	10	11
荷载(kN)	S1	840	1 260	1 680	2 100	2 520	2 940	3 360	3 780	4 200	4 620	—
	S2	840	1 260	1 680	2 100	2 520	2 940	3 360	3 780	4 200	—	—
	S3	840	1 260	1 680	2 100	2 520	2 940	3 360	3 780	4 200	4 620	5 040

沉降观测、终止加荷及卸载观测等整个试验过程严格按照规范要求进行，本次 3 组单桩竖向抗压静载荷试验的 $Q \sim s$ 曲线见图 14-4。

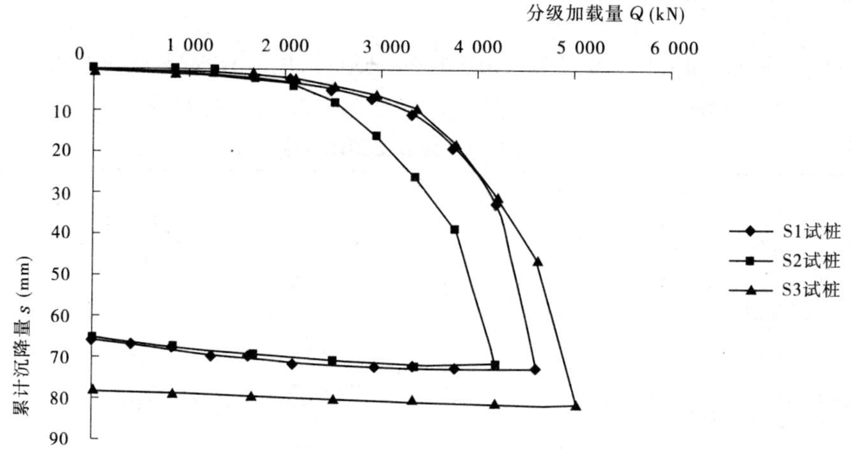

图 14-4 单桩竖向抗压静载荷试验 $Q \sim s$ 曲线

试验过程及结果：

(1)S1 试桩。试验工作历时 1 980 min，最大加荷量 4 620 kN，累计总沉降量 72.54 mm，卸载回弹后残余沉降量 65.91 mm，回弹率为 9.1%。根据沉降随时间变化的特征确定，取曲线尾部出现明显向下弯曲的前一级荷载值，确定该桩单桩竖向抗压极限承载力为 4 200 kN。

(2)S2 试桩。试验工作历时 1 755 min，最大加荷量 4 200 kN，累计总沉降量 71.34 mm，卸载回弹后残余沉降 65.26 mm，回弹率为 8.55%。根据沉降随时间变化的特征确定，取曲线尾部出现明显向下弯曲的前一级荷载值，确定该桩单桩竖向抗压极限承载力为 3 780 kN。

(3)S3 试桩。试验工作历时 1 935 min，最大加荷量 5 040 kN，累计总沉降量 80.97 mm，卸载回弹后残余沉降量 78.29 mm，回弹率为 3.3%。对缓变型曲线可根据沉降量确定，宜取 $s = 40$ mm 对应的荷载值，确定该桩单桩竖向抗压极限承载力为 4 461 kN。

根据《建筑基桩检测技术规范》(JGJ 106—2003)，单桩竖向静载荷试验成果见表 14-9。

表 14-9　支盘灌注桩单桩竖向静载荷试验成果

桩号	S1	S2	S3
最大加载(kN)	4 620	4 200	5 040
终止试验条件	最大沉降量大于 60 mm	最大沉降量大于 60 mm	最大沉降量大于 60 mm
最大沉降量(mm)	72.54	71.34	80.97
最大回弹量(mm)	6.63	6.08	2.68
回弹率(%)	9.1	8.5	3.3
单桩极限承载力(kN)	4 200	3 780	4 461

3 根试桩极限承载力的极差为 681 kN,小于平均值 4 147 kN 的 30%,因此单桩竖向极限承载力统计值为 4 147 kN,特征值为 2 073 kN。

四、单桩水平静载荷试验

由于场区为湿陷性黄土区,成桩施工结束后,经过约 28 d 的养护、休止后,开始对试桩区进行浸水,连续浸水 10 d 后对 2 根试桩进行了单桩水平静载荷试验。采用慢速维持荷载法,分级加载,分级标准见表 14-10。

表 14-10　静载荷试验荷载分级标准

分级		1	2	3	4	5	6	7	8	9	10
荷载(kN)	S1	22	44	66	88	110	132	154	176	198	220
	S3	25	50	75	100	125	150	175	200	225	250

本次试验水平力作用位置位于自然地面处且桩顶处于自由状态,试桩长为 24 m,桩径 700 mm。

水平位移观测、终止加载及卸载观测等整个试验过程严格按照规范要求进行,本次两组单桩水平静载荷试验 $H \sim \Delta Y_0/\Delta H$ 曲线见图 14-5。

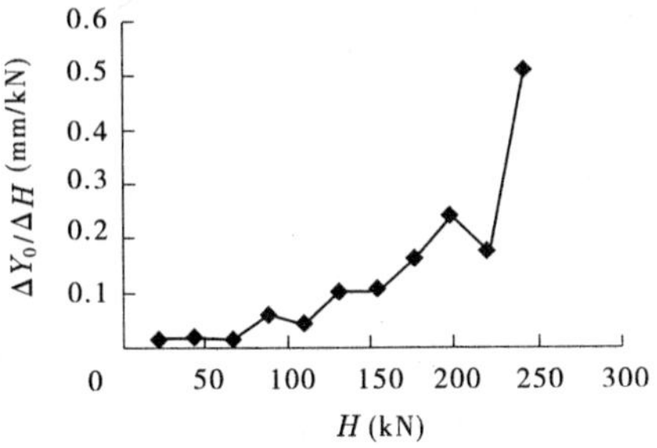

(a)S1试桩

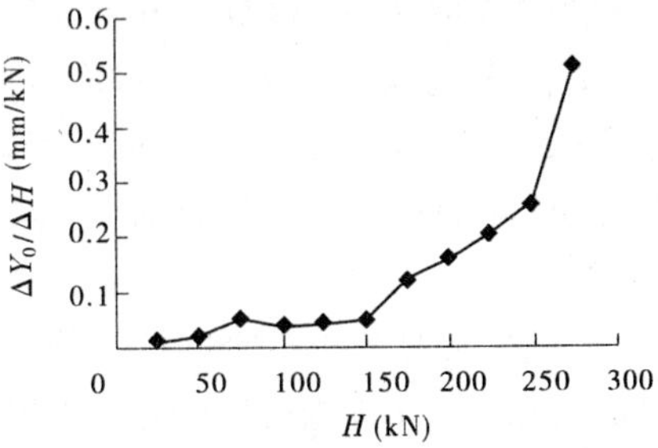

(b)S3试桩

图 14-5　单桩水平静载荷试验 $H \sim \Delta Y_0/\Delta H$ 曲线

试验过程及结果如下：

(1)S1 试桩。试验工作历时 330 min，最大加载量 242 kN，最大水平位移 30.15 mm，取曲线出现明显陡降的前一级荷载值。

(2)S3 试桩。试验工作历时 330 min，最大加载量 275 kN，最大水平位移 33.79 mm，取曲线出现明显陡降的前一级荷载值。

单桩水平静载荷试验遵循《建筑基桩检测技术规范》(JGJ 106—2003)，并按其确定的单桩水平静载荷试验成果见表 14-11。

表 14-11　单桩水平静载荷试验成果

试验桩号	极限承载力(kN)	临界荷载(kN)	对应临界荷载的水平抗力系数的比例系数 m(MN/m^4)	极限承载力统计值(kN)	临界荷载统计值(kN)	承载力特征值 R_{ha}(kN)	水平抗力系数的比例系数 m(MN/m^4)	对应水平位移 Y_0(mm)
S1	220	154	10.8	235	152	152	14.7	7.38
S2	250	150	18.7					5.16

五、桩身应力应变测试

竖向抗压桩静载荷试验开始后，千斤顶产生的荷载沿着桩身向下传递。假定桩身结构完整，基桩受荷后，在各级荷载作用下，混凝土产生的应变量等于钢筋产生的应变量，通过量测预先埋设在桩内的钢筋计可以实测到各钢筋计在每级荷载作用下的应力应变，从而推出相应桩截面在各级荷载作用下的应力应变，即可求出各级荷载作用下桩身传感器截面的桩身轴力值及轴力随荷载和深度的传递规律。

根据岩土地层的分层特征，在不同深度部位，将预先标定的钢筋应力计与桩身内的主筋焊接，并将压力盒预先埋于桩底，通过导线与读数仪相连。本次检测应力计和压力盒的成活率为 100%。根据《建筑基桩检测技术规范》(JGJ 106—2003)，在距地面 0.5 m 处对称安装 2 只钢筋计作为试验标定测面，钢筋计安装位置见表 14-12。

表 14-12　竖向抗压试桩钢筋计安装位置

距桩顶距离(m)	说明
0.5	对称安装 2 个钢筋计
4.9	
10.3	
17.0	
23.5	
24.0	对称安装 2 个压力盒

应力应变观测与单桩竖向抗压静载荷试验同步进行，本次试验共完成了 3 根桩的应力应变观测。根据桩身传感器截面的桩身轴力值得出了各层的桩侧阻力和桩端阻力参数。

第六节　结　语

多分支承力盘混凝土灌注桩作为一种新桩型，目前已经形成了较完整的施工工艺，可以适用于填土、黏性土、粉土、粉砂及细砂等密实砂层地基中。

目前，支盘灌注桩在工程实践中已经做过大量的静载荷破坏性试验、非破坏性试验、高应变试验、低应变试验、桩身应力应变试验等，积累了大量的原始数据，并在此基础上河南省电力勘测设计院编制了《火力发电厂支盘灌注桩暂行技术规定》(DLGJ 153—2000)。该技术主要应用于电厂、铝厂、碳素厂等大型工业工程及高层建筑中。

(1)与普通灌注桩比较，多分支承力盘桩通过沿桩身不同部位设置承力盘或分支，变普通桩为变截面多支点的摩擦端承桩，从而改变了桩的受力机理，支盘桩在成型的过程中也加密了承力盘周围 1 m 范围内的土体，使其干密度提高 15% ~20%，充分发挥了桩土共同作用，因此能够很好地提高承载力，充分发挥混凝土的承压能力，同时其抗拔能力、抗水平剪切能力和稳定性均比传统桩型有大幅度的提高。据统计，与普通混凝土灌注桩相比，在桩径、桩长相同时，支盘桩的单桩竖向极限承载力标准值 Q_{uk} 可提高 1.5 倍左右，当 Q_{uk} 相同时，支盘桩的混凝土量可减少 40% 左右，工程造价可节约 20% 左右，同时施工工期可缩短 30% 左右，建筑物的沉降量可减少 50% 左右。

(2)本次支盘灌注桩试验总体抗压承载力低于预估承载力 10.33%，尚属于正常范围，其他工程中也出现过类似情况。分析原因主要有二：其一，第 2 盘处于砂层顶部，且地下水位也位于砂层中上部，由于施工扰动及水浸泡，容易造成坍塌，造成沉渣较多；其二，桩长为 24 m，且有 2 支盘，桩侧阻力及 2 支盘处桩端承受了大部分荷载，主桩端未充分发挥作用。

(3)由于本工程厂区紧邻黄河，历史上黄河河道曾经流经此处。地面下 20 m 为工程特性非常好的卵石层，且水平方向上分布于整个厂区，厚度大于 10 m，该层可作为良好的桩端持力层。本工程采用支盘灌注桩方案，以层⑥卵石层作为桩端持力层，穿透了整个湿陷性黄土层，彻底解决了场地黄土湿陷性问题。就场地地层条件而言，该地基处理方案较好地满足了工程要求。

(4)尽管支盘灌注桩有节约成本、缩短工期等优势，但在工程实践中，拟采用支盘灌注桩时，应综合考虑地层密实度、水位埋藏条件及持力层埋深等情况，防止其优势得不到有效发挥。如本场地有砂层且有地下水，于砂层部位分盘，加之砂层中水压力的影响，效果不理想，反而易引起沉渣，影响桩端承载力。从本工程来看，在沉降达到终止加荷条件时，支盘及侧壁分担了大部分荷载，而具有良好工程特性的持力层层⑥卵石层并未充分发挥作用，造成试桩效果相对较差。

第十五章　粉土地层 PHC 桩原体试验

第一节　工程概述

某发电有限公司一期工程，规划容量为 4×600 MW，本期容量为 2×600 MW。拟建场地位于豫东地区。

场地地层 0～18.00 m 深度范围内，地基土工程特性相对较差且液化等级为中等—严重，主厂房等建（构）筑物拟采用 PHC 桩基础方案。

第二节　岩土工程条件

一、工程环境条件

拟建场地为新建场地，古宋河在厂区南侧流过，场地内主要为河滩荒地和部分耕地，东边缘为荷塘和幼林。地面无高大建筑物，地下无管网设施，多条村镇道路从场地通过，交通便利，工程环境条件较好，无影响地基基础施工的不良环境因素。

二、地形地貌

拟建场地在地貌上属于黄河中下游冲洪积平原，为黄河故道。古宋河由厂区西北进入，在场地南边自西向东穿过，河床宽 5 m 左右。场地在 1958 年曾平地挖土筑坝建成水库，但基本未蓄水运行，据调查，场地内没有淤积现象。

新建场地主要处于宋河的Ⅰ级阶地上，位于原建水库的库内，地形北高南低，中间主厂房一带较高，西部输煤区及东部变电构架区地形稍低，主厂区的地面标高在 58.50 m 左右，而东部变电构架区和西部的输煤区地面标高在 56.50 m 左右，且区内沟渠较多，沟底均有 0.5 m 左右厚度的淤泥。东部变电构架区场地的边缘分布有少量荷塘，由于长年积水，塘底淤泥较多，但该处仅有个别轻型建筑，对建筑物稍有影响。

三、岩土地层构成及特征

上部地基土由新近沉积的粉土、粉质黏土及粉细砂组成，下部主要由第四系冲洪积的粉土、粉质黏土及粉细砂组成。根据地基土工程特性的差异，主厂房区自上而下可分为 10 个主层、若干个亚层，现分述如下：

（1）层①粉土。灰黄色、浅黄色，部分地段为粉砂，稍密—中密，湿—很湿，具低压缩性。层底埋深 1.00～11.50 m，层底标高 45.78～56.62 m，层厚 0.60～11.50 m。

（2）层$①_1$ 粉砂。灰黄色、灰色，主要成分为石英，含云母及贝壳碎屑，分布于层①中或交错存在。松散—稍密,饱和。层底埋深 1.00 ~ 12.60 m,层底标高 44.59 ~ 56.30 m,层厚 1.00 ~ 12.60 m。该层中砂土的不均匀系数值为 3.2 ~ 11.8,平均为 6.5,曲率系数为 0.7 ~ 2.1,平均为 1.4,级配良好。

(3)层②粉质黏土。灰色,含有机质,有淤臭味。层位分布变化大。以软塑为主,具中等—高压缩性。层底埋深 4.30 ~ 13.70 m,层底标高 43.37 ~ 53.75 m,层厚 0.80 ~ 5.60 m。

(4)层③粉土。灰色、灰黑色、深灰色,夹粉砂,含有机质,有淤臭味,局部夹软塑状态的粉质黏土薄层透镜体,中密,湿,具低压缩性。层底埋深 9.80 ~ 15.60 m,层底标高 42.15 ~ 48.25 m,层厚 0.40 ~ 5.50 m。

(5)层④粉质黏土。灰黄色、灰褐色,含氧化锰结核,夹粉土及粉砂薄层,可塑—软塑,具中—高压缩性。层底埋深 13.70 ~ 18.70 m,层底标高 39.06 ~ 43.30 m,层厚 1.20 ~ 8.40 m。

(6)层⑤粉砂。浅黄色、灰黄色,混有细砂,成分以石英、长石为主。部分地段上部分布有粉土夹层。中密、饱和,具低压缩性。层底埋深 17.90 ~ 24.70 m,层底标高 32.66 ~ 39.32 m,层厚 0.50 ~ 7.80 m。在该层中砂土的不均匀系数值为 2.2 ~ 17.6,平均为 7.4,曲率系数为 0.03 ~ 4.50,平均为 1.6,说明粒径不均匀,但级配良好。

(7)层$⑤_1$粉土。浅黄色、灰黄色,夹粉砂,含铁锰氧化物,呈透镜状分布在层⑤的顶部,部分地段缺失。中密,湿,具中压缩性。层底埋深 14.40 ~ 23.90 m,层底标高 33.16 ~ 42.57 m,层厚 0.60 ~ 7.30 m。

(8)层⑥粉细砂。浅黄色、灰黄色,主要成分为石英长石,混有中砂。密实,饱和,具低压缩性。层底埋深 25.30 ~ 40.80 m,层底标高 16.50 ~ 31.70 m,层厚 4.40 ~ 18.30 m。

(9)层⑦粉土。灰黄色、灰褐色,夹密实的粉砂层(层$⑦_1$)及可塑状态的粉质黏土(层$⑦_2$)。密实,湿,具中压缩性。层底埋深 36.00 ~ 46.30 m,层底标高 10.65 ~ 21.88 m,层厚 2.80 ~ 16.60 m。

(10)层$⑦_1$粉砂。灰黄色、灰褐色,主要成分为石英、长石。密实,很湿,具压缩性。层底埋深 33.30 ~ 42.20 m,层底标高 14.93 ~ 23.27 m,厚度 0.80 ~ 5.50 m。该夹层多呈透镜体状,竖直方向上的分布,规律性差,但总体趋势多在层⑦的中上部。

(11)层$⑦_2$粉质黏土。浅黄色、灰黄色,含云母及铁锰氧化物,分布规律性差,层位不稳定。可塑,具中压缩性。层底埋深 36.60 ~ 45.20 m,层底标高 11.75 ~ 21.25 m,层厚 2.00 ~ 4.60 m。该夹层呈透镜体状,竖直方向上的分布,一般位于层$⑦_1$的下部,规律性差,部分位于层$⑦_1$的上部或同一埋深上。

(12)层⑧粉砂。灰黄色,均匀,含云母及贝壳碎屑,混细、中砂。部分勘探点终止在该层中,密实,饱和,低压缩性。层底埋深 49.80 ~ 53.90 m,层底标高 3.25 ~ 7.20 m,层厚 4.00 ~ 15.00 m。

(13)层⑨粉质黏土。褐黄色、灰黄色,夹中密粉土。见少量小姜石,可塑,具低压缩性。层底埋深 58.80 ~ 59.60 m,层底标高 −1.90 ~ −2.65 m,层厚 5.80 ~ 6.40 m。

(14)层⑩细砂。黄色,主要成分为石英、长石,颗粒均匀。密实,饱和,具低压缩性。揭露最大厚度为 2 m。

场地内地层分布详见图 15-1。各土层的物理性质及工程特性指标见表 15-1。

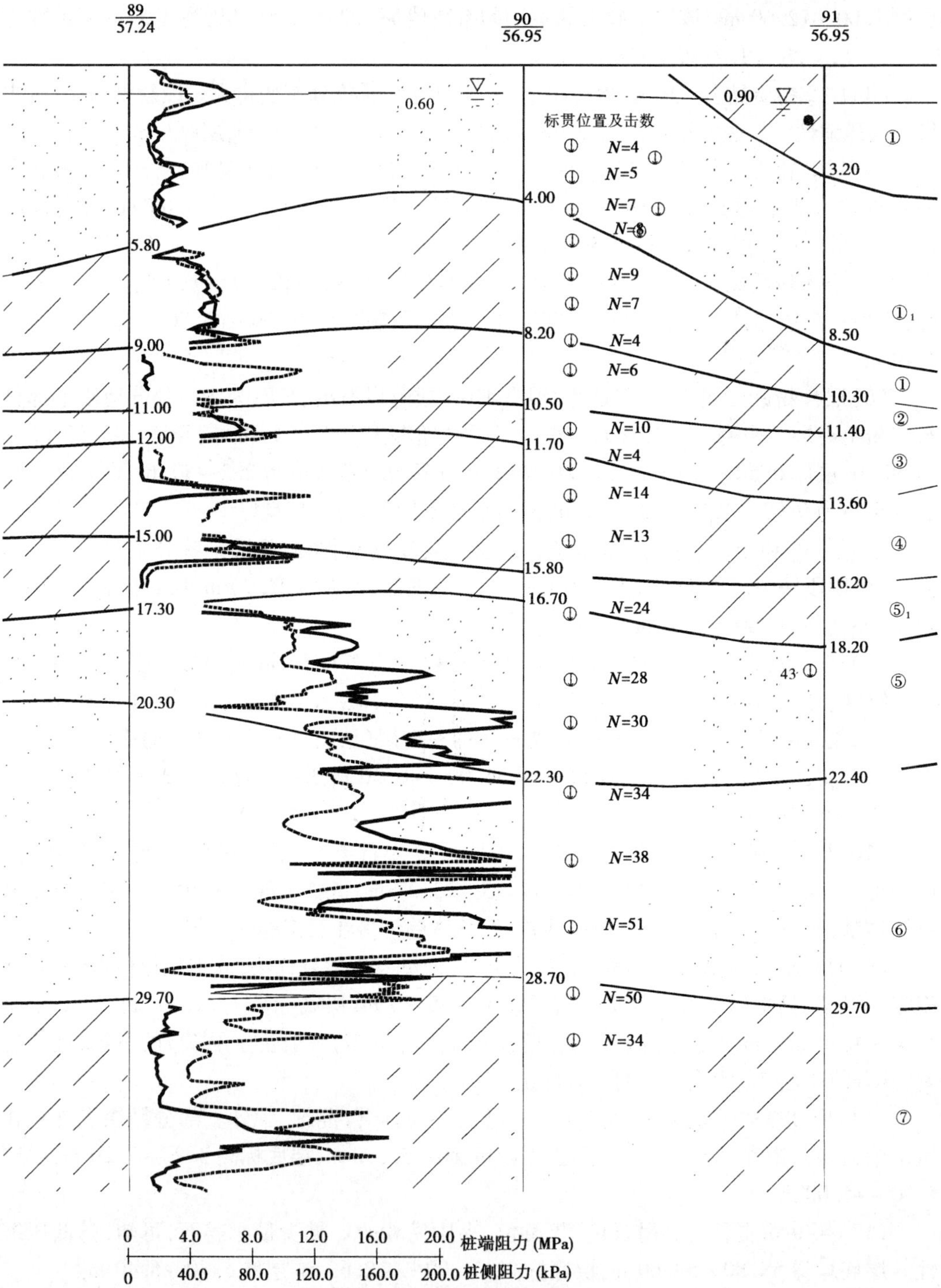

图 15-1　工程地质剖面图

表 15-1 各土层的物理性质及工程特性指标

地层编号及岩性	含水量 ω (%)	湿重度 $\gamma_{湿}$ (kN/m^3)	孔隙比 e	液性指数 I_L	相对密度 D_r	标贯原始击数 N (击)	锥尖阻力 q_c (MPa)	侧摩阻力 f_s (kPa)
层①粉土	25.2	18.7	0.785			7	2.56	29.3
层①$_1$ 粉砂	22.6	19.0	0.668		0.86	6	3.2	28.1
层②粉质黏土	36.2	18.0	1.017	0.87		6	0.96	45.9
层③粉土	25.7	19.2	0.839			8	2.80	43.4
层④粉质黏土	30.0	19.3	0.851	0.69		8	1.00	34.8
层⑤粉砂	21.3	19.2	0.624		0.82	22	12.41	108.5
层⑤$_1$ 粉土	20.5	20.1	0.582			19	4.49	54.0
层⑥粉细砂	20.3	19.8	0.619		0.74	43	21.67	165.2
层⑥$_1$ 粉土	22.8	20.0	0.652				2.04	83.1
层⑦粉土	22.8	20.0	0.652			30	3.03	114.6
层⑦$_1$ 粉砂	20.4	19.8	0.632		0.84	57	21.79	277.2
层⑦$_2$ 粉质黏土	24.3	19.8	0.706	0.48		16		
层⑧粉砂	21.4	19.8	0.636		0.76	67	20.04	253.5
层⑨粉质黏土	23.5	20.1	0.673	0.39		31		
层⑩细砂	17.1	19.9	0.571		0.83	60		

四、地下水条件

地下水埋藏较浅，地下水埋深为 0.30 ~ 2.10 m，为潜水，大气降雨是主要的补给来源，径流方向自西向东，该水无色无味。

五、场地类型与地震动参数

工程场地 50 年超越概率 10% 的动峰值加速度为 0.108g，对应的地震基本烈度为 7 度。场地地基土为中软场地土，建筑场地的类别为Ⅲ类，场地内存在可液化的土层，处于抗震不利地段。

六、场地地基土的液化判定

场地内分布有饱和粉土、砂土，在地震的作用下存在液化的可能性，层①和层③为液化土层，液化土层的下限深度一般为 10 m 左右，最大为 15.5 m，液化等级为中等—严重。

第三节　原体试验设计

一、原体试验地段

试验区位置选在固定端拟建锅炉房外侧，试验区平面尺寸为 7.00 m×20.00 m，呈东西向展布，西部为 25 根 PHC 桩工程试验桩，采用正方形布置，桩间距为 1.75 m。东部自东向西中间一排为 3 根静压试桩（PHC 桩），间距 10.00 m。具体位置见图 15-2。

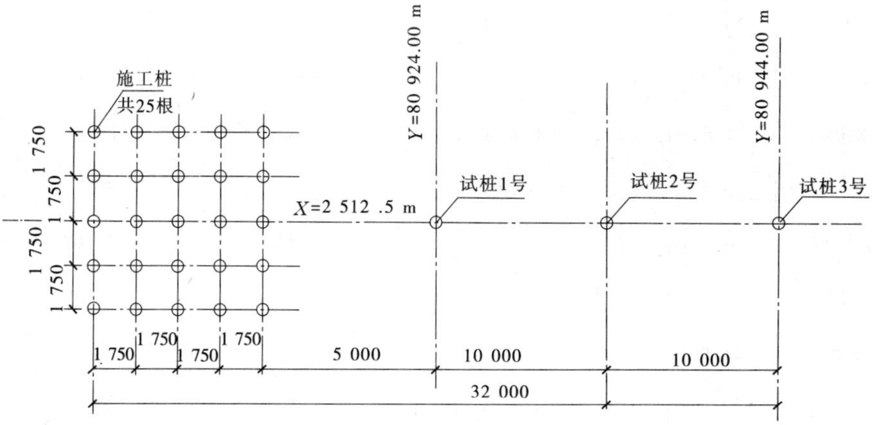

图 15-2　试验平面布置　（单位：mm）

二、原体试验的主要设计参数

本次试验的目的有两个：其一是获得以层⑥粉细砂为桩端持力层的 PHC 桩设计参数；其二是获得 PHC 桩锤击式施工工程桩穿透层⑤粉砂层的能力，从而确定施工方法对场地条件的适宜性及实际效果，确定施工机械、配套设备及合理的施工工艺等有关参数。

PHC 桩设计参数如下：

（1）材料。试桩混凝土强度等级 C80，钢筋主筋采用 HRB335 级，箍筋采用 HPB235 级，焊条 E4300。

（2）试桩和施工桩的制作应符合《预应力混凝土管桩》（03SG409）的要求，桩的编号为 PHC－AB500（100）－23b，即 PHC 桩 AB 型，外径为 500 mm，壁厚为 100 mm，桩长 $L=$ 25.50 m（实际制作的桩长 26 m），桩体分上、下两段制作，上、下桩长均为 13.00 m，桩端全断面进入持力层层⑥粉细砂约 1.00 m。上、下节桩拼接方式见选用的《预应力混凝土管桩》（03SG409）图集。桩尖材料采用 Q235 钢。

三、原体试验检测内容与数量

（一）试验内容

（1）试桩制作与施工：检验所试验的桩型和施工方法对场地条件的适宜性及实际效

果，确定施工机械、配套设备及合理的施工工艺等有关参数。

(2)单桩竖向抗压静载荷试验、单桩水平静载荷试验：采用接近工程桩的实际工作状态的试验，确定单桩竖向抗压承载力特征值和水平承载力特征值，综合确定相应土层的极限桩侧阻力和极限桩端阻力。

(3)进行单桩低应变测试，检测桩身完整性：高应变测试，低应变测试。

(4)通过单桩竖向静载荷试验和高应变测试，确定单桩竖向承载力，获取静、动力试桩对比资料，为施工图设计和工程桩的检测提供依据。

(5)通过单桩水平静载荷试验，采用接近工程桩的实际工作状态，确定单桩水平承载力特征值、地基土水平抗力系数的比例系数，获取桩基设计所必需的计算参数。

(6)检验地基土中液化性能的改变。

(二)计划的检测工作量

试验工作，共设计 3 根试桩和 25 根工程试验桩，施工方法均采用锤击沉桩。低应变测试：3 根试桩和 25 根工程试验桩，高应变测试 3 根，单桩竖向抗压静载荷试验 3 组，单桩水平静载荷试验 3 组。

第四节　原体试验施工

一、施工机械

本工程施工采用步履式锤击桩机，桩锤类型为 6.3 t 柴油导杆锤，锤击落距 1.8 m。

二、施工工艺

走管式打桩机的施工工艺主要流程为：商品桩运至试验场地→定位放线→桩机就位→送桩→对中、调直→锤击沉桩→接桩→满足桩停止锤击的控制原则→停锤。

三、施工结果

桩停止锤击的控制原则为：工程试验桩按进入持力层 1 m 深度为主要控制标准，并保证最后三阵贯入度 20 ~ 40 mm/(10 击)，3 根试桩最后一阵锤击的贯入度分别为 50 mm/(10 击)、40 mm/(10 击)和 50 mm/(10 击)。

沉桩施工：3 根试验桩的最后 2 m 桩身下沉时，锤击数明显增大，最后 2 m 桩身锤击数为 120 击/m、140 击/m、140 击/m，最后 1 m 变至 160 击/m、190 击/m、130 击/m，桩端进入持力层层⑥粉细砂的深度为 0.70 ~ 0.80 m。

试验桩端基本打到了预定深度，普遍进入层⑥粉细砂 1.3 m 左右，此时的贯入度一般为 30 mm 左右，到 25 m 时，平均总锤击数为 862 击，最大总锤击数为 8 号桩 1 775 击，最小总锤击数为 25 号桩 632 击；26 m 时平均总锤击数为 1 243 击，最大总锤击数为 8 号桩 2 825 击，最小总锤击数为 22 号桩 1 004 击。先打的桩总锤击数小，后打的桩总锤击数大，少数桩沉桩十分困难，施工顺序及总锤击数详见表 15-2。试验时未发现桩体上浮、位移等现象。试验桩编号见图 15-3。

表 15-2　工程桩试验桩锤击数汇总

试桩编号	打桩顺序	第 15 ~26 m 每米锤击数(击/m)											总锤击数（击）
		15 ~16	16 ~17	17 ~18	18 ~19	19 ~20	20 ~21	21 ~22	22 ~23	23 ~24	24 ~25	25 ~26	
1	1	5	10	24	30	43	80	150	160	166	166	256	1 162
2	2	19	19	26	40	36	55	102	138	188	199	310	1 267
3	3	8	5	6	20	21	50	79	125	140	170	300	1 014
4	4	6	5	10	24	20	50	100	122	151	215	310	1 149
5	5	9	6	15	28	20	47	99	110	142	205	301	1 103
6	6	10	10	18	25	19	59	90	115	150	220	315	1 155
7	14	8	7	17	31	49	71	110	130	156	296	402	1 407
8	12	10	8	15	42	44	79	152	220	300	780	1 050	2 825
9	10	7	5	14	36	31	40	78	117	168	300	540	1 469
10	8	7	5	12	27	24	60	100	128	160	210	312	1 170
11	9	9	16	16	24	22	60	100	108	121	215	302	1 118
12	24	10	11	15	21	28	42	72	90	110	174	296	1 019
13	25	14	15	20	30	45	70	92	105	120	148	301	1 099
14	23	9	9	12	20	25	40	70	85	120	196	290	1 019
15	22	9	12	18	25	30	50	86	120	160	191	305	1 143
16	21	35	32	25	30	35	70	79	98	120	180	305	1 140
17	20	19	22	21	28	31	64	79	101	110	222	330	1 146
18	19	9	10	20	30	30	7	92	105	110	199	320	1 046
19	18	12	9	15	20	25	67	63	87	94	242	397	1 148
20	17	9	12	15	21	30	80	82	97	127	240	370	1 208
21	16	8	8	14	22	21	42	65	110	120	192	340	1 056
22	15	8	10	15	20	30	45	70	92	130	170	301	1 004
23	13	9	9	17	30	50	80	130	150	162	290	440	1 480
24	11	8	7	20	40	32	50	98	128	196	285	592	1 577
25	7	5	10	11	26	22	54	105	130	151	200	311	1 143
试桩 1	26	5	3	7	23	22	40	85	110	140	130		631
试桩 2	27	4	4	6	17	25	38	80	110	140	190		680
试桩 3	28	6	5	6	22	26	35	65	110	120	160		631

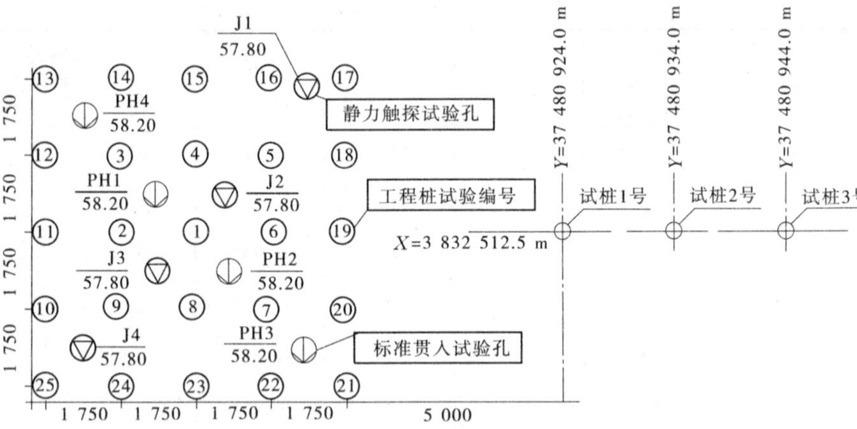

图 15-3　检测点平面图　（单位：mm）

实际工程桩与试验桩只是在长度方面有所差异，二者选择相同的桩端持力层，只是桩顶标高不一致，试桩桩顶在自然地面附近。3 根试验桩进入层⑥后，按最后三阵的贯入度 50 mm 控制，而 25 根工程试验桩的最后三阵贯入度按 30 mm 控制，所以工程试验桩的入土深度约为 26 m，进入层⑥约为 1. 3 m，而 3 根试验桩的入土深度分别为 24. 7 m、24. 8 m、24. 6 m，进入层⑥约为 0. 8 m。

根据 25 根工程试验桩的打入情况来看，按照由里向外的施工顺序，均能打入到预定的深度，已进入层⑥大于 1 m，此时每 10 击的贯入度一般小于等于 30 mm，施工中未发现桩体上浮、位移等现象。但有明显的挤密效应，具体表现在先打的桩总锤击数小，后打的桩总锤击数多，施工难度加大，特别是进入桩端持力层后，少数桩沉桩十分困难，同时由于击数偏多，个别桩体出现了损坏情况（详见小应变检测结果），但该场地采用锤击式桩基方案是可行的，因此工程桩施工可采用锤击沉桩，并采取保护措施，以防止桩头在高压力下破损，同时控制桩长和贯入度，并监测桩体的完整情况。

第五节　原体试验检测

一、低应变测试

沉桩施工结束后，经过 15 d 间歇后，对桩进行了低应变测试（反射波法）。检测遵循《建筑基桩检测技术规范》（JGJ 106—2003）的规定，根据波形分析桩身完整性。低应变测试成果见表 15-3。

二、高应变测试

低应变测试后，对全部 3 根试桩进行了高应变测试。检测遵循《建筑基桩检测技术规范》（JGJ 106—2003）的规定，高应变测试成果见表 15-4。

表 15-3　低应变测试成果

序号	检测编号	施工编号	打桩顺序号	桩长(m)	波速(m/s)	完整性	
						描述	类别
1	S1	试桩 3	28	24.6	4 300	完整	Ⅰ
2	S2	试桩 2	27	24.7	4 300	完整	Ⅰ
3	S3	试桩 1	26	24.8	4 300	浅部缺陷	Ⅳ
4	1	17	20	26	4 300	完整	Ⅰ
5	2	18	19	26	4 300	完整	Ⅰ
6	3	19	18	26	4 300	完整	Ⅰ
7	4	20	17	26	4 300	完整	Ⅰ
8	5	21	16	26	4 300	完整	Ⅰ
9	6	22	15	26	4 300	完整	Ⅰ
10	7	7	14	26	4 300	完整	Ⅰ
11	8	6	6	26	4 300	完整	Ⅰ
12	9	5	5	26	4 300	完整	Ⅰ
13	10	16	21	26	4 300	完整	Ⅰ
14	11	15	22	26	4 300	完整	Ⅰ
15	12	4	4	26	4 300	完整	Ⅰ
16	13	1	1	26	4 300	完整	Ⅰ
17	14	8	12	26	4 300	完整	Ⅰ
18	15	23	13	26	4 300	完整	Ⅰ
19	16	24	11	26	4300	完整	Ⅰ
20	17	9	10	26	4 300	完整	Ⅰ
21	18	2	2	26	4 300	接桩不良	Ⅲ
22	19	3	3	26	4 300	完整	Ⅰ
23	20	14	23	26	4 300	完整	Ⅰ
24	21	13	25	26	4 300	完整	Ⅰ
25	22	12	24	26	4 300	完整	Ⅰ
26	23	11	9	26	4 300	完整	Ⅰ
27	24	10	8	26	4 300	完整	Ⅰ
28	25	25	7	26	4 300	完整	Ⅰ

表 15-4　高应变测试成果

序号	检测编号	施工编号	入土桩长 L (m)	桩外径 D (mm)	桩内径 d (mm)	单桩承载力 Q_k(kN)
1	S1	试桩 3	24.6	500	300	3 436
2	S2	试桩 2	24.7	500	300	3 515
3	S3	试桩 1	24.8	500	300	2 804

由于 S3 桩桩身浅部存在缺陷,其单桩承载力不具代表性,其余两根桩取平均值,故单桩承载力统计值取 3 476 kN,单桩竖向抗压承载力特征值为统计值的一半,即 1 738 kN。

三、单桩竖向抗压静载荷试验

高应变测试后,间隔 3 d,对 3 根试桩进行了单桩竖向抗压静载荷试验。单桩竖向抗压静载荷试验遵循《建筑基桩检测技术规范》(JGJ 106—2003)的规定,3 根试桩的 $Q \sim s$ 曲线均出现明显的陡降段,出现了拐点,$s \sim \lg t$ 曲线有明显向下弯曲的特征,见图 15-4 。根据规范判定 S1、S2、S3 三根试桩的单桩竖向极限承载力值见表 15-5。

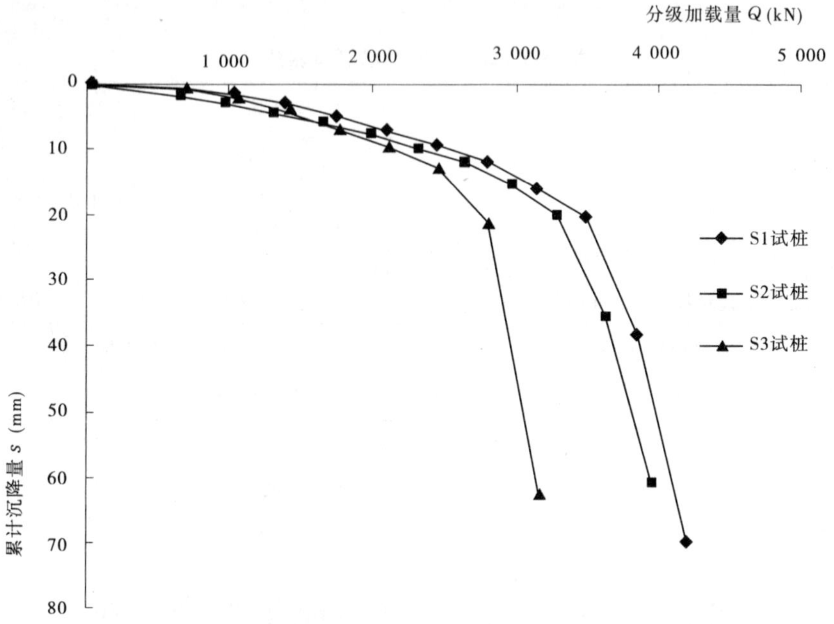

图 15-4　$Q \sim s$ 曲线

3 根试桩中,由于 S3 试桩浅部破损,故排除该桩,综合评定,则单桩竖向极限承载力为 3 400 kN。

四、单桩水平静载荷试验

单桩竖向抗压静载荷试验结束后,根据现场情况,选择 2 根试桩在地面(标高约

57. 50 m)进行了单桩水平静载荷试验。单桩水平静载荷试验遵循《建筑基桩检测技术规范》(JGJ 106—2003)的规定,单桩水平静载荷试验成果见表 15-6。

表 15-5 单桩竖向静载荷试验成果

桩号	S1(试桩 3)	S2(试桩 2)	S3(试桩 1)
桩长(m)	24. 60	24. 70	24. 80
最大加载(kN)	4 200	3 960	3 150
终止试验条件	不稳	不稳	桩头被压碎
总沉降量(mm)	69. 97	61. 01	62. 40
回弹值(mm)	—	—	—
残余沉降量(mm)	69. 97	61. 01	62. 40
弹性变形(%)	—	—	—
塑性变形(%)	100	100	100
历时(min)	2 685	2 700	2 800
单桩极限承载力(kN)	2 800	3 300	3 500

表 15-6 单桩水平静载荷试验成果

桩号	S1	S2
最大加荷 (kN)	195	195
终止试验条件	水平位移 >40 mm	水平位移 >40 mm
单桩水平临界荷载(kN)	120	105
临界荷载对应的水平位移(mm)	12. 86	10. 92
水平临界荷载统计值(kN)	112. 5	
地基土水平抗力系数的比例系数 m(kN/m^4)	11 551. 80	8 534. 30

分析水平静载荷试验结果,单桩水平承载力特征值取水平临界荷载统计值的 0. 8 倍,为 90 kN;地基土水平抗力系数的比例系数平均值 m 为 10 043. 05 kN/m^4。

第六节 桩基原体试验成果综合分析

一、桩基设计参数

通过对上述几种检测方法和计算方法的对比分析,除去试桩 1(检测 S3)号桩头破坏外,各种检测方法和计算方法得出的单桩竖向极限承载力标准值相差不大,综合考虑各种测试方法和计算方法,提出的桩基设计参数见表 15-7。

表 15-7　PHC 桩基设计参数

地层编号及岩性	极限桩侧阻力标准值 q_{sik}（kPa）	极限桩端阻力标准值 q_{pk}（kPa）	地层编号及岩性	极限桩侧阻力标准值 q_{sik}（kPa）	极限桩端阻力标准值 q_{pk}（kPa）
层①粉土	25.0	—	层④$_2$粉土	85.0	—
层②粉质黏土	25.0	—	层⑤$_1$粉土	95.0	—
层③粉土	25.0	—	层⑤粉砂	110.0	—
层④粉质黏土	70.0	—	层⑥粉细砂	120.0	4 000
层④$_1$粉土	65.0	—			

通过对各种测试方法和计算方法分析，参照单桩竖向静载荷试验，综合取值后，扣去上部基础埋深 6 m 土层的桩侧阻力，单桩竖向承载力特征值推荐值为 1 580 kN。

根据对水平静载荷试验成果分析，在地面（标高约 57.50 m）的单桩水平承载力特征值为 90.0 kN，地基土水平抗力系数的比例系数 m 为 10 043.05 kN/m^4。

二、场地地基土

试桩前在管桩试验场地共完成了 3 个标准贯入试验孔和 4 个静力触探试验孔，25 根工程桩打完后，又在桩间进行了 4 个标准贯入试验孔和 4 个静力触探孔，以确定打桩前后地基土工程特性的改变情况，测试结果详见表 15-8。

表 15-8　打桩前后原位测试结果

地层编号及岩性	标贯击数 N（击）				锥尖阻力（MPa）				侧摩阻力（kPa）			
	打桩前	打桩后	增加值	增加率（%）	打桩前	打桩后	增加值	增加率（%）	打桩前	打桩后	增加值	增加率（%）
层①粉土	5.3	13.5	8.2	154.7	3.34	7.03	3.69	110.5	27.1	69.5	42.4	156.5
层②粉质黏土	4.7	3.2	-1.5	-31.9	0.66	0.86	0.2	30.3	28.9	29.1	0.2	0.7
层③粉土	7.1	26.9	19.8	278.9	3.91	12.06	8.15	208.4	38.9	112.8	73.9	190.0
层④粉质黏土	8.5	9.0	0.5	5.9	1.19	1.72	0.53	44.5	33.9	59.9	26.0	76.7
层④$_1$粉土	9.0	21.2	12.2	135.6	4.65	7.02	2.37	51.0	50.6	125.4	74.8	147.8
层④$_2$粉土	8.0	未测到			5.95				58.6			
层⑤$_1$粉土	13.3	29.5	16.2	121.8	6.82	12.13	5.31	77.9	85.9	222.4	136.5	158.9
层⑤粉砂	19.8	51.1	31.3	158.1	9.99	15.97	5.98	59.9	96.3	184.4	88.1	91.5
层⑥粉细砂	24.0	58.1	34.1	142.1	20.41	25.03	4.62	22.6	143.1	200.7	57.6	40.3

从原位测试结果来看，粉土、砂土的标准贯入击数增加明显，并有自上而下增加值加大的趋势，到层⑤和层⑥的增加值达到了 30 击以上，而粉质黏土则基本没有变化；静力触

探试验也表明粉土及粉砂的阻力值增加较大，而粉质黏土增加不明显。这说明锤击过程中的强烈振动使得饱和状态的粉土、粉砂发生液化后，土体颗粒重新排列，而使得土体更加密实。现场打桩时，经过观察测量，管桩内的土体均压缩到了地面以下 22 m 左右，也说明了这一点。

三、场地液化判定

施工前在 25 根工程桩施工区完成了 3 个标准贯入试验孔，深度 26 m，根据测试计算结果，地震液化主要发生在层①粉土、层③粉土和层$④_1$、层$④_2$ 粉土中，液化土层的下限深度 15.00 m 左右，液化等级为中等。

施工桩完成后在该区域内进行了 4 个钻孔的标准贯入测试，测试深度 20 m，进行液化判定。计算结果表明，层①粉土、层③粉土中的液化已经消除，仅在层$④_1$ 和层$④_2$ 粉土中，少数点的标准贯入实测值小于临界值，综合判定在此前桩径、桩距、桩数前提下，地基土液化基本得以消除。

试验结果表明，场地土在桩体的挤密振动作用下，粉土及粉砂的密实度发生了明显改变，从试验点来看，场地已从原来的中等液化场地改变为非液化场地，振动挤密效果明显，从标贯击数增加情况来看，锤击法施工对液化土层的加密改善效果是非常明显的。

四、工程应用效果

原体试验完成后，按照试验的参数，工程桩在场地进行了施工，从施工结果来看，以 1 号汽机及主厂房基础施工为例：

ABCD 列共 1 112 根桩，1 号汽机施工完成的 267 根桩，这些桩中，未进入持力层的有 5 根，有 2 根在地面以下 2.00 m 的桩头在送桩过程中破碎；进入持力层，但小于 0.50 m 的桩 3 根；进入持力层 0.50 ~ 1.00 m 的 5 根。其他均与设计参数一致。

工程桩检测结果主要结论：

(1)高应变检测得到的初打承载力平均值为 2 236 kN，桩侧阻力平均值为 1 089 kN，桩端平均阻力值为 1 145 kN，按承载力恢复系数取 1.6 计算的预估桩基极限承载力平均值为3 578 kN，与前期试验桩结果吻合。

(2)桩基施工时的油门挡位控制在一挡至二挡，控制桩锤跳高为出筒口 0.70 ~ 1.20 m，实测平均锤击力为 3 750 kN，平均锤击能量45.2 kJ，均在允许的范围内，说明设计的桩基施工参数是合适的。

第七节　结　语

(1)本工程沉桩施工采用锤击沉桩，锤击式管桩对层⑤粉砂的穿透能力较强，能使桩端进入到较好的持力层层⑥中，管桩基础方案适用于该场地地层。桩端持力层以标准贯入值 $N=25$ 击为划分标准，即在类似的场地中采用 PHC 桩，可穿透 N 值小于 25 击的砂层。

(2)通过单桩竖向静载荷试验等，综合确定有效桩长试桩单桩承载力特征值为 1 580

kN，与工程桩的检测结果相近，但与按规范预估的单桩承载力特征值 2 000 kN 低。在类似的场地通过规范确定单桩承载力值时，应该取规范中的小值或对计算值适当低调。

(3) 当场地不同深度地基土层厚度有变化时，设计时应根据实际地基条件和桩基设计参数对其他地段进行单桩承载力的验算，并予以调整。

(4) 工程桩的施工，除严格的监理外，对桩的桩身完整性、施工质量、桩体是否上浮位移及基桩承载力等应进行及时的跟踪检测。另外，由于 PHC 桩桩体结构的特殊性，桩头在高压力下有破损现象，工程施工时应加强桩身保护措施。根据施工顺序造成挤密作用的影响及持力层的分布变化，考虑接桩和截桩的可能性。

(5) 根据试验结果，场地土在桩体的挤密振动作用下，粉土及粉砂的密实度发生了明显改变，在该试验条件下试验点场地已从原来的中等液化场地改变为非液化场地，基本消除了液化。从标贯击数增加情况来看，粉土、粉砂层的加密改善效果明显。因此，今后对类似的场地，通过 PHC 桩改善场地液化特征具有明显的指导和借鉴作用。

第十六章　粉质黏土地层 PHC 桩原体试验

第一节　工程概况

某热电厂一期工程拟装机容量 2×330 MW。拟建工程场地位于豫南。厂区平面形状近似为东西长约 730 m、南北宽约 300 m 的长方形，场地地貌上处于沙河（淮河二级支流）冲洪积平原上，地貌单一，地形平坦，地势开阔。

本工程主厂房建筑区选择 PHC 桩方案。

第二节　岩土工程条件

一、试桩区岩土地层构成及特征

地基土主要由第四系冲洪积黏性土与粉土组成，局部分布有砂层透镜体。根据地基土物理特征和工程特性的差异，勘探揭露的地层自上而下可划分为 9 层（编号为层①～层⑨）。各层特征分述如下：

（1）层①黏土。褐黄色、灰黄色，土质均匀，含蜗牛壳碎屑和锰质结核。可塑—硬塑，中压缩性。层厚 1.50～2.60 m，层底标高 52.27～53.74 m。该层表层为 0.30～0.50 m 的耕植土。

（2）层②粉质黏土。黄褐色，含蜗牛壳碎屑、铁锰质结核，土质均匀，见大孔隙。软塑—可塑，中压缩性。层厚 1.90～3.50 m，层底埋深 4.00～5.30 m，层底标高 49.42～50.92 m。

（3）层③粉土。灰黄色、黄灰色，含蜗牛壳碎屑、云母，见铁质氧化物斑块，局部粉细砂含量较高。中密，湿，中压缩性。层厚 0.50～2.20 m，层底埋深 4.80～6.40 m，层底标高 48.72～50.04 m。

（4）层④粉质黏土。灰色、灰褐色，含蜗牛壳碎屑、铁锰质结核，土质均匀，具腥臭味。软塑—可塑，中压缩性。层厚 0.90～4.00 m，层底埋深 6.50～8.50 m，层底标高 46.36～48.35 m。

（5）层⑤粉质黏土。灰黄色、褐黄色，含氧化铁和锰质结核、蜗牛壳碎屑，混少量小姜石，局部夹有粉土薄层。可塑，中压缩性。层厚 1.60～4.10 m，层底埋深 9.30～10.90 m，层底标高 43.95～45.67 m。

（6）层⑥黏土。黄褐色、褐黄色，含氧化铁和锰质结核、蜗牛壳碎屑，该层均匀性较差，部分地段上部混有多量姜石，中下部存在可塑的透镜体。可塑—硬塑，中压缩性。层厚 3.80～7.30 m，层底埋深 14.50～17.10 m，层底标高 37.73～40.39 m。

(7)层⑦粉土。灰黄色、褐黄色,含蜗牛壳碎屑、云母,混有铁锰质结核,局部夹有粉质黏土或粉细砂薄层。密实,湿,中压缩性。层厚 0. 70 ~ 3. 70 m,层底埋深 15. 20 ~ 19. 50 m,层底标高 35. 33 ~ 39. 69 m。该层自西向东于场地东部尖灭。

(8)层⑧粉质黏土。褐黄色,见蜗牛壳碎屑,含锰质结核、斑点状高岭土和少量姜石,土质较均匀,局部夹有粉土薄层。可塑—硬塑,中压缩性。层厚 5. 30 ~ 10. 60 m,层底埋深 23. 80 ~ 26. 20 m,层底标高 28. 67 ~ 31. 04 m。

(9)层⑨黏土。棕黄色、褐黄色,含锰质结核、斑点状高岭土,混有姜石,部分地段该层顶部姜石富集,富集层一般小于 0. 6 m。硬塑—坚硬,低压缩性(局部中压缩性)。层厚 6. 20 ~ 10. 70 m,层底埋深 31. 20 ~ 36. 20 m,层顶标高 28. 67 ~ 31. 04 m,层底标高 18. 86 ~ 23. 83 m。

主要地层分布情况见图 16-1。各土层的主要物理性质及工程特性指标见表 16-1。

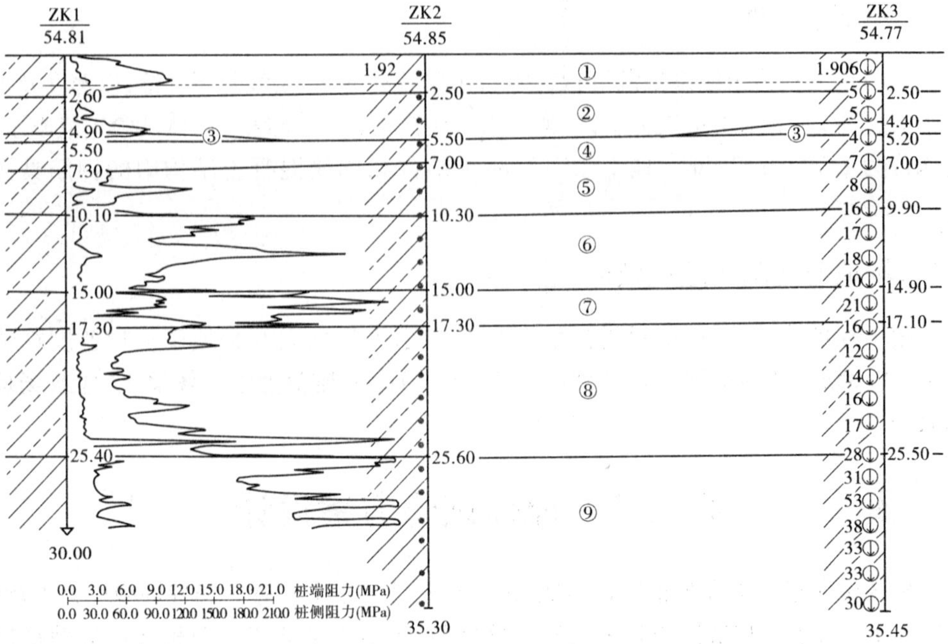

图 16-1 试桩区工程地质剖面图 (单位:m)

表 16-1 各岩土地层主要物理性质及工程特性指标

地层编号及岩性	含水量 ω(%)	重度 γ (kN/m^3)	孔隙比 e	饱和度 S_r(%)	液性指数 I_L	黏粒含量 ρ_c(%)	标准贯入击数 N(击)	静探锥尖阻力 q_c(MPa)	静探侧摩阻力 f_s(kPa)
层①黏土	24. 9	19. 8	0. 726	93. 7	0. 25	—	8	1. 24	64. 4
层②粉质黏土	26. 7	19. 5	0. 766	94. 7	0. 72	—	4	0. 78	25. 3
层③粉土	26. 6	19. 6	0. 780	97. 2	—	14. 9	7	3. 81	70. 2
层④粉质黏土	24. 5	19. 5	0. 727	91. 5	0. 70	—	4	0. 89	20. 8

续表 16-1

地层编号及岩性	含水量 ω(%)	重度 γ (kN/m³)	孔隙比 e	饱和度 S_r(%)	液性指数 I_L	黏粒含量 ρ_c(%)	标准贯入击数 N(击)	静探锥尖阻力 q_c(MPa)	静探侧摩阻力 f_s(kPa)
层⑤粉质黏土	21.7	20.1	0.640	92.2	0.44	—	9	1.26	42.5
层⑥黏土	24.7	19.9	0.709	95.1	0.23	—	17	2.58	123.0
层⑦粉土	24.5	19.7	0.699	94.5	—	10.8	28	10.03	181.4
层⑧粉质黏土	23.1	20.3	0.652	96.0	0.28	—	15	2.30	81.9
层⑨黏土	22.0	20.4	0.637	95.5	0.04	—	36	5.62	189.7

二、地下水条件

场地内地下水为第四系松散沉积物中的孔隙潜水，接受大气降雨补给，以蒸发及地下径流形式排泄，地下水水量较为丰富，地下水水质清洁，无嗅无味。原体试验正值丰水期，稳定水位为 1.90 ~ 1.92 m。地下水对混凝土结构和钢筋混凝土结构中的钢筋具微腐蚀性。

三、场地与地基的地震效应

拟建工程场地处于 50 年超越概率 10% 危险水平的地面水平地震动加速度峰值为 49.2 gal(0.05g)，相应的地震基本烈度为 6 度。场地土类型为中软场地土，建筑场地类别为Ⅲ类。

第三节　原体试验方案设计

试桩区由 3 根试桩和 8 根锚桩组成，锚桩与试桩成正交布置。锚桩桩型均为支盘桩，桩间距 3.11 m，锚桩与试桩的间距大于 4 倍桩径，满足规范要求。单桩竖向静载荷试验时，反力由 4 根锚桩提供，相邻锚桩重复利用。试桩平面布置见图 16-2。

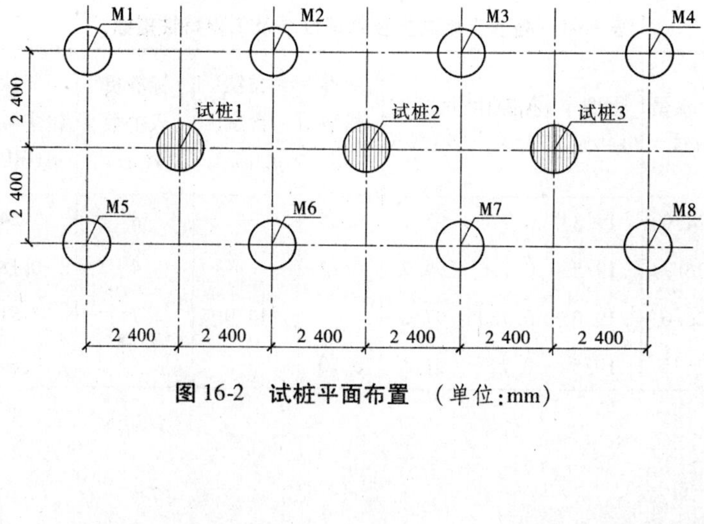

图 16-2　试桩平面布置　（单位：mm）

根据场地和建筑结构特点,3 根试桩编号为 P1 ~ P3,桩径 $d = 500$ mm,桩长 $L = 28.0$ m,分上、下两段制作,每段桩长 14.0 m,桩端全断面进入持力层层⑨约 2.0 m。

由于厂区地下水位较浅,试桩施工期间地下水位在 1.90 m 左右,因此在施工时把试桩及锚桩均加长至地面,桩长加长了约 4.5 m,桩底标高不变,以利于检测,并节省井点降水及开挖基坑和支护的费用。

PHC 桩桩身混凝土强度等级采用 C80,桩的制作应符合《预应力混凝土管桩》(03SG409)的要求,桩的编号为 PHC - AB500(100) - 23b,即 PHC 桩 AB 型。

第四节　原体试验施工

PHC 桩施工采用 60B 型筒式柴油打桩机,锤击沉桩工艺。桩锤的冲击部分 6.0 t,停锤标准以控制桩端设计标高为主,贯入度可作参考。施工指标及工艺满足《建筑桩基技术规范》(JGJ 94—2008)相应要求。

PHC 桩施工流程为:桩机就位→插桩→锤击沉桩→接桩→锤击沉桩至设计标高。施工顺序从东向西依次进行,为 P3、P2、P1。PHC 桩每根桩分上下两节,每节长 14.0 m,实际施工时将桩打入深度为 27.5 m,地面以上留 0.5 m。施工吊桩前,在桩身上画出以米为单位的长度标记,锤击贯入时对桩的入土深度及每米沉桩锤击数进行了详细记录。分析施工记录发现,每施工 1 根桩平均用时约 1 h,上部土层较软,较容易贯入,上部 10 m 锤头难以起跳或每米仅 3 ~5 击,超过 10 m 以后随着贯入深度增加,侧摩阻力增大,每米锤击数达到 20 击以上,最后 2 m 每米锤击数达到 80 击以上,说明桩尖已进入层⑨约 2.0 m,满足设计要求。从沉桩过程及每米锤击数来看,对于本工程场地采用 PHC 桩是可行的,锤击沉桩工艺是适宜的。锤击沉桩施工和接桩施工见图 16-3 和图 16-4。

图 16-3　锤击沉桩施工

图 16-4　接桩施工

第五节 原体试验检测

一、检测的方法及次序

本次原体试验的检测内容主要为:竖向静载荷试验以确定单桩竖向极限承载力,水平静载荷试验以确定单桩水平极限承载力,高应变和低应变测试以确定单桩极限承载力、桩侧阻力、桩身完整性和将来工程桩的检测方式。

检测顺序为:PHC 桩在沉桩后休止时间 24 d 后进行检测(沉桩结束后即对 3 根 PHC 桩先作一次高应变测试,用以测试其承载力恢复系数)。先进行低应变、高应变,之后进行桩的竖向静载荷试验(同时进行应力、应变观测),最后进行水平静载荷试验。

二、低应变动力检测

低应变动力检测仪器为 RS1616K(p)型桩身完整性检测仪,激振装置为 PVC 力锤。采用反射波法对 3 根 PHC 桩及 8 根锚桩均进行了低应变检测,即桩顶实施锤击后,激起桩顶质点的位移,该位移在桩身中传播而形成应力波。应力波在下行途中,如果遇到缺陷(断裂、裂缝),则产生上行的拉伸波,拉伸波到达桩顶面时,将导致桩顶面质点向下的速度增加;应力波运行至桩端,由于阻抗剧变,而产生更为强烈的上行压缩波,即桩端反射。所有这些信息都被安装于桩顶的加速度传感器接收,根据初始激振与桩端反射之间的时间差 Δt 及桩长 L 来推求应力波在桩身介质中的传播波速,$c = 2L/\Delta t$,根据速度曲线的特征来判断桩身的阻抗变化,再根据反射波到达桩顶的时间及波速来推求阻抗变化的位置。根据野外采集的波列图中的入射波和反射波的波形、相位、频率及波的到达时间等特征,以查明桩身缺陷及其位置,判定桩身完整性类别。

检测前先进行激振方式和接收条件的选择试验,确定最佳激振方法和接收条件。每一根被检测的单桩均进行四次以上的重复测试,出现异常波形在现场及时研究,排除影响测试的不良因素后重复测试,当重复测试的波形具有较好的一致性时,再进行下一根桩的测试工作。

依据检测曲线分析,3 根 PHC 桩及 8 根锚桩综合确定均为 I 类桩。

三、高应变动力检测

高应变动力检测仪器为中国建筑科学院地基基础研究所研制生产的 FEI - C5 桩基动测分析仪,加速度传感器为美国 PCB 公司生产的 353M209 型,力传感器为北京科奥高技术开发公司生产的 CYB - YB - F 型应变环,锤击设备采用组合钢铸 6 t 重锤,采用导向架进行检测,本次分别对 3 根 PHC 桩进行了检测,以判定桩的承载力和评价桩身结构完整性。

现场测试时,将 2 个加速度传感器和 2 个应变式力传感器分别对称安装在距桩顶 2 倍桩径的桩侧表面,锤自由下落锤击桩顶,瞬时冲击产生的加速度和力信号通过 FEI - C2 型桩基动测分析系统进行放大和 A/D 转换,转换成数字信号,经过计算机软件处理后存入磁盘,同时显示实测波形。

采用波形拟合分析,先假设桩-土模型及其参数,以实测速度信号作为边界条件输入,利用特征线法求解波动方程,反算桩顶的力;不断调整桩-土模型及参数,反复进行拟合计算,使计算的力曲线与实测的力曲线吻合程度较好,此时的桩土参数可认为是最佳桩-土模型,即可计算出桩的极限承载力。为测定桩的承载力恢复系数,了解地基土随时间的变化作用,在成桩后和进行静载荷试验前分别进行了高应变测试。各被测桩高应变法检测结果见表16-2。

表16-2 各被测桩高应变法检测结果

项目	桩号	单桩竖向极限承载力标准值 Q_{uk}(kN)	总极限桩侧阻力标准值 Q_{sk}(kN)	总极限桩端阻力标准值 Q_{pk}(kN)	桩身完整性评价	单桩承载力特征值 R_a(kN)
成桩后	P1	2 800.0	2 200.0	600.0	完整	1 364
	P2	2 636.8	2 050.9	586.0	完整	
	P3	2 748.3	2 128.3	620.0	完整	
进行静载荷试验	P1	4 515.3	3 915.3	600.0	完整	2 300
	P2	4 743.4	4 124.5	618.9	完整	
	P3	4 543.6	3 943.6	600.0	完整	

四、单桩竖向抗压静载荷试验

静载荷试验采用锚桩横梁反力装置,加荷系统为RS-JYB型静载荷测试仪和QF6300型油压千斤顶,测量装置为FD80型测力传感器和调频式KR-50型位移传感器。采用慢速维持荷载法分级加载至破坏,完成整个测试过程。通过对3根试桩竖向抗压静载荷试验,判定单桩竖向抗压承载力特征值。静载荷试验准备见图16-5。

图16-5 静载荷试验准备

(一)加卸载与沉降观测

加载分级进行,采用逐级等量加载。P1号桩按每级300 kN递增,第一级取分级荷载的2倍。后两根试桩根据P1号桩试验结果对分级进行了调整。卸载分级进行,每级卸载量取加载时分级荷载的2倍,逐级等量卸载,并进行沉降观测。加卸载时应使荷载传递均匀、连续、无冲击,每级荷载在维持过程中的变化幅度不超过分级荷载的±10%。加载分级见表16-3。

表16-3 单桩竖向抗压静载荷试验加载分级

分级		1	2	3	4	5	…	11	12	…	15
荷载(kN)	P1	600	900	1 200	1 500	1 800	…	3 600	3 900	…	4 800
	P2	800	1 200	1 600	2 000	2 400	…	4 800	5 200		
	P3	800	1 200	1 600	2 000	2 400	…	4 800			

(二)试验数据与资料

(1)本工程3根桩试验数据见表16-4、图16-6、表16-5、图16-7、表16-6和图16-8。

表16-4 P1桩静载荷试验结果汇总

序号	荷载 Q(kN)	历时 t(min)		沉降量 s(mm)	
		本级	累计	本级	累计
0	0	0	0	0	0
1	600	120	120	0.11	0.11
2	900	120	240	0.61	0.72
3	1 200	120	360	0.63	1.35
4	1 500	120	480	0.61	1.96
5	1 800	120	600	0.83	2.79
6	2 100	210	810	1.26	4.05
7	2 400	120	930	0.95	5.00
8	2 700	210	1 140	1.27	6.27
9	3 000	120	1 260	0.93	7.20
10	3 300	120	1 380	0.93	8.13
11	3 600	150	1 530	1.11	9.24
12	3 900	150	1 680	1.13	10.37
13	4 200	210	1 890	1.73	12.10
14	4 500	240	2 130	2.66	14.76
15	4 800	15	2 145	31.80	46.56
16	3 600	60	2 205	16.39	62.95
17	3 000	60	2 265	-0.02	62.93
18	2 400	60	2 325	-0.46	62.47
19	1 800	60	2 385	-0.78	61.69
20	1 200	60	2 445	-0.83	60.86
21	600	60	2 505	-1.01	59.85
22	0	180	2 685	-2.66	57.19
最大沉降量:46.56 mm		最大回弹量:-10.63 mm		回弹率:-22.83%	

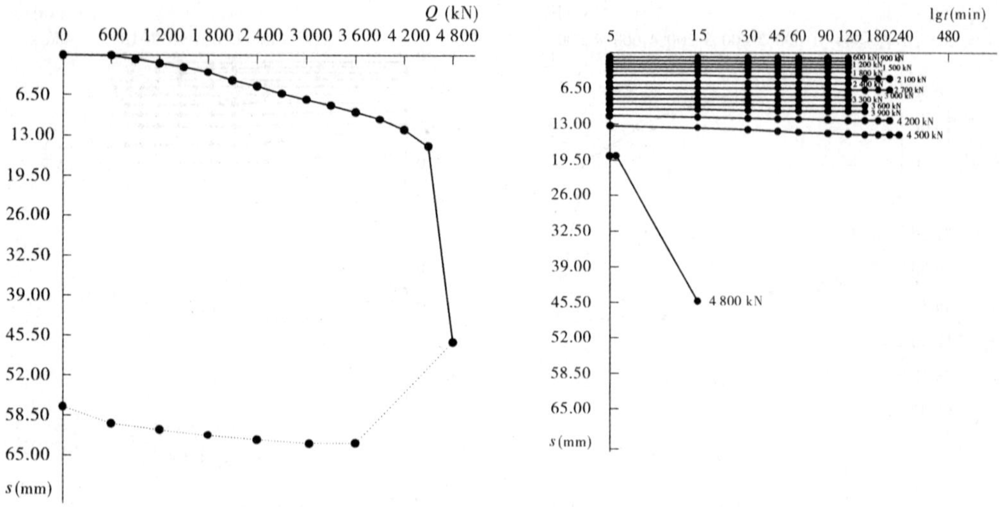

(a)Q~s曲线　　(b)s~lg$t$曲线

图 16-6　P1 桩静载荷试验 $Q\sim s$、$s\sim \lg t$ 曲线图

表 16-5　P2 桩静载荷试验结果汇总

序号	荷载 Q(kN)	历时 t(min)		沉降量 s(mm)	
		本级	累计	本级	累计
0	0	0	0	0	0
1	800	120	120	2.09	2.09
2	1 200	120	240	0.72	2.81
3	1 600	120	360	0.99	3.80
4	2 000	120	480	1.25	5.05
5	2 400	210	690	1.46	6.51
6	2 800	150	840	1.43	7.94
7	3 200	180	1 020	1.75	9.69
8	3 600	180	1 200	1.70	11.39
9	4 000	150	1 350	2.15	13.54
10	4 400	180	1 530	3.35	16.89
11	4 800	180	1 710	3.38	20.27
12	5 200	15	1 725	28.62	48.89
13	4 400	60	1 785	-0.43	48.46
14	3 600	60	1 845	-0.32	48.14
15	2 800	60	1 905	-2.06	46.08
16	2 000	60	1 965	-2.17	43.91
17	1 200	60	2 025	-2.44	41.47
18	400	60	2 085	-3.52	37.95
19	0	180	2 265	-2.68	35.27
最大沉降量:48.89 mm		最大回弹量:13.62 mm		回弹率:27.86%	

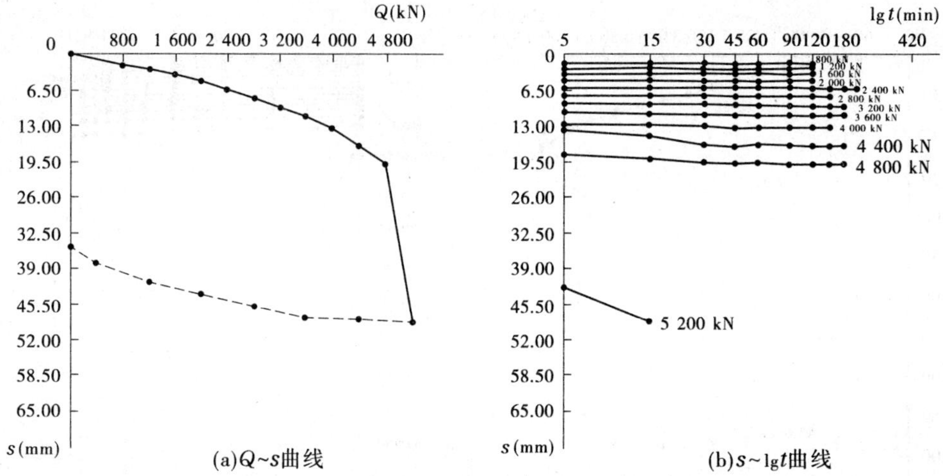

图 16-7　P2 桩静载荷试验 $Q \sim s$、$s \sim \lg t$ 曲线图

表 16-6　P3 桩静载荷试验结果汇总

序号	荷载 Q(kN)	历时 t(min)		沉降量 s(mm)	
		本级	累计	本级	累计
0	0	0	0	0	0
1	800	120	120	1.38	1.38
2	1 200	120	240	0.93	2.31
3	1 600	120	360	1.07	3.38
4	2 000	120	480	1.14	4.52
5	2 400	180	660	1.37	5.89
6	2 800	120	780	1.39	7.28
7	3 200	150	930	2.08	9.36
8	3 600	180	1 110	2.70	12.06
9	4 000	180	1 290	3.40	15.46
10	4 400	180	1 470	4.05	19.51
11	4 800	15	1 485	24.72	44.23
12	4 000	60	1 545	-0.28	43.95
13	3 200	60	1 605	-0.59	43.36
14	2 400	60	1 665	-1.65	41.71
15	1 600	60	1 725	-2.70	39.01
16	800	60	1 785	-2.43	36.58
17	0	180	1 965	-2.70	33.88
最大沉降量:44.23 mm		最大回弹量:10.35 mm		回弹率:23.40%	

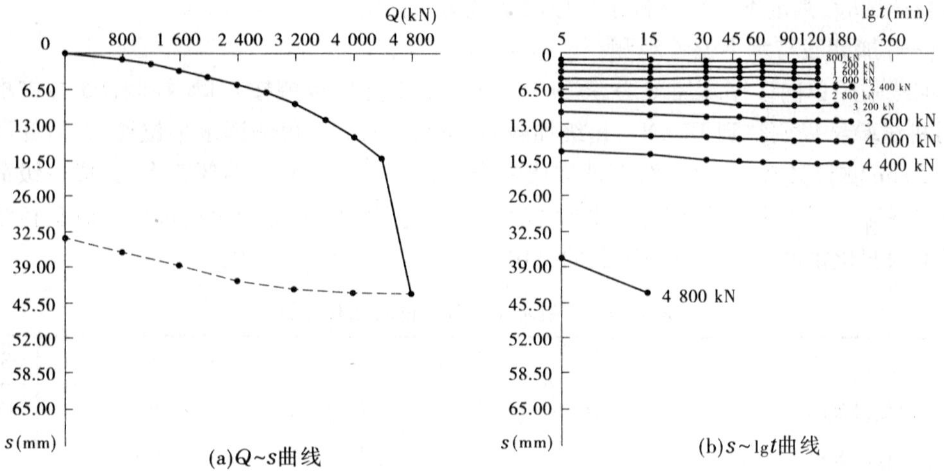

图 16-8　P3 桩静载荷试验 $Q \sim s$、$s \sim \lg t$ 曲线图

(2)3 根桩的桩顶最大加载量、最大沉降量及残余沉降量见表 16-7。

表 16-7　单桩竖向抗压静载荷试验概况

桩号	试验日期 (年-月-日)	试验历时 t(min)	最大加载量 Q(kN)	桩顶最大沉降量 s(mm)	桩顶残余沉降量 s(mm)
P1	2007-09-07	2 685	4 800	62.95	57.19
P2	2007-09-11	2 265	5 200	48.89	35.27
P3	2007-09-14	1 965	4 800	44.23	33.88

(三)试验结果

本工程 3 根桩竖向抗压静载荷试验结果见表 16-8。

表 16-8　单桩竖向抗压静载荷试验结果

桩号	实测单桩竖向极限承载力标准值 Q_{uk}(kN)	极限承载力统计值 (kN)	承载力特征值 R_a(kN)	折减至设计标高处承载力特征值 R_a(kN)
P1	4 500			
P2	4 800	4 566	2 283	1 909
P3	4 400			

五、单桩水平静载荷试验

水平静载荷试验采用相邻锚桩提供反力,加荷系统为 RS－JYB 型静载荷测试仪和 QF1000－20 型油压千斤顶,测量装置为 FD60 型测力传感器和调频式 KR－50 型位移传感器。采用单向多循环加载法完成整个测试过程。通过对 P1 和 P3 两根试桩进行单桩水平静载荷试验,判定本工程单桩水平极限承载力特征值。

(一)加卸载与水平位移观测

加载采用单向多循环加载法,逐级等量加载,P1 号桩级差按 6 kN 控制,P3 号桩根据 P1 号桩试验结果调整到 18 kN。每级加载后,恒载 4 min 后可测读水平位移,然后卸载至 0,停 2 min 测读残余水平位移,至此完成一个加卸载循环。如此循环 5 次,完成一级荷载的位移观测。试验中间不停顿。加卸载时荷载传递均匀、连续、无冲击,每级荷载在维持过程中的变化幅度不超过分级荷载的 ±10%。加载分级见表 16-9。

表 16-9　单桩水平静载荷试验加载分级

分级	1	2	3	4	5	6	7	…	11	…	31
P1 荷载(kN)	6	12	18	24	30	36	42	…	66	…	186
P3 荷载(kN)	18	36	54	72	90	108	126	…	198		

(二)试验数据与资料

(1)P1、P3 桩试验数据见图 16-9 和图 16-10。

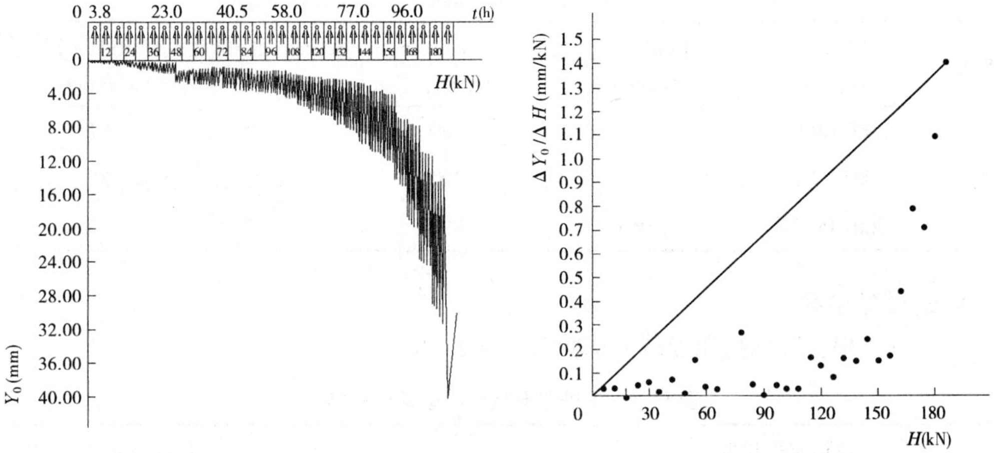

(a)$H\sim t\sim Y_0$　　(b)$H\sim \Delta Y_0/\Delta H$

图 16-9　P1 桩单桩水平静载荷试验 $H\sim t\sim Y_0$、$H\sim \Delta Y_0/\Delta H$ 曲线

(2)P1、P3 桩的水平荷载最大加载量、最大水平位移量见表 16-10。

表 16-10　单桩水平静载荷试验概况

桩号	试验日期(年-月-日)	试验历时 t(min)	最大加载量 H(kN)	最大水平位移量 Y_0(mm)
P1	2007-09-17	906	186	38.45
P3	2007-09-22	318	198	39.16

(三)试验结果

P1、P3 桩单桩水平静载荷试验结果见表 16-11。

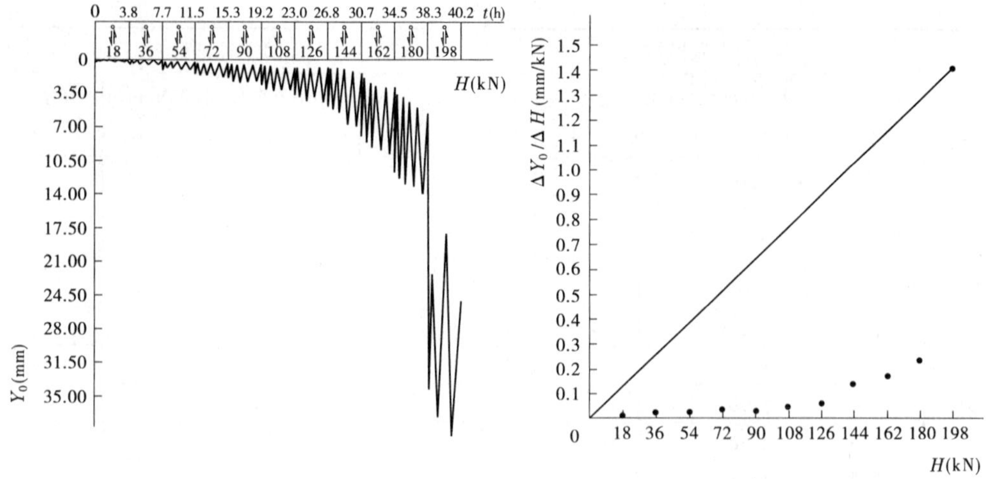

(a) $H \sim t \sim Y_0$　　(b) $H \sim \Delta Y_0/\Delta H$

图 16-10　P3 桩单桩水平静载荷试验 $H \sim t \sim Y_0$、$H \sim \Delta Y_0/\Delta H$ 曲线

表 16-11　单桩水平静载荷试验结果

试验桩号	极限承载力 (kN)	临界荷载 (kN)	极限承载力统计值(kN)	临界荷载统计值(kN)	水平承载力特征值 R_{ha}(kN)
P1	162	108	171	117	117
P3	180	126			

(四)地基土水平抗力系数比例系数 m 值

依据《建筑基桩检测技术规范》(JGJ 106—2003)计算出的地基土水平抗力系数的比例系数 m 见表 16-12。水平抗力系数的比例系数分布图见图 16-11。

表 16-12　地基土水平抗力系数的比例系数计算成果

序号	P1 号试桩				P3 号试桩			
	H(kN)	Y_0(mm)	m(MN/m^4)	a(m^{-1})	H(kN)	Y_0(mm)	m(MN/m^4)	a(m^{-1})
1	6	0.17	95.4	0.947	18	0.24	193.8	1.091
2	12	0.36	91.3	0.939	36	0.69	105.9	0.967
3	18	0.46	85.7	0.927	54	1.14	90.1	0.936
4	24	0.56	76.3	0.906	72	1.82	66.7	0.882
5	30	0.91	62.4	0.870	90	2.42	60.2	0.864
6	36	1.05	52.6	0.841	108	3.25	49.9	0.832
7	42	1.47	48.3	0.827	126	4.41	38.8	0.791
8	48	1.56	43.9	0.811	144	6.91	22.9	0.712
9	54	2.46	43.2	0.808	162	9.87	15.4	0.658
10	60	2.73	42.6	0.806	180	14.11	10.1	0.605
11	66	2.92	42.3	0.805	198	39.16	2.2	0.444
12	72	2.95	42.3	0.805				

续表 16-12

序号	P1 号试桩				P3 号试桩			
	H(kN)	Y_0(mm)	m(MN/m^4)	a(m^{-1})	H(kN)	Y_0(mm)	m(MN/m^4)	a(m^{-1})
13	78	3.28	39.6	0.794				
14	84	3.56	38.2	0.789				
15	90	3.57	36.4	0.781				
16	96	3.85	34.5	0.773				
17	102	4.05	31.4	0.759				
18	108	4.26	31.8	0.760				
19	114	5.23	24.7	0.723				
20	120	5.99	21.5	0.703				
21	126	6.46	20.5	0.697				
22	132	7.41	17.7	0.676				
23	138	8.29	15.8	0.661				
24	144	9.76	12.9	0.635				
25	150	10.65	11.9	0.625				
26	156	11.67	10.9	0.614				
27	162	14.33	8.3	0.581				
28	168	19.11	5.4	0.534				
29	174	23.39	4.1	0.505				
30	180	29.97	2.9	0.470				
31	186	38.45	2.0	0.438				

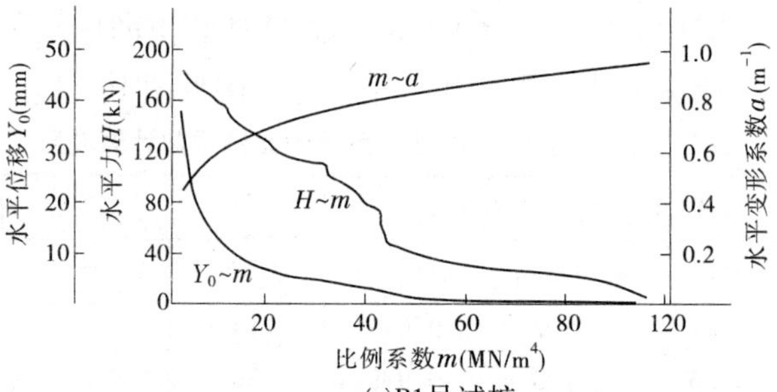

(a)P1号试桩

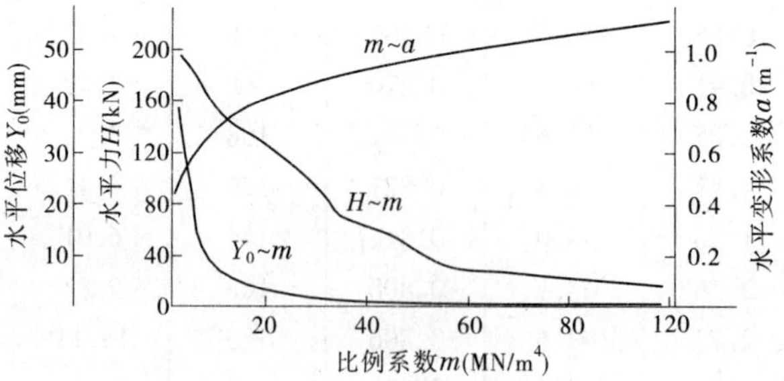

(b)P3号试桩

图 16-11　水平抗力系数的比例系数分布

第六节　原体试验检测成果综合确定

一、竖向承载力及设计参数确定

根据对竖向静载荷试验成果及高应变测试成果综合分析，确定单桩竖向承载力及各岩土地层极限桩侧阻力及极限桩端阻力，各设计参数推荐值见表16-13。

表16-13　PHC桩单桩竖向承载力及设计参数推荐值

实测单桩竖向极限承载力标准值 Q_{uk}(kN)	设计基础标高以上桩侧阻力标准值 Q_{sk}(kN)	单桩竖向极限承载力标准值(按有效桩长)Q_{uk}(kN)	单桩竖向承载力特征值 R_a(kN)	地层编号及岩性	极限桩侧阻力建议值 q_{sik}(kPa)	极限桩端阻力建议值 q_{pk}(kPa)
4 566	748	3 818	1 909	层②粉质黏土	56	—
				层④粉质黏土	64	—
				层⑤粉质黏土	76	—
				层⑥粉质黏土	90	—
				层⑦粉土	84	—
				层⑧粉质黏土	92	—
				层⑨黏土	98	3 780

二、水平承载力及设计参数确定

根据对水平静载荷试验成果分析，综合确定单桩水平极限承载力及地基土水平抗力系数的比例系数，各设计参数推荐值见表16-14。

表16-14　单桩水平承载力及设计参数推荐值

单桩水平极限承载力(kN)	单桩水平临界荷载(kN)	地基土水平抗力系数的比例系数 m(MN/m^4)
171	117	13.9

第七节　原体试验检测成果分析

通过对3根PHC桩进行的低应变、高应变动力测试成果，可以判定桩身质量及完整性良好，桩的承载力恢复系数也较理想。通过对各试桩的竖向、水平静载荷试验，获取的各项试验数据均较为理想。由于试桩桩顶处于 -1.5 m 处，而工程桩桩顶处于 -6.0 m，因此本次单桩竖向极限承载力标准值减去 -1.5 ~ -6.0 m 段的极限桩侧阻力后，即可得出工程桩的单桩竖向极限承载力标准值。

对于水平静载荷试验,试验面均在自然地面以下 1.0 m,处于地基土层①中,试验所得各项参数,设计时可根据桩顶标高及所处层位的变化参照使用。

通过对上述几种检测方法和计算方法的对比分析,各种检测方法和计算方法得出的单桩竖向极限承载力标准值相差不大,综合考虑各种测试方法和计算方法,并主要参照单桩竖向静载荷试验成果,给出单桩竖向极限承载力标准值。本次试桩检测结果均满足极差不超过平均值的 30%,故取其平均值为单桩竖向抗压极限承载力。

第八节　结　语

(1)PHC 桩沉桩采用 60B 型筒式柴油打桩机,每根桩成桩时间为 1 ~ 1.5 h,宜采用跳打方法,停锤标准以控制桩端设计标高为主,贯入度可作参考(沉桩最后 1 m 的锤击数一般应大于 80 击/m),若出现异常,应及时分析原因,并采取相应措施。

(2)PHC 桩桩径 500 mm,壁厚 100 mm,AB 型桩,有效桩长 23 m,桩端持力层为层⑨。根据检测成果,综合确定单桩竖向抗压极限承载力为 3 818 kN,特征值为 1 909 kN,承载力恢复系数为 1.69;单桩水平临界荷载为 117 kN,地基土水平抗力系数的比例系数 m = 13.9 MN/m^4。

(3)厂区地下水类型为潜水,埋藏较浅,地下水年变幅不大。该类场地,工程桩施工时,应严密监测 PHC 桩的桩顶上浮及水平位移情况,若出现上浮量或水平位移量较大,应及时采取相应措施。

第十七章　砂砾石垫层原体试验

第一节　工程概况

某电厂一期装机容量 2×600 MW，厂址位于豫北，邻近中州铝厂至其生活区的专用公路（当地称为 2 号公路），交通便利。厂址面积约为 1 100 m×400 m。

电厂冷却塔的基底持力层为层②粉土，承载力特征值为 80 kPa，天然地基难以满足强度要求，需要对地基进行加固处理。同时，进行砂砾石垫层和 CFG 桩两种方案，根据试验结果对冷却塔地基处理方案进行优化对比。本章仅介绍论述砂砾石垫层方案。

为了获取砂砾石垫层方案的施工可行性、施工参数及地基承载力等特性指标资料，为地基处理的优化设计及大面积施工提供依据，在两个冷却塔附近拟加固的建筑区，选择具有代表性的地段，进行砂砾石垫层方案原体试验。试验区相对位置见图 17-1。

第二节　岩土工程条件

一、地形地貌

厂址处于太行山南麓，黄河冲洪积平原地带，地貌较为单一，地形平坦，总体地势开阔，厂区地面标高一般为 83.79～86.26 m，试验区地面标高 84.10～84.20 m。

二、岩土地层特征

厂址场地岩土工程条件较为简单，主要由第四系冲洪积的粉质黏土和粉土组成，分述如下：

（1）层①粉质黏土。褐灰、深灰、黑灰等色，表层为 0.50～0.70 m 的耕植土，含铁锰质，见小姜粒，切面光滑。可塑，中压缩性。层厚 1.60～1.70 m。

（2）层②粉土。灰白色、灰黄色，含云母，见姜石。在底部局部含粉砂。稍—中密，中（偏高）压缩性。层厚 2.40～4.80 m。

（3）层③粉质黏土。灰黄色、褐黄色，含较多姜石及云母、锰质结核、蜗壳，可塑状态。中压缩性。层厚 4.90～5.40 m。

（4）层④粉土。黄褐、浅黄、灰黄等色，含云母，见姜石、蜗壳。湿，密实。中压缩性。层厚 2.00～2.20 m。

（5）层⑤粉质黏土。棕黄、褐黄、黄灰等色，含云母、铁锰质，见姜石和蜗壳，局部可见粉砂和粉土。可塑状态，中压缩性。层厚 7.30～7.50 m。

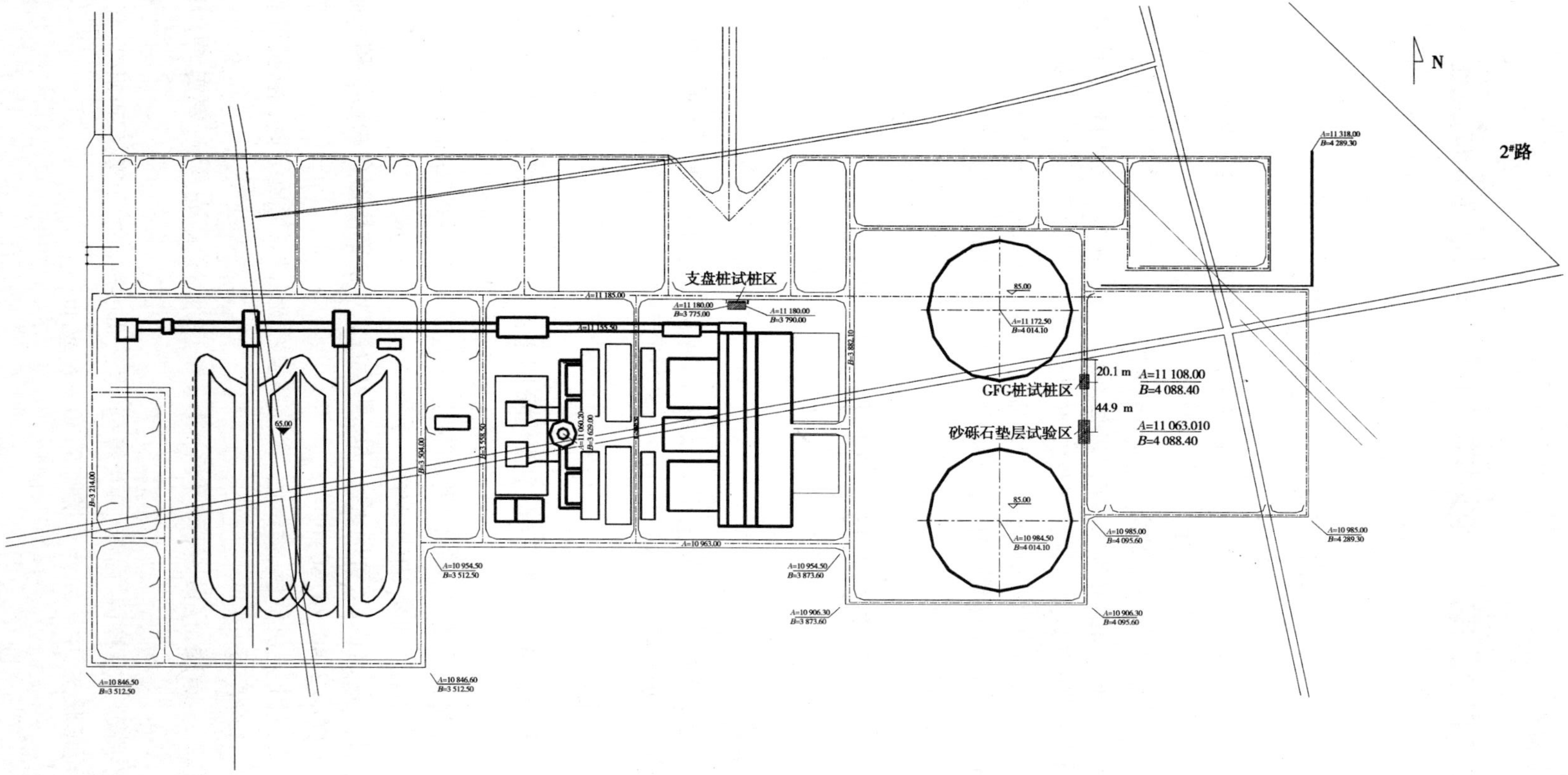

图 17-1　试验区相对位置　（单位:m）

(6)层⑥粉质黏土。褐黄、黄褐、灰黄等色,含姜石、蜗壳、白色条纹等。可塑—硬塑,中压缩性。层厚 9.90 ~ 10.60 m。

(7)层⑦粉质黏土:黄灰、黄褐、灰黄、棕黄等色,含锰质、姜石。可塑,中压缩性。层厚 10.80 ~ 11.20 m。

(8)层⑧粉质黏土:褐黄、灰褐、灰黄等色,含云母、姜石,可塑,中压缩性。未揭穿。

其主要岩土层物理性质及工程特性指标见表 17-1。

表 17-1 地基土主要物理性质和工程特性指标

地层编号及岩性	含水量 ω(%)	湿重度 $\gamma_{湿}$ (kN/m^3)	孔隙比 e	液性指数 I_L	黏粒含量 ρ_c(%)	压缩模量 E_{s1-2} (MPa)	黏聚力 c (kPa)	内摩擦角 φ (°)	承载力特征值 f_{ak}(kPa)
层①粉质黏土	25.1	20.1	0.703	0.44		6.0	17.0	8.0	165
层②粉土	22.2	20.5	0.922		20.0	3.0	16.0	8.0	80
层③粉质黏土	19.3	21.1	0.641	0.27		6.5	15.5	8.0	155
层④粉土	21.4	20.9	0.692		15.8	10.5	13.5	9.0	175
层⑤粉质黏土	24.7	20.3	0.673	0.50		6.5	16.0	8.0	170
层⑥粉质黏土	21.5	20.8	0.587	0.28		9.2	27.5	13.0	200
层⑦粉质黏土	21.8	20.8	0.600	0.32		10.3			230
层⑧粉质黏土	23.6	20.3	0.653	0.33		12.2			230

三、地下水条件

地下水为潜水,初勘期间稳定水位为 0.90 ~ 1.40 m,受季节影响明显。试验期间,地下水埋深为 1.0 m。

四、地震烈度和地震液化判定

本场地 50 年超越概率 10% 地震动峰值加速度为 160.0 gal(0.163g),相应地震基本烈度为 7 度,处于设计地震第一组,地土为中硬场地土,建筑场地类别为Ⅱ类。

场地内地下水埋藏较浅,地基土以黏性土为主,除层②饱和粉土分布连续外,其余各层中的饱和粉土、砂土均为透镜体,水平及竖向分布不规律,在地震作用下液化为点液化,液化等级为轻微。

第三节 原体试验目的和要求

试验基坑 -6.0 m,砂砾石垫层厚 2.0 m,试验基坑底面面积 15 m×5 m(上口27 m×

17 m)。原体试验目的和要求如下：

(1)测定砂砾石垫层级配、最大干密度及实际压实系数。

(2)测定砂砾石垫层承载力特征值f_{ak}。

(3)提供砂砾石垫层施工加密方式及其具体参数(如虚铺厚度、压实度、碾压遍数等施工参数)。

第四节　原体试验设计

本次进行1组砂砾石垫层地基试验工作。砂砾石垫层位置选定在两个冷却塔之间的空地，试验区坐标，西北角A = 11 064.00 m，B = 4 086.00 m；东南角A = 11 049.00 m，B = 4 091.00 m。试验区首先开挖一个试验基坑，基坑深度为 - 6.0 m，基坑上口尺寸为28.2 m×18.2 m，底部尺寸为15 m×5 m，放坡坡度为1∶1.0，砂砾石垫层厚度2.0 m。由实验室根据拟采用的砂、砾石料，确定砂砾石配合比。将砂砾石回填后，分层碾压，检测压实系数。砂砾石垫层方案布置如图17-2所示。

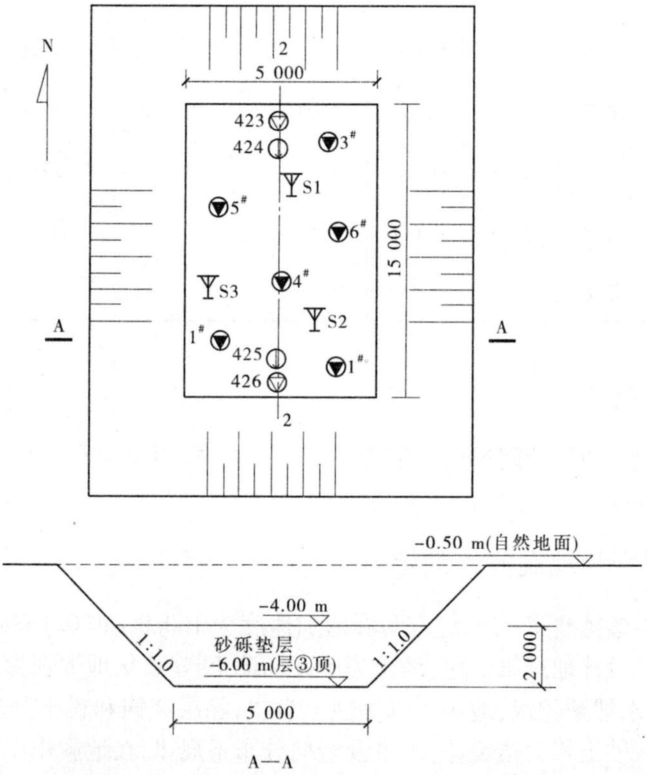

图17-2　砂砾石垫层方案布置　(单位:mm)

对于砂砾石垫层而言，载荷试验平面绝对标高81 m，位于±0.00 m标高以下 -4 m。检测时，进行了基坑开挖、基坑降水，基坑开挖深度为 -6 m，基坑降水深度为 -7 m。

第五节　原体试验施工

一、砂砾石垫层的施工

（一）基坑开挖

由于地下水埋藏较浅（0.90～1.40 m），因此在基坑开挖前先进行降水施工，当水位降到接近 -7 m 时，开始进行基坑开挖。主要施工设备有：履带式反铲挖掘机 1 台、ZL-30 型铲车 1 台、10 t 型双滚筒型压路机 1 台。基坑开挖的主要设备为履带式反铲挖掘机，边挖边继续进行施工区降水。施工时，随时观察四边放坡的稳定性和基坑内管井和井点的安全。

（二）垫层施工

基坑挖至设计深度后开始进行垫层施工（此前进行砂砾石的级配和最大干密度试验，砂砾石的最大粒径应小于 50 mm）。垫层的施工采用平碾压法，基坑开挖至设计标高下 300 mm，待底部晾干后先铺上 300 mm 的砂，碾压后开始施工。每层的虚铺厚度为 250 mm 左右，每铺设一层碾压 4 遍，连续碾压，压路机行进速度 10 m/min。碾压后厚度 160 mm。每层均采用灌砂法进行压实试验，一共铺设 12 层，共 2.0 m 厚。

二、工程施工综述

（一）基坑降水

砂砾石垫层桩区的降水过程表明，该地区降水工作比较困难。在工程大面积开工时，应根据施工季节，充分考虑降水方案。对大面积开挖区域建议采用以管井降水为主，对局部开挖区域应以管井和轻型井点相结合的方案进行。为了更好更快地进行工作，应在基坑底部适当设置若干管井，在进行垫层施工时把这些管井井口封住，边施工边用这些井继续抽水。

（二）砂石垫层施工

砂石垫层采用当地天然级配的砂砾石原材料，当所选材料含砂量较大时，可在所用材料中掺加 20% 的 10～30 mm 的碎石。碾压设备采用 10 t 以上的压路机，每层铺设厚度一般宜为 250 mm 左右，碾压遍数为 4 遍。压路机行进速度 10 m/min。碾压后厚度≤160 mm。

第六节　试验区降水设计

一、概述

本次试验区位于两个冷却塔之间，试验区基坑上口为一个 27 m×17 m 的长方形，面积 459 m^2，底部深度为 -6.0 m。地下水埋深较浅，需将地下水位浸润线降至距地面 -7.0 m 以下。试验工期 30～40 d。

二、水文地质概况

地下水为潜水，试验期间地下水位埋深 1.0 m。含水层岩性以粉土、粉质黏土为主，依据含水层土质类型，含水层渗透系数 $k=0.5$ m/d。

三、降水方案

（一）降水工程类型

试验区影响面积 $F=459$ m^2（$F<5\ 000$ m^2），最大降水深度 $S_{\triangle}=7.00$ m（6.0 m $<S_{\triangle}<$ 16.0 m），渗透系数 $k=0.5$ m/d（0.1 m/d$\leqslant k\leqslant$20 m/d），为单层含水层，按《建筑与市政降水工程技术规范》（JGJ/T 111—98）的规定，为中等降水工程。

（二）降水施工

采用轻型井点和管井联合降水。轻型井点：围绕基坑四周，布设 3 组井点设备，冲装轻型井点设备。井点管长度 7 m，滤水管长度 1 m，点管间距 1.5 m，共计 56 根。单泵电机功率 7.5 kW。

管井：4 口，基坑四周 3 口，基坑中部 1 口。井深 20 m，水泥井管，井径 400 mm。采用抽水流量 $Q=15$ m^3/h 的电潜水泵 4 台，单泵电机功率 2.2 kW，降水时间 42 d，排水量 $Q=$ 2 520 m^3/d。

第七节　原体试验检测

一、检测目的及完成工作量

（一）检测目的

（1）砂砾石垫层级配最大干密度及实际压实度。

（2）砂砾石垫层承载力特征值。

（3）砂砾石垫层压缩模量。

（二）完成工作量

（1）砂砾石垫层最大干密度试验一组。

（2）平板载荷试验 3 点。

（3）砂砾石垫层实际压实系数每层 3 个点（分 12 层，共 36 点）。

（4）超重型动力触探 6 个点，总进尺 10.9 m。

二、试验区检测过程

试验区在垫层施工完成后间歇 7 d，先后进行了超重型动力触探和静载荷试验。

三、载荷试验

（一）加荷装置

采用配重法试验装置。

(二)测量仪器及仪表

荷载采用荷重传感器测量,沉降采用 0 ~ 50 mm 数字容栅式位移传感器测量,整个检测过程由全自动 JCQ - 503A 和 JCQ - 503C 静力载荷测试仪自动完成。

(三)测试方法

试验要求按照《建筑地基基础设计规范》(GB 50007—2002)附录 C 浅层平板载荷试验要点进行。

(1)承压板采用圆形压板,压板直径 800 mm。承压板底高程与基础底面高程相同,下设 100 mm 中粗砂找平。

(2)加荷等级。加荷分为 8 级,每级 75 kN,最大加载压力为 600 kPa。

(3)沉降测量。每加一级荷载后,按间隔 10 min、10 min、10 min、15 min、15 min,以后每隔 30 min 测读一次沉降量。

(4)稳定条件。当在连续 2 h 内,每小时的沉降量小于 0.1 mm 时,即可加下一级荷载。

(四)确定地基承载力特征值

(1)当 $p \sim s$ 曲线上有比例界限时,取该比例界限所对应荷载值;当极限荷载小于对应比例界限的 1/2 时,取极限荷载值的 1/2;当压力—沉降量曲线是平缓的光滑曲线时,取 s/d 等于 0.012 所对应的荷载。

(2)三组试点承载力特征值的极差不超过平均值的 30% 时,取此平均值作为该土层的地基承载力特征值。

四、动力触探试验

试验严格按照《岩土工程勘察规范》(GB 50021—2001)的有关规定进行。试验锤重 120 kg,落距 100 cm,保持探杆与试验地面垂直,锤击速率控制在 20 击/min 左右,每 10 cm 读计一次锤击数,探杆每贯入 20 cm 转动一次,当击穿垫层厚度 20 cm 后停止试验。

五、压实度试验

试验按照《公路土工试验规程》(JTJ 051—93)的有关规定进行。

(一)主要仪器设备

内径 150 mm 的灌砂筒、内径 150 mm 的标定罐、5 000 g 电子天平、量砂、烘箱、凿子、铁锤、长把勺、毛刷等。

(二)试验方法

试验前先标定灌砂筒锥体内砂的质量、标定罐的容积及量砂的密度,现场凿取试样,测量试样质量,试样烘干(测定含水量),测量试洞内的用砂量(确定试洞体积),根据测试结果求出计算压实度所需要的干密度。

第八节　检测结果

一、静载荷试验

静载荷试验加荷过程与现场表现如下:

(1)S1。最大加载量600 kPa,加载8级,卸载4级,累计时间1 530 min,最大沉降量为3.28 mm。加载中未发现异常现象。

(2)S2。最大加载量600 kPa,加载8级,卸载4级,累计时间1 500 min,最大沉降量为3.85 mm。加载中未发现异常现象。

(3)S3。最大加载量600 kPa,加载8级,卸载4级,累计时间1 470 min,最大沉降量为4.37 mm。加载中未发现异常现象。

静载荷试验数据汇总见表17-2 ~ 表17-4,静载荷试验曲线见图17-3 ~ 图17-5。

表17-2　S1点静载荷试验汇总

测试日期:2004-08-24		设计荷载:300 kPa		压板面积:0.50 m^2	
级数	荷载(kPa)	本级沉降量(mm)	累计沉降量(mm)	本级历时(min)	累计历时(min)
1	75	0.20	0.20	120	120
2	150	0.18	0.38	120	240
3	225	0.27	0.65	120	360
4	300	0.45	1.10	120	480
5	375	0.44	1.54	120	600
6	450	0.48	2.02	150	750
7	525	0.60	2.62	180	930
8	600	0.66	3.28	240	1 170
9	450	-0.10	3.18	60	1 230
10	300	-0.10	3.08	60	1 290
11	150	-0.13	2.95	60	1 350
12	0	-0.56	2.39	180	1 530
最大加载量:600 kPa,最大沉降量:3.28 mm,最大回弹量:0.89 mm,回弹率:27.1%					

表17-3　S2点静载荷试验汇总

测试日期:2004-08-25		设计荷载:300 kPa		压板面积:0.50 m^2	
级数	荷载(kPa)	本级沉降量(mm)	累计沉降量(mm)	本级历时(min)	累计历时(min)
1	75	0.34	0.34	120	120
2	150	0.46	0.80	120	240
3	225	0.31	1.11	120	360
4	300	0.34	1.45	120	480
5	375	0.46	1.91	120	600
6	450	0.48	2.39	150	750

续表 17-3

测试日期:2004-08-25		设计荷载:300 kPa		压板面积:0. 50 m²	
级数	荷载(kPa)	本级沉降量(mm)	累计沉降量(mm)	本级历时(min)	累计历时(min)
7	525	0. 61	3. 00	180	930
8	600	0. 85	3. 85	210	1 140
9	450	-0. 10	3. 75	60	1 200
10	300	-0. 12	3. 63	60	1 260
11	150	-0. 14	3. 49	60	1 320
12	0	-0. 63	2. 86	180	1 500
最大加载量:600 kPa,最大沉降量:3. 85 mm,最大回弹量:0. 99 mm,回弹率:25. 7%					

表 17-4　S3 点静载荷试验汇总

测试日期:2004-08-26		设计荷载:300 kPa		压板面积:0. 50 m²	
级数	荷载(kPa)	本级沉降量(mm)	累计沉降量(mm)	本级历时(min)	累计历时(min)
1	75	0. 69	0. 69	120	120
2	150	0. 51	1. 20	120	240
3	225	0. 45	1. 65	120	360
4	300	0. 40	2. 05	120	480
5	375	0. 44	2. 49	120	600
6	450	0. 53	3. 02	150	750
7	525	0. 63	3. 65	180	930
8	600	0. 72	4. 37	180	1 110
9	450	-0. 11	4. 26	60	1 170
10	300	-0. 12	4. 14	60	1 230
11	150	-0. 27	3. 87	60	1 290
12	0	-0. 59	3. 28	180	1 470
最大加载量:600 kPa,最大沉降量:4. 37 mm,最大回弹量:1. 09 mm,回弹率:24. 9%					

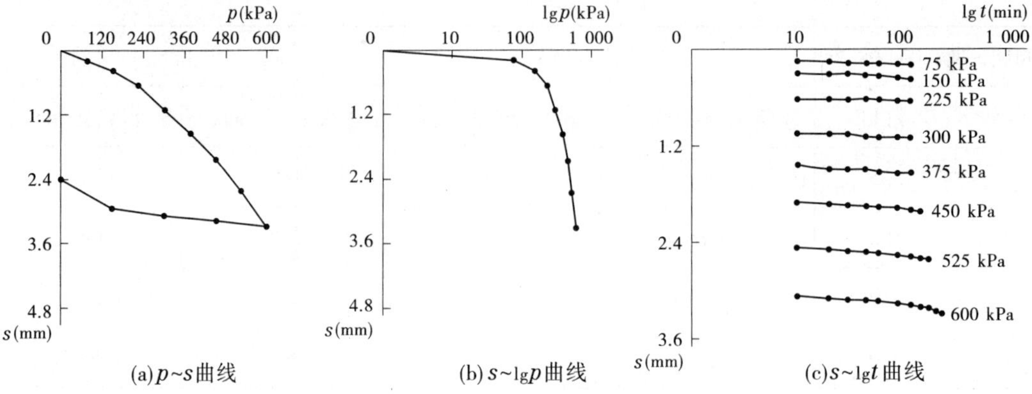

图 17-3　试验点 S1 静载荷试验曲线

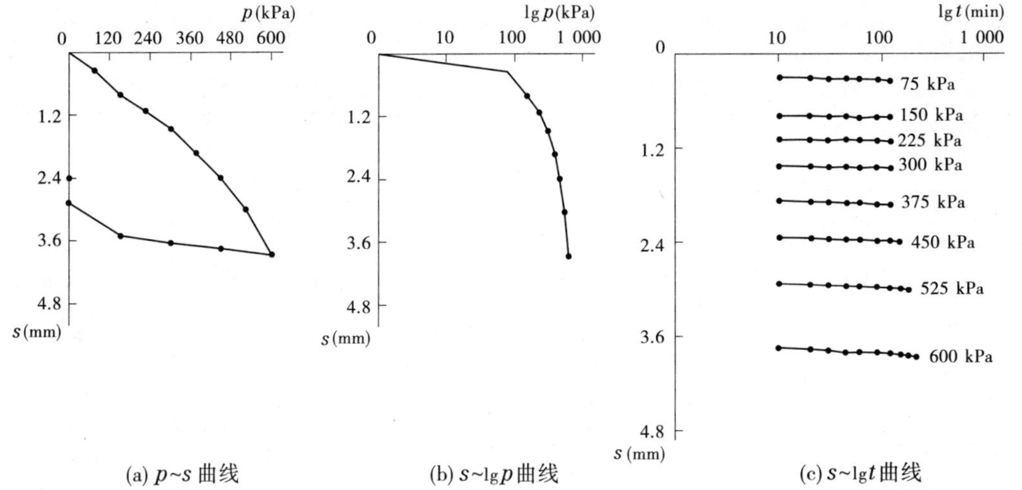

图 17-4　试验点 S2 静载荷试验曲线

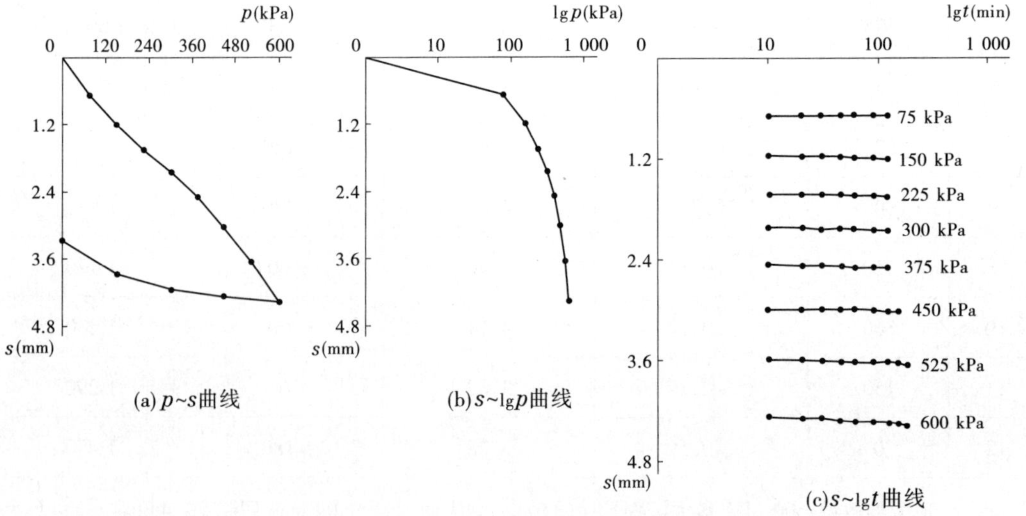

图 17-5　试验点 S3 静载荷试验曲线

二、承载力特征值的确定

承载力特征值依据《建筑地基基础设计规范》(GB 50007—2002)的有关规定确定。

分析3组试验结果,$p \sim s$ 曲线为缓变形曲线,承载力按相对变形值确定。

3组试验的承载力特征值极差不超过平均值的30%,取其平均值为承载力特征值。

变形模量根据《岩土工程勘察规范》(GB 50021—2001)第10.2.5-1式:$E_p = l_0(1-\mu^2)(p/s)d$ 计算(l_0 为表面影响修正系数,圆形承压板 l_0 取0.785,μ 碎石取0.27),详细结果见表17-5。

表17-5　载荷试验成果汇总

试验编号	试验日期(月-日)	承压板(cm)	最大加荷(kPa)	总沉降量(mm)	最大回弹量(mm)	弹性变形(%)	$s/d=0.01$ 单点承载力特征值(kPa)	$s/d=0.01$ 承载力特征值(kPa)	变形模量 E_0(MPa)	变形模量平均值 $\overline{E}_0$(MPa)	压缩模量 E_s(MPa)
S1	08-24～08-25	ϕ80	600	3.28	0.89	27.13	≥300		159		
S2	08-25～08-26	ϕ80	600	3.85	0.99	25.71	≥300	≥300	120	85	106
S3	08-26～08-27	ϕ80	600	4.37	1.09	24.94	≥300		85		

三、动力触探试验

为了检验砂砾石垫层的密实度、连续性和压实质量,在试坑内随机抽检6个点进行超重型动力触探测试。动力触探点的标高与静力载荷试验点的标高一致。动力触探测试结果见表17-6。

根据测试结果分析,上部动力触探测试击数差异较大,锤击数相对较低,中下部动力触探测试击数高,密实度好,压实系数>0.95。

四、压实度试验

根据现场测量数据,计算砂砾石垫层的干密度,并根据实验室测定的最大干密度(2.34 g/cm^3)计算压实度。

由于在实际试验工程中存在一定比例的超尺寸颗粒(直径大于37.5 mm,约占7%),对干密度按下式进行了修正:

$$\rho_u = \frac{m_u}{V_u} = \frac{m_T - m_0}{V_T - V_0} \tag{17-1}$$

式中:ρ_u 为校正干密度;m_u 为合适尺寸材料的质量;V_u 为合适尺寸材料的体积;m_T 为全

部材料的干密度；m_0 为超尺寸颗粒的干密度；V_T 为现场用灌砂法测定的试洞体积；V_0 为超尺寸颗粒的体积。

压实试验结果见表 17-7。

表 17-6　超重型动力触探测试结果

深度(m)	1 号(击数)	2 号(击数)	3 号(击数)	4 号(击数)	5 号(击数)	6 号(击数)
0.1	2	6	3	6	3	5
0.2	3	7	3	5	6	7
0.3	5	7	5	8	8	8
0.4	6	8	8	9	9	9
0.5	9	11	10	10	13	10
0.6	11	50	17	38	19	38
0.7	19	78	20	42	24	50
0.8	33	76	25	48	31	52
0.9	33	88	38	37	40	57
1.0	28	125	49	52	48	59
1.1	27		63	63	63	62
1.2	29		82	58	57	57
1.3	29		97	47	49	60
1.4	89			95	52	52
1.5				58	63	47
1.6				44	59	51
1.7				21	52	40
1.8				21	42	29
1.9				21	22	27
2.0				18	18	16
2.1				12	10	10
2.2				5	5	5
2.3				3	3	3
2.4				4	3	4

表 17-7　压实试验结果

层号(自下而上)	压实度(%)			
	1	2	3	平均值
1	95.3	93.5	94.9	94.6
2	96.7	96.3	97.4	96.8
3	95.3	94.7	95.8	95.3
4	96.4	96.6	96.2	96.4
5	94.7	95.5	96.0	95.4
6	95.7	95.6	96.3	95.9
7	96.6	95.2	95.9	95.9
8	95.6	94.9	96.2	95.6
9	96.6	95.8	95.7	96.0
10	93.9	96.2	97.0	95.7
11	94.4	96.0	95.5	95.3
12	96.6	95.9	95.3	95.9
平均				95.7

第九节　结　语

(1)通过原体试验施工,得出了适用于该区的施工主要参数:砂石垫层采用当地天然级配的砂砾石原材料,含砂量大时可掺加20%的10～30 mm的碎石。碾压设备应采用10 t以上的压路机,单层虚铺厚度宜为250 mm,碾压遍数4遍。压路机行进速度10 m/min。碾压后厚度≤160 mm。

(2)据静载荷试验,承载力特征值不小于300 kPa。压缩模量10^6 MPa。超重型动力触探表明上部动探测试击数差异较大,锤击数相对较低,中下部动探测试击数高,密实度好。

(3)该项试验是为某电厂冷却塔CFG桩的方案对比试验,经过计算,砂砾石垫层比CFG桩成桩工程费用少,但是降水费用大。两种方案总费用相差不大。但是砂砾石垫层在施工时要长时间降水,直至冷却塔的高度接近总高度的1/3时才能停止降水。当施工用电不能保证时,会影响垫层质量。因此,电厂确定冷却塔基础处理方案时,最终采用了CFG桩处理方案。

第十八章　粉土及粉砂地层振冲碎石桩原体试验

第一节　工程概况

某电厂一期工程，拟装机容量 2 × 300 MW，厂址位于豫东黄淮冲洪积平原。天然地基难以满足主要建筑物对地基强度和均匀性的要求，拟采用振冲碎石桩进行地基处理。以层⑤细砂为桩端持力层，层③、层④是碎石桩加固的目的层。

第二节　岩土工程条件

一、地形地貌

工程场地位于黄淮冲洪积平原，地形平坦、开阔，地面标高为 31.58 ~ 31.94 m。

二、岩土地层及特征

主要地基深度范围内岩土地层为第四系冲洪积层，自上而下可分为十层，简述如下：

(1)层①粉质黏土。灰褐色，见植物根茎。湿，可塑，中压缩性。层厚 1.50 ~ 2.40 m，层底标高 29.23 ~ 30.22 m。

(2)层②粉质黏土。褐黄、浅黄等色，含姜石和铁锰质。很湿，可塑，中压缩性。层厚 1.70 ~ 2.20 m，层底埋深 3.80 ~ 4.60 m，层底标高 27.03 ~ 27.84 m。

(3)层③粉土。浅黄色、褐黄色，含云母、氧化铁，层理明显。中密—密实，湿，中(偏低)压缩性。层厚 1.30 ~ 2.80 m，层底埋深 5.40 ~ 7.00 m，层底标高 24.63 ~ 26.30 m。

(4)层④粉砂。褐黄色、浅黄色，含云母、氧化铁，层理明显。局部夹薄层浅黄色粉土(力学性能相近)。中密—密实，饱和，低压缩性。层厚 4.30 ~ 6.80 m，层底埋深 11.30 ~ 12.40 m，层底标高 19.37 ~ 20.33 m。

(5)层⑤细砂。黄色、褐黄色，含云母，主要成分为石英、长石。局部夹薄层粉土(力学性能相近)，下部有时可见力学性能较好的杂灰色砂砾薄层。中密—密实，饱和。层厚 2.40 ~ 8.60 m，层底埋深 15.00 ~ 19.30 m，层底标高 11.83 ~ 16.80 m。

(6)层⑥粉质黏土。灰褐色、黄褐色，含氧化铁和小姜石。很湿，可塑，中压缩性。层厚 1.40 ~ 4.80 m，层底埋深 19.50 ~ 21.90 m，层底标高 9.53 ~ 12.10 m。

(7)层⑦粉质黏土。褐黄、棕黄等色，含氧化铁、高岭土。局部夹薄层粉土。湿，可塑—硬塑，中(偏低)压缩性。层厚 0.70 ~ 4.40 m，层底埋深 22.60 ~ 24.50 m，层底标高

6.63 ~9.39 m。

(8)层⑧粉土。浅黄色,含云母、氧化铁。局部见密实的黄色粉砂。密实,湿,低压缩性。层厚1.70 ~5.20 m,层底埋深25.10 ~28.10 m,层底标高3.18 ~6.42 m。

(9)层⑨粉质黏土。褐黄、棕黄等色,含氧化铁和小姜石。湿,硬塑,中(偏低)压缩性。层厚2.70 ~6.00 m,层底埋深30.00 ~31.80 m,层底标高0.40 ~0.99 m。

(10)层⑩粉土。浅黄色、褐黄色,含云母、氧化铁。常夹有薄层粉质黏土和细砂,局部见棕黄色黏土(力学性能均较好)。密实,湿,中(偏低)压缩性。未揭穿,最大揭露厚度9.20 m。

各土层的物理性质及工程特性指标见表18-1。工程地质柱状图见图18-1。

表18-1　各土层的物理性质及工程特性指标

地层编号及岩性	天然含水量 ω (%)	重度 γ (kN/m^3)	自然孔隙比 e	压缩模量 E_s(MPa)	黏聚力 c (kPa)	内摩擦角 φ (°)	锥尖阻力 q_c (MPa)	侧摩阻力 f_s (kPa)	标贯击数 N(击)
层① 粉质黏土					23	14			
层② 粉质黏土					27	17			
层③ 粉 土	26.2	19.7	0.718	19.0	21	21	9.3	170.0	13
层④ 粉 砂	23.4	19.6	0.684	27.4		22	20.8	279.1	21
层⑤ 细 砂	24.0	19.9	0.649	33.7		26	21.0	216.5	17
层⑥ 粉质黏土	25.5	19.9	0.711	11.4	17	19			
层⑦ 粉质黏土	24.3	20.0	0.684	15.0					

三、地下水条件

厂址区域地下水为潜水,稍具承压性质,地下水埋藏深度较浅,常年平均埋深为2.20 ~2.80 m,地下水位受大气降水影响甚大,本次试验6月上旬桩前检测时,为干旱枯水期,地下水位埋深降至5 m;7月上旬桩后检测时,进入雨季,地下水位上升为2 m,基坑开挖和载荷试验时,恰逢连降暴雨,地下水位埋深仅为0.5 ~1 m。总体水力坡度极缓、微向东南渐低。水质清澈透明、无嗅无味。室内水质分析结果表明,地下水对混凝土为微腐蚀性。

地下水对基坑开挖和载荷试验影响很大,载荷试验时采用了两口深20 m、直径325 mm的管井进行了降水,试验过程中地下水位埋深降至6 m,地下水头下降5 m左右。

四、地震烈度

本场地50年超越概率10%地震动峰值加速度为0.05g,地震基本烈度为6度。

地层编号	层底标高(m)	层底埋深(m)	层厚(m)	柱状图 1:100	岩土名称及其特征	稳定水位(m)和水位日期(年-月-日)
①	29.40	2.40	2.40	▽	粉质黏土：灰褐色，可塑	▽(1)30.800 2000-06-01
②	27.70	4.10	1.70		粉质黏土：褐黄色，可塑	
③	26.10	5.70	1.60		粉土：浅黄色，中密，湿	
④	19.40	12.40	6.70	f	粉砂：浅黄色，中密，饱和	
⑤	16.80	15.00	2.60	x	细砂：黄色，中密—密实，饱和	

图 18-1　工程地质柱状图

第三节　原体试验目的

（1）通过复合地基原体试验，综合分析地基的加固处理效果，验证振冲碎石桩法地基处理方案在加固主厂房地基的适用性和可行性。

（2）确定振冲碎石桩的布桩形式和合理设计参数（桩径、桩间距、桩长、置换率）。

（3）确定振冲碎石桩的施工机械（振冲器功率及与之相匹配的辅助工艺）、施工工艺及施工参数（如空载电流、密实电流、水冲压力、留振时间和填料量等），确定填料的粒径和质量要求。

（4）通过复合地基加固前后的岩土工程检测对比，验证碎石桩加固地基的效果，通过单桩、桩间土和复合地基的载荷试验，综合确定复合地基承载力标准值和变形模量等参数。

第四节　原体试验方案设计

一、试验位置选择

试验区的岩土工程条件应与拟加固的主厂房区的岩土工程条件一致，试验区的试验结果应具有代表性。根据此原则,本次原体试验的位置选在二期主厂房北附近,试验区选在有层③分布的地段,试验区的地层与主厂房一致,试验具有代表性。试验区长 35 m、宽 17 m。

二、试验基坑面积及试验标高的确定

试验基坑上部 3 m,采用机械开挖,顶口尺寸 40 m×22 m,底口尺寸 34 m×16 m,开挖边坡坡度设计为 1∶1,并在试验基坑北边中部设计一宽 4 m、坡度 1∶5的进出口,以方便载荷试验检测设备的进出,总计土方量约 2 500 m^3。每个载荷试验点处,另采用人工开挖至试验标高。

主厂房 0.00 m 标高 33.20 m,基础埋深 6 m,基底标高 27.20 m,约在自然地面下 4.6 m。复合地基载荷试验时,压板底高程应与主厂房基底一致,试验面开挖至主厂房基底标高 27.20 m 以下 0.2 m,即标高 27.00 m 上,回铺 200 mm 厚的碎石垫层,桩间土和桩体载荷在标高 27.20 m 上进行。

三、振冲碎石桩桩体设计

本次原体试验总桩长 9.5 m,其中预留桩头 1.5 m,检测时将桩头清除,有效桩长 8 m,桩端进入层⑤约 1 m,层⑤细砂为桩端持力层,层③和层④是碎石桩加固的目的层。桩顶标高 28.5 m,桩底标高 19 m。

四、布桩形式及置换率

采用正三角形布桩方式,桩直径为 1 000 mm,分两种桩距方案。

方案一:桩距 $S=2.00$ m,共布 43 根,面积置换率 0.227。

方案二:桩距 $S=2.50$ m,共布 43 根,面积置换率 0.145。

五、复合地基承载力标准值的估算

根据本场地的岩土条件和有关的振冲碎石桩复合地基的工程经验,试验前依据规程、规范进行复合地基承载力标准值的估算。

预估碎石桩单桩承载力标准值 $f_{pk}=700$ kPa,桩间土承载力标准值 $f_{sk}=170$ kPa。

复合地基承载力标准值根据公式 $f_{sp}=a_c f_{pk}+(1-a_c)f_{sk}$ 计算:方案一,$f_{sp}=290$ kPa;方案二,$f_{sp}=247$ kPa。

六、桩体材料

桩体材料采用含泥量低于 5% 的天然碎石或卵石,粒径控制在 3～10 cm,不得使用风化或易风化的石料。

第五节　原体试验施工

一、施工机械的配备

施工以 BJ－75 kW 振冲器为主导设备,主要施工机械设备见表 18-2。

表 18-2　主要施工机械设备

序号	机械设备名称	规格型号	数量	额定功率(kW)
1	振冲器	BJ－75	1 套	75
2	汽车吊	25 t	1 台	
3	装载机	ZL－20A	1 台	
4	电控箱	DGZK－94	1 台	
5	离心式水泵	22 kW	2 台	22
6	排污泵		2 台	22
7	电焊机	20 kVA	1 台	

二、施工工艺流程

施工工艺流程如图 18-2 所示。

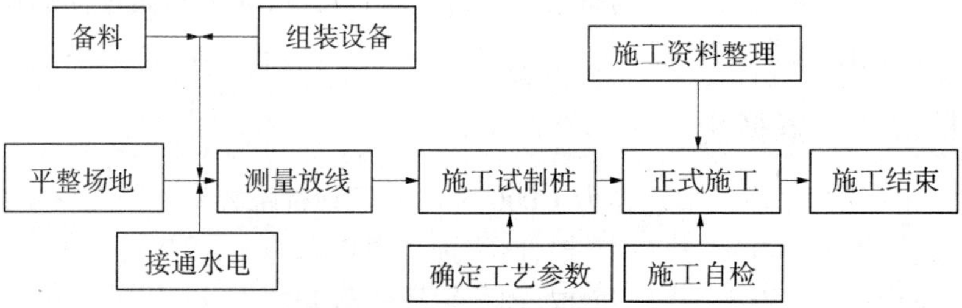

图 18-2　施工工艺流程

三、施工过程

(1)清理场地,接通电源和水源。

(2)施工机械就位,起吊振冲器,对准桩位。

(3)造孔。开动高压水泵冲水,启动动力箱,使振冲器徐徐贯入土中,直至设计深度。

(4)清孔。将振冲器提出孔口,再较快地从原孔贯入,使桩孔畅通。为了有利于填料加密,可将振冲器提升 2 ~ 3 次。

(5)填料加密。向孔内倾倒一部分填料,下沉振冲器将回填石料送到孔底进行挤密,此时振冲器加密电流增大,当达到设计规定的加密电流和留振时间后,将振冲器上提继续进行下一个段加密,每个加密段长度和留振时间符合设计要求,自下而上直至设计的桩顶标高。

(6)关闭振冲器,关水,一根桩施工完成。

四、施工参数

根据场地的工程地质条件,施工中采用的参数如下:

(1)加密电流≥90 A。

(2)留振时间10 s。

(3)加密段长度≤40 cm。

(4)造孔水压0.6 MPa。

(5)加密水压0.4~0.5 MPa。

(6)桩径不小于1 000 mm。

(7)9.5 m桩长实际填料量为10.5~12 m^3。

第六节　试验区降水

一、概述

试验区为一个40 m×20 m的长方形,面积800 m^2,试验层埋深为4.6 m。厂区地下水位埋深较浅,试验时又恰遇当地连降大雨,地下水位上升,地下水位埋深一般为0.5~1 m。试验需要将地下水位浸润线降至试验面以下。

二、地下水条件

据已有资料,厂区位于中等富水区与弱富水区的交接部位,南部为中等富水区,北部为弱富水区。中等富水区,单井出水量$Q=50\sim80$ m^3/h,渗透系数$k=2\sim4.5$ m/d;弱富水区,单井出水量$Q<50$ m^3/h,渗透系数$k<2$ m/d。

厂区(埋藏深度40 m以上)含水层岩性以粉、细砂为主,埋藏深度为8.30~19.30 m,为单层含水层,厚度11.0 m;含水层上、下均为粉质黏土、粉土。厂区地下水位埋深0.5~1.0 m,地下水流向东南,水力坡度0.7/1 000。

三、降水工程类型

原体试验试验区影响面积$F=800$ m^2($F<5\ 000$ m^2),最大降水深度<6.0 m,渗透系数$k<4.5$ m/d(0.1 m/d≤k≤20 m/d),为单层含水层,按《建筑与市政降水工程技术规范》(JGJ/T 111—98)的规定,为一般降水工程(简单),采用管井降水方案。

四、降水井布置

现场于试坑南北两边布置降水井2口,直径325 mm,深度20 m,井管为钢管,采用桥式镀锌过滤器。观测孔2个,直径100 mm,深度20 m。

五、降水过程

降水设备采用了抽水流量$Q=40$ m^3/h的电潜水泵2台,电机功率5.5 kW,单井实际出水量南边井25 m^3/h,北边井30 m^3/h。降水历时6个月,降水正常时,试验区地下水位降至6 m以下,地下水头降低5 m左右。

第七节　原体试验检测及成果分析

一、检测方法

本次原体试验采用多种手段进行综合检测：对桩体质量采用重型动力触探测试和挖桩检验；对桩间土采用静力触探、标准贯入、钻探取土及土工试验，对比加固前后的效果；对复合地基采用单桩复合地基静载荷试验；同时进行了桩体静载荷试验及桩间土静载荷试验，综合确定复合地基的承载力和变形模量。

本次检测分桩前、桩后和载荷试验三个阶段。桩前地基检测于打桩前进行，检测工作在地面上进行；碎石桩施工时在地面上进行，桩头以上采取了碎石虚填；桩后地基检测和桩体动探检测在成桩 20 d 后开始，在地面上进行；载荷试验在成桩 3 个多月后开始，在试坑中进行，试验前运用管井进行了基坑降水，试验过程中地下水位埋深维持在 6 m 以下，地下水头降低了 5 m 左右。

二、桩体质量检测成果

（一）桩体重型动力触探测试

为了检验碎石桩的成桩质量，本次原体试验在每个试验方案中随机抽检了 4 根桩，对其进行了桩体重型动力触探测试。测试采用自动落锤装置在桩中心处连续贯入，记录每下沉 10 cm 的锤击数 $N_{63.5}$，若无连续出现 $N_{63.5}$ 值低于 7 击，且连续不大于 0.5 m，则视为桩体连续且密实性好。桩体重型动力触探测试成果统计见表 18-3。

表 18-3　桩体重型动力触探测试成果统计

试验区	桩号	动力触探锤击数平均值 $N_{63.5}$（击）	
		桩头 1.5 m	桩体
方案一	10	17	21
	21	9	21
	31	8	23
	34	10	21
方案二	53	21	25
	64	7	21
	74	17	26
	77	8	20

上部 1.5 m 桩头动探测试击数差异较大，一般为 7 ~ 10 击，最大达 21 击。桩体动探测试击数差异较小：方案一为 21 ~ 23 击，平均为 21 击；方案二为 20 ~ 26 击，平均为23 击。

检测结果表明，碎石桩桩体密实连续，质量良好，两方案桩体质量无明显差异。

（二）剖桩检验

为了更加直观地验证桩体成桩质量，本次原体试验在每个试验方案中随机抽取了 4 根桩进行开挖检验，对桩体的密实度和质量进行了直观的鉴定，对成桩的桩径进行测量。桩体碎石密实，孔隙被粉砂充填，桩径在层③粉土中为 1.05～1.1 m，大于设计桩径。

三、桩间土加固效果检测

（一）检测方法

为了检验碎石桩对桩间土的加固效果，成桩前后，在加固单元的形心处，即桩位布置图中的等边三角形的形心处，也是理论上认为挤密效果最小的位置，对桩间土分别采用了静力触探测试、标贯测试、钻探取样、土工试验等检测方法，对检测成果进行了对比分析，综合分析碎石桩对桩间土的加固效果。

（二）桩间土检测成果

由于粉土和粉砂取土易扰动，土工试验成果规律性不强，不能充分反映桩间土的加密效果，此处不再列表。桩间土的标准贯入和静力触探原位测试成果见表 18-4。

表 18-4　桩间土的标准贯入和静力触探测试成果

方案	地层	标贯击数 N（击）			静力触探锥尖阻力 q_c（MPa）		
		桩前	桩后	增幅（%）	桩前	桩后	增幅（%）
方案一	层③	13	12	－8	9.3	11.4	+23
	层④	21	24	+14	20.8	26.6	+28
	层⑤	17	26	+53	21.0	26.7	+27
方案二	层③	13	13	—	8.0	7.2	－10
	层④	24	26	+8	22.3	28.4	+27
	层⑤	16	18	+12.5	21.3	21.0	－1.4

（三）桩间土加密效果评价

通过对检测成果的综合分析，从测试方法上可以看出，土工试验检测成果规律性不强，未能充分反映碎石桩对桩间土的加密作用，究其原因主要为粉土粉砂层土样易扰动所致；静力触探测试和标贯测试的成果规律性较强，很好地反映了碎石桩对桩间土的加密效果。

从加密效果上来看，2.0 m 桩距方案加密效果优于 2.5 m 桩距方案。

从加固的地层上来看，层③粉土加密效果一般，检测结果桩前桩后互有高低，且数据差值较小，碎石桩在该层中的加固作用主要为置换。其中方案一静力触探锥尖阻力测试值提高了 23%，标贯击数降低了 1 击，方案二静力触探锥尖阻力测试值降低了 10%，标贯击数持平。层④粉砂加密效果明显，方案一静力触探提高了 28%，标贯击数提高了 14%，方案二静力触探锥尖阻力测试值提高了 27%，标贯击数提高了 8 击。层⑤细砂作为桩端持力层也得到了一定的加密，方案一静力触探锥尖阻力测试值提高了 27%，标贯击数提高了 53%，方案二静力触探锥尖阻力测试值略有降低，标贯击数提高了 12.5%。

四、桩间土、单桩及复合地基载荷试验

(一)桩间土静载荷试验

本次试验方案一进行了 3 个点,方案二进行了 2 个点。

桩间土静载荷试验,两方案均采用了面积为 0.25 m^2 的圆形刚性承压板,试验采用堆载法,试验依据《建筑地基基础设计规范》(GB 50007—2002)执行,试验采用相对稳定法。

由于基坑降水的延误,试验最早点开始于成桩后 3 个月,地基强度可认为已完全恢复。由于整个试验过程持续较长,基坑长期降水,试验土层排水固结,强度增长较多。

试验标高与主厂房基底标高一致,为 27.20 m,约在自然地面下 4.6 m,试验地层为层③粉土。试压面下铺设了 20 mm 的中砂并找平。

根据《建筑地基基础设计规范》(GB 50007—2002)的规定,结合各试验点的成果曲线,按照强度控制法和变形控制法来综合确定各试验点的承载力基本值。强度控制法利用 $p \sim s$ 和 $s \sim \lg t$ 曲线确定比例界限,取比例界限为承载力基本值;变形控制法取 $s/d = 0.01$ 所对应的荷载为承载力基本值。桩间土载荷试验成果汇总见表 18-5。

表 18-5　桩间土载荷试验成果汇总

<table>
<tr><th rowspan="3">方案</th><th rowspan="3">序号</th><th rowspan="3">压板面积(m^2)</th><th rowspan="3">最大加荷(kPa)</th><th colspan="3">沉降量 s(mm)</th><th colspan="4">承载力基本值 f_0(kPa)</th><th rowspan="3">承载力标准值 f_{sk}(kPa)</th><th rowspan="3">变形模量 E_0(MPa)</th></tr>
<tr><th colspan="2">总沉降量(mm)</th><th rowspan="2">回弹量(mm)</th><th colspan="2" rowspan="2">按强度控制法</th><th colspan="2" rowspan="2">按相对变形法</th></tr>
<tr><th>实测</th><th>修正</th></tr>
<tr><td rowspan="3">方案一</td><td>T1</td><td>0.25</td><td>800</td><td>13.12</td><td>22.6</td><td>3.97</td><td>240</td><td rowspan="3">平均 231</td><td>300</td><td rowspan="3">极差大于 30%</td><td rowspan="3">230</td><td>17.6</td></tr>
<tr><td>T2</td><td>0.25</td><td>800</td><td>30.31</td><td>52.5</td><td>7.69</td><td>217</td><td>189</td><td>10.4</td></tr>
<tr><td>T3</td><td>0.25</td><td>800</td><td>25.06</td><td>43.2</td><td>6.92</td><td>227</td><td>235</td><td>16.6</td></tr>
<tr><td rowspan="2">方案二</td><td>T4</td><td>0.25</td><td>600</td><td>11.83</td><td>20.4</td><td>3.94</td><td>240</td><td rowspan="2">平均 220</td><td>283</td><td rowspan="2">288</td><td rowspan="2">220</td><td>16.7</td></tr>
<tr><td>T5</td><td>0.25</td><td>600</td><td>12.61</td><td>21.7</td><td>4.80</td><td>200</td><td>293</td><td>18.5</td></tr>
</table>

注:变形模量根据强度控制法成果计算。

(二)桩体静载荷试验

桩体静载荷试验在方案一进行了 3 个点,以中心桩号编号,分别为 Z57、Z59 和 Z73;方案二进行了 3 个点,分别为 Z56、Z58 和 Z66。

本次原体试验桩体静载荷试验,两方案均采用了与桩体面积相当的圆形刚性承压板,承压板面积采用 0.785 m^2,试验采用堆载法,试验依据《火力发电厂振冲法地基处理技术规范》(DL/T 5101—1999)的规定执行,试验采用慢速维持荷载法,分级加荷,进行试验。

试验标高与主厂房基底标高一致,为 27.20 m,约在自然地面下 4.6 m。试验前,由机械将整个试验区开挖成一个 3 m 深的试验基坑。试验时,在基坑中,再由人工将各试验点开挖至试验标高后,平整桩头,用中粗砂找平。人工开挖的试坑深 1.6 m、宽 3.0 m,试坑的宽度达到不小于 3 倍压板直径的规范要求。

根据《火力发电厂振冲法地基处理技术规范》(DL/T 5101—1999)的规定,碎石桩桩

体载荷试验可参照复合地基的要求进行。结合各试验点的成果曲线，按照强度控制法和变形控制法来综合确定各试验点的承载力基本值。强度控制法利用 $p\sim s$ 和 $s\sim \lg t$ 曲线确定比例界限，取比例界限荷载为承载力基本值；变形控制法考虑长期降水、碎石桩排水疏干、强度增长等因素，取 $s/d=0.01$ 所对应的荷载为承载力基本值。各试验点试验成果见表 18-6。

表 18-6　桩体载荷试验成果

方案	序号	压板面积(m^2)	最大加荷(kPa)	沉降量 s(mm)		承载力基本值 f_0(kPa)				承载力标准值 f_{pk}(kPa)	变形模量 E_p(MPa)
				总沉降量(mm)	回弹量(mm)	按强度控制法		按相对变形法			
方案一	Z13	0. 785	2 102	24. 65	6. 47	1 051	平均 1 121	1 388	1 440	平均 1 121	95. 6
	Z15	0. 785	2 102	26. 81	6. 53	1 051		1 345			98
	Z23	0. 785	2 102	19. 15	5. 04	1 261		1 588			112. 8
方案二	Z56	0. 785	2 102	34. 76	12. 14	1 051	平均 1 051	1 165	1 229	平均 1 051	74. 0
	Z58	0. 785	2 102	23. 19	6. 86	1 051		1 175			69. 5
	Z66	0. 785	2 102	25. 90	9. 59	1 051		1 346			96. 4

注：变形模量根据强度控制法成果计算。

（三）复合地基静载荷试验

复合地基载荷试验在方案一进行了 3 个点，以中心桩号编号，分别为 F14、F16、F30；方案二进行了 3 个点，分别为 F57、F59、F73。

本次原体试验单桩复合地基静载荷试验，方案一采用面积为 3. 14 m^2 的圆形刚性承压板，方案二采用面积为 4. 91 m^2 的圆形刚性承压板，试验采用堆载法，试验依据《火力发电厂振冲法地基处理技术规范》（DL/T 5101—1999）执行，试验采用慢速维持荷载法，分级加荷，进行试验。

试验标高与主厂房基底标高一致，为 27. 20 m，约在自然地面下 4. 6 m。为了充分发挥桩 - 土的共同承载能力，将试验面先开挖至标高 27. 00 m，平整桩头，然后铺设 200 mm 的碎石垫层，用中粗砂找平。

分析本次试验各个试验点的 $p\sim s$ 成果曲线，曲线均为缓变圆滑型，终止加荷时，地基均未破坏，未出现极限荷载。

根据《火力发电厂振冲法地基处理技术规范》（DL/T 5101—1999）的规定，结合各试验点的成果曲线，按照强度控制法和变形控制法来综合确定各试验点的承载力基本值。强度控制法利用 $p\sim s$ 和 $s\sim \lg t$ 曲线确定比例界限，取比例界限荷载为承载力基本值，由于 $p\sim s$ 曲线属于硬化曲线，没有明显的比例界限，结合本工程的特点，采用变形增量变大的前一级荷载作为比例界限；变形控制法，考虑长期降水，复合地基排水疏干，强度增长的因素，取 $s/d=0.01$ 所对应的荷载为承载力基本值。

复合地基载荷试验成果见表 18-7。复合地基 $p\sim s$ 曲线见图 18-3。

表 18-7　复合地基载荷试验成果

方案	试验序号	桩号	压板面积(m^2)	最大加荷(kPa)	沉降量 s(mm)			承载力基本值 f_0(kPa)				承载力标准值 f_{sp}(kPa)
					总沉降量(mm)		回弹量(mm)	按强度控制法		按相对变形法		
					实测	修正	(实测)					
方案一	1	F14	3. 14	1 000	40. 36	51. 48	11. 28	600	566	548	594	566
	2	F16	3. 14	1 000	42. 44	51. 58	13. 36	500		576		
	3	F30	3. 14	1 000	32. 47	41. 42	9. 26	600		659		
方案二	4	F57	4. 91	1 000	57. 83	69. 93	20. 39	500	483	493	517	483
	5	F59	4. 91	1 000	51. 98	62. 85	19. 10	450		495		
	6	F73	4. 91	1 000	55. 81	67. 48	16. 42	500		565		

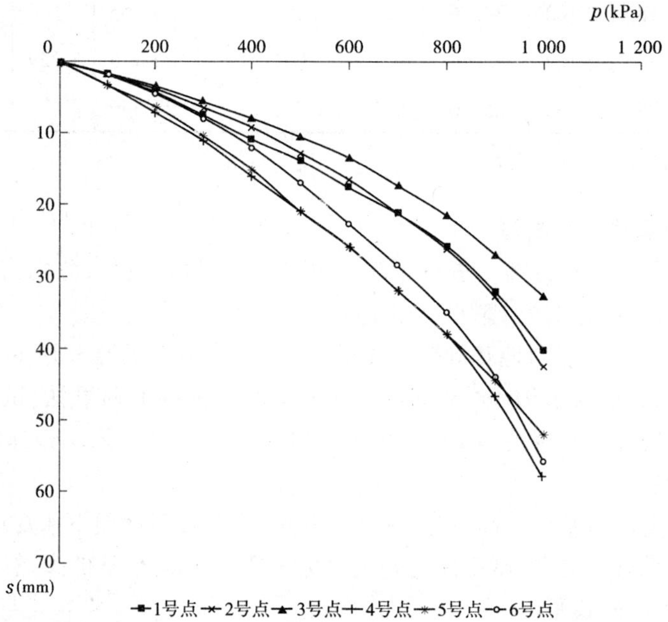

图 18-3　复合地基 $p \sim s$ 曲线

第八节　复合地基承载力标准值及变形模量的确定

一、复合地基承载力标准值的确定

复合地基承载力标准值的确定方法主要有两种：①根据现场复合地基载荷试验结果；②根据现场单桩和桩间土的载荷试验结果，结合地基的置换率利用公式 $f_{sp} = a_c f_{pk} + (1 - a_c) f_{sk}$ 计算。

承载力标准值综合确定时以方法一为主,方法二进行验证,综合评价结果见表 18-8。

表 18-8　复合地基承载力标准值综合评价

方案	桩间距(m)	置换率	复合地基载荷试验结果 f_{sp}(kPa)	利用公式计算			复合地基承载力标准值综合确定 f_{sp}(kPa)
				单桩承载力标准值 f_{pk}(kPa)	桩间土承载力标准值 f_{sk}(kPa)	复合地基承载力标准值 f_{sp}(kPa)	
方案一	2.0	0.227	566	1 121	230	432	540
方案二	2.5	0.145	483	1 051	220	340	460

通过表 18-8 可以看出,根据桩间土和桩体载荷试验结果计算出的复合地基承载力标准值比复合地基载荷试验得出的值小,主要由于现场施工完成的桩径比设计的桩径大,复合地基的置换率比设计值相应提高,所以复合地基载荷试验结果也相应增大。

二、复合地基变形模量的确定

复合地基的变形模量计算结果见表 18-9。

表 18-9　复合地基变形模量成果

方案	桩体变形模量 E_p(MPa)			桩间土变形模量 E_0(MPa)			复合地基变形模量 E_{op}(MPa)
方案一	Z13	95	平均 102	T1	17.6	平均 14.9	34.7
	Z15	98		T2	10.4		
	Z23	112.8		T3	16.6		
方案二	Z56	74.0	平均 80	T4	16.7	平均 17.6	26.7
	Z58	69.5		T5	18.5		
	Z66	96.4					

第九节　结　语

(1)通过原体试验施工得出了适用于该厂区的碎石桩施工主要参数,加密电流90 A,留振时间 10 s。加密段长度≤40 cm,造孔水压 0.6 MPa,加密水压 0.4 ~ 0.5 MPa;通过原体试验桩体重型动力触探检测结果,动探击数 $N_{63.5}$ 方案一平均达到 21 击,方案二平均达到 23 击,两方案碎石桩桩体均密实连续,施工质量良好,两方案间桩体质量无明显差异;经剖桩现场鉴定,碎石桩桩体成桩直径达到 1.05 ~ 1.1 m,桩体碎石间孔隙被粉砂所充填。对桩间土检测结果表明,方案一加密效果明显优于方案二,符合桩距越小加密效果越好的规律。

(2)对桩间土各层的加密规律两方案基本一致,层③粉土桩间土挤密不甚明显,碎石桩在层③中的加固作用主要为置换；层④粉砂桩间土加密明显，碎石桩在层④中的加固作用既有挤密，也有置换；层⑤细砂桩间土加密较明显，碎石桩在层⑤中的加固作用既有挤密，也有置换；桩间土载荷试验结果，桩间土承载力标准值：方案一，f_k =230 kPa，比加固前提高了35%；方案二，f_k =220 kPa，比加固前提高了29%。根据各检测手段，综合确定复合地基承载力标准值和变形模量为：方案一，碎石桩复合地基承载力标准值为540 kPa，变形模量为34.7 MPa；方案二，碎石桩复合地基承载力标准值为460 kPa，变形模量为26.7 MPa。

(3)桩间土载荷试验得出的结果稍高于其他方法对桩间土岩土检测结果，主要由于检测时间相差较大，其他方法岩土检测在成桩后20 d进行，载荷试验在成桩后3个月方开始，最迟试验点在成桩后6个月进行，载荷试验时地基强度得到完全恢复。另一重要原因是载荷试验时进行了长期降水，桩间土排水疏干，强度有所增长。

(4)根据复合地基载荷试验结果，复合地基承载力标准值方案一为566 kPa，方案二为483 kPa；根据单桩桩体载荷试验结果，单桩承载力标准值方案一为1 121 kPa，方案二为1 051 kPa；计算桩土应力比，方案一为4.87，方案二为4.77；根据单桩和桩间土载荷试验结果，利用公式计算复合地基承载力标准值稍小于复合地基载荷试验结果，主要原因在于现场完成的桩桩径大于设计的桩径，现场复合地基的置换率比设计的大。

参 考 文 献

[1] 国家质量技术监督局. GB 18306—2001 中国地震动参数区划图[S]. 北京:中国建筑工业出版社,2001.

[2] 中华人民共和国建设部,中华人民共和国国家质量监督检验检疫总局. GB 50007—2002 建筑地基基础设计规范[S]. 北京:中国建筑工业出版社,2002.

[3] 中华人民共和国建设部,中华人民共和国国家质量监督检验检疫总局. GB 50025—2004 湿陷性黄土地区建筑规范[S]. 北京:中国建筑工业出版社,2004.

[4] 中华人民共和国发展和改革委员会. DL/T 5024—2005 电力工程地基处理技术规程[S]. 北京:中国电力出版社,2005.

[5] 中华人民共和国发展和改革委员会. DL/T 5074—2006 火力发电厂岩土工程勘测技术规程[S]. 北京:中国电力出版社,2006.

[6] 中华人民共和国国家经济贸易委员会. DL/T 5101—1999 火力发电厂振冲法地基处理技术规范[S]. 北京:中国电力出版社,1999.

[7] 中华人民共和国国家经济贸易委员会. DL/T 5148—2001 水工建筑物水泥灌浆施工技术规范[S]. 北京:中国水利水电出版社,2001.

[8] 河南省电力勘察设计院. DLGJ 153—2000 火力发电厂支盘灌注桩暂行技术规定[S]. 北京:中国建筑工业出版社,2000.

[9] 中华人民共和国建设部. JGJ 79—2002 建筑地基处理技术规范[S]. 北京:中国建筑工业出版社,2002.

[10] 中华人民共和国建设部. JGJ 106—2003 建筑基桩检测技术规范[S]. 北京:中国建筑工业出版社,2003.

[11] 中华人民共和国水利行业标准. SL 31—2003 水利水电工程钻孔压水试验规程[S]. 北京:中国水利水电出版社,2003.

[12] 中华人民共和国建设部. 03SG409 预应力混凝土管桩[S]. 北京:中国计划出版社,2007.

[13] 邓南文,张政治. 电力岩土工程原体试验成果综合分析[C]//全国岩土与工程学术大会论文集(上). 北京:人民交通出版社,2003.

[14] 叶建良,汪国香,吴翔,等. 桩基工程[M]. 武汉:中国地质大学出版社,2000.

[15] 张振栓,等. 夯实水泥土桩复合地基技术新进展[M]. 北京:中国建材工业出版社,2007.

[16] 李日运,杨振法. 许昌热电厂工程 CFG 桩原体试验的分析研究[J]. 中国水运(学术版),2006,6(9):63-64.

[17] 李小杰. 高压旋喷桩复台地基承载力与沉降计算方法分析[J]. 岩土力学,2004,25(9):1499-1502.

[18] 吴军帅. 粉煤灰工程特性的试验与应用[C]//电力岩土工程理论与实践. 上海:同济大学出版社,2000.

[19] 李支令. 桩的静载荷试验研究[D]. 广州:华南理工大学,2003.

[20] 范子中,周德泉,陈坤,等. 旋喷桩复合地基承载力及其 $p \sim s$ 曲线拟合分析[J]. 中外公路,2008,28(6):32-35.

[21] 齐迪,陈剑. 平通辽电厂地基处理方案决策[J]. 岩土力学,2003,24(S1):86-89.

[22] 马时冬.关于预应力高强混凝土管桩的桩体上浮问题[J].工业建筑,2003,33(3):79-81.
[23] 王戌平.深厚软土中PHC长桩的时效性试验研究[J].岩土工程学报,2003,25(2):239-241.
[24] 陈志坚,等.预制桩挤土效应和群桩效应的监测方法[J].工程勘察,2003(4):46-51.
[25] 张石友,等.某电厂构筑物桩基础的桩型选择[J].苏州大学学报(工科版),2010(30):210-213.
[26] 王遇国,梅志荣,张季超.单桩承载性状试验研究[J].岩土工程学报,2010,32(1):291-295.
[27] 孟续峰.论通过静载荷试验测定桩侧摩阻力及桩端阻力[J].山西建筑,2009,35(36):121-124.
[28] 吴军帅.竖向荷载下支盘桩传递性状和承载力的确定[J].电力勘测,2001(1):12-16.
[29] 周汉斌,王瑞来.湿陷性黄土静探测试对比试验[J].河南电力,1998(3):16-19.
[30] 张小诺,吴军帅.卫星遥感技术在电力工程前期勘测中的应用分析[J].中州建设,2007(5):70-71.
[31] 吴军帅,姜朴.接触面动力特性的试验与应用[C]//第三届全国土动力学学术会议论文集.上海:同济大学出版社,1990.
[32] 汪保明.自重湿陷性黄土灌注桩单桩竖向压力设计值的确定[J].电力勘测,2000(3):28-30.
[33] 吴军帅,蒋孝成.河南黄河高阶地黄土湿陷性的亚区特征[J].工程勘察,2010,增(1):90-94.
[34] 张浩.基于静压预制桩静载荷试验的土体参数反演分析[J].电力勘测设计,2011(2):19-22.
[35] 汪保明.压实填土碎石桩复合地基特性分析[J].电力勘测,2000(4):11-14.
[36] 王松江.多分支承力盘灌注桩受力特性研究[C]//电力岩土工程理论与实践.上海:同济大学出版社,2000,328-332.
[37] 汪保明.液化土层中桩侧摩阻力取值探讨[J].电力勘测设计,2006(4):27-29.
[38] 吴军帅,姜朴.土与混凝土接触面的动力剪切特性[J].岩土工程学报,1992,14(12):61-66.
[39] 汪保明.场地和地基地震效应评价内容与方法[J].电力勘测设计,2007(6):12-15.
[40] 蒋孝成.静压预制桩工程性状探讨[J].地质与勘探,2003(3):98-101.
[41] 王志斌.多道瞬态面波法在特高压线路塔基勘察中的应用[J].电力勘测设计,2010(5):12-14.
[42] 蒋孝成.宝泉抽水蓄能电站岩体抗剪参数确定[J].工程地质学报,1998,6(2):145-149.
[43] 郭军辉,王松江,孙海建.用浅层地震仪检测水泥土搅拌桩完整性研究[J].工程勘察,2010(S1):592-595.
[44] 周汉斌.湿陷性地基强夯后的防渗性能[J].电力勘测,1996(4):23-25.
[45] 李洪涛.膨胀土自由膨胀率与常规物理性质指标的关系[J].山西建筑,2011(1):56-57.
[46] 周汉斌,王瑞来.大面积灰土挤密桩设计施工及问题的分析处理[J].河南电力,2000(2):54-55.
[47] 李洪涛.河南膨胀土分布及工程地质特性[J].工程勘察,2010(1):27-32.
[48] 吴军帅.灰土挤密桩处理湿陷性黄土地基的试验研究[J].电力勘测,1997(3):1-4.
[49] 张石友.系统工程在边坡设计方案评价及选取中的应用[J].山西建筑,2008(8):130-131.
[50] 李洪涛.基于模糊综合评判的地基处理方案优化[J].土工基础,2010(3):61-64.
[51] 郎彦兵,高颖.风电厂场址的工程地质勘测[J].中国电力教育,2011(4):69-71.
[52] 王学究.基于正交试验设计的岩坡力学参数反演[J].华北水利水电学院学报, 2010,31(3):52-59.
[53] 张石友,等.PHC桩在黏性土中沉桩上浮问题探讨[J].电力勘测设计,2009(4):19-25.
[54] 王学究.黏性土地基CFG桩原体试验分析[J].工程勘察,2010(S1):915-919.
[55] 郭拴宁.压实填土最大干密度若干问题的分析[J].电力勘测,1999(2):21-23.
[56] 张石友.某电厂构筑物桩基础的桩型选择[J].苏州大学学报(工科版),2010(30):210-213.
[57] 郭拴宁,翟晓林.利用饱和度对地下水位升降带含水量变化的定量预测[J].电力建设,2000(3):38-39.
[58] 张石友.三维地质模型在变电站勘察中的应用[C]//河南省勘察设计行业专业论文汇编.2010:

162-165.
[59] 郭拴宁. 振冲碎石桩法地基处理原体试验成果的分析[J]. 电力勘测,2001(3):12-15.
[60] 汪保明. 压实填土岩土工程特性的分析和研究[J]. 土工基础,2000(3):30-34.
[61] 韩玉平. 隧洞涌(突)水分析与防治[J]. 华北水利水电学院学报,1999,20(1):28-31.
[62] 郭拴宁. 压实填土地基检测及评价方法[C]//电力岩土工程理论与实践. 上海:同济大学出版社,2000,80-85.
[63] 张石友. 基于监测信息的智能算法预测[C]//中国水利学会勘测专业委员会 2007 年学术研讨会论文集. 2007:261-267.
[64] 韩玉平. 桥式滤水管在粉细砂含水层中的应用[J]. 华北水利水电学院学报,1998,19(4):61-63.
[65] 河南省电力勘测设计院. 国电濮阳热电公司扩建工程桩基原体试验报告[R]. 郑州:河南省电力勘测设计院,2004.
[66] 河南省电力勘测设计院. 国电濮阳热电公司扩建工程岩土工程勘测报告[R]. 郑州:河南省电力勘测设计院,2005.
[67] 河南省电力勘测设计院. 国电濮阳热电公司扩建工程试桩施工报告[R]. 郑州:河南省电力勘测设计院,2004.
[68] 河南省电力勘测设计院. 平顶山第二发电厂一期岩土工程勘测报告[R]. 郑州:河南省电力勘测设计院,2008.
[69] 安徽地矿建设工程有限责任公司. 平顶山第二发电厂一期工程主厂房地基处理注浆试验[R]. 合肥:安徽地矿建设工程有限责任公司,2008.
[70] 河南省电力勘测设计院. 平顶山第二发电厂一期注浆试验检测报告[R]. 郑州:河南省电力勘测设计院,2008.
[71] 河南省电力勘测设计院. 平顶山第二发电厂一期地基注浆处理检测报告[R]. 郑州:河南省电力勘测设计院,2008.
[72] 河南奥龙基础工程有限公司. 许昌市新城区热电厂(2×200 MW)工程(支盘灌注桩、RFG 桩复合地基)原体试验施工报告[R]. 郑州:河南奥龙基础工程有限公司,2006.
[73] 黄委会勘测规划设计研究院物探总队. 许昌市新城区热电厂(2×200 MW)工程(支盘灌注桩、RFG 桩复合地基)原体试验检测报告[R]. 郑州:黄委会勘测规划设计研究院物探总队,2006.
[74] 郑州迪森电力勘测有限公司. 许昌市新城区热电厂(2×200 MW)工程(支盘灌注桩、RFG 桩复合地基)原体试验报告[R]. 郑州:郑州迪森电力勘测有限公司,2006.
[75] 河南省电力勘测设计院. 许昌新城区热电厂工程岩土工程勘测报告(初步设计阶段)[R]. 郑州:河南省电力勘测设计院,2004.
[76] 河南省电力勘测设计院. 国电荥阳电厂一期工程岩土工程勘测报告(初步设计阶段)[R]. 郑州:河南省电力勘测设计院,2007.
[77] 黄河勘测规划设计有限公司. 国电荥阳电厂一期工程试桩(夯实水泥土桩检测报告)[R]. 郑州:黄河勘测规划设计有限公司,2008.
[78] 河南省建设基础工程有限公司. 国电荥阳电厂一期工程夯实水泥土桩施工报告[R]. 郑州:河南省建设基础工程有限公司,2007.
[79] 国电荥阳煤电一体化有限公司. 2×600 MW 机组 1#冷却塔夯实水泥土桩检测报告[R]. 国网北京电力建设研究院,2008.
[80] 河南省电力勘测设计院. 三门峡火力发电厂工程地质勘测报告(初步设计阶段)[R]. 郑州:河南省电力勘测设计院,1991.
[81] 河南省电力勘测设计院. 强夯法处理深厚湿陷性黄土地基的试验研究报告[R]. 郑州:河南省电力

勘测设计院,1990.
[82] 河南省电力勘测设计院.三门峡火电厂强夯法处理湿陷性地基岩土工程监理报告[R].郑州:河南省电力勘测设计院,1991.
[83] 郑州迪森电力勘察有限公司.开封火电厂2#办公楼岩土工程勘察报告[R].郑州:郑州迪森电力勘察有限公司,2001.
[84] 河南省电力勘测设计院.开封火电厂技改工程生产辅助用房-2、-3高压旋喷桩复合地基检测报告[R].郑州:河南省电力勘测设计院,2002.
[85] 河南省电力勘测设计院.开封火电厂2×600 MW机组扩建工程岩土工程勘测报告[R].郑州:河南省电力勘测设计院,2004.
[86] 黄委会基本建设工程质量检测中心.开封火电厂2×600 MW机组扩建工程冷却塔试桩检测报告[R].郑州:黄委会基本建设工程质量检测中心,2005.
[87] 北京振冲工程股份有限公司.永城电厂一期主厂房原体试验振冲碎石桩施工报告[R].北京:北京振冲工程股份有限公司,2000.
[88] 黄委会勘测规划设计研究院物探总队.永城电厂一期主厂房原体试验静载荷试验报告[R].郑州:黄委会勘测规划设计研究院,2001.
[89] 河南省电力勘测设计院.河南孟电集团热力有限公司(2×300 MW)供热机组工程岩土工程勘测报告[R].郑州:河南省电力勘测设计院,2007.
[90] 河南省杰翱地球物理工程检测有限公司.河南孟电集团热力有限公司(2×300 MW)供热机组工程[R].新乡:河南省杰翱地球物理工程检测有限公司,2008.
[91] 河南省电力勘测设计院.华阳(洛阳)孟津电厂一期2×600 MW工程岩土工程勘测报告(施工图设计阶段)[R].郑州:河南省电力勘测设计院,2007.
[92] 河南奥龙基础工程有限公司.华阳(洛阳)孟津电厂一期工程主厂房区支盘灌注桩试桩原体试验施工报告[R].郑州:河南省奥龙基础工程有限公司,2007.
[93] 黄河勘测规划设计有限公司工程物探研究院.华阳(洛阳)孟津电厂一期工程主厂房区支盘灌注桩试桩原体试验检测报告[R].郑州:黄河勘测规划设计有限公司,2007.
[94] 黄河勘测规划设计有限公司工程物探研究院.国电驻马店热电厂试桩检测报告[R].郑州:黄河勘测规划设计有限公司,2008.
[95] 河南省豫龙岩土工程有限(责任)公司.驻马店热电厂PHR桩试桩竣工报告[R].驻马店:河南省豫龙岩土工程有限(责任)公司,2008.
[96] 郑州迪森电力勘测有限公司.驻马店热电厂扩建工程PHR桩原体试验报告[R].郑州:郑州迪森电力勘测有限公司,2008.
[97] 河南省电力勘测设计院.国电驻马店热电厂扩建工程岩土工程勘测报告[R].郑州:河南省电力勘测设计院,2008.
[98] 河南省电力勘测设计院.国电民权电厂一期工程岩土工程勘测报告(初步设计阶段)[R].郑州:河南省电力勘测设计院,2004.
[99] 河南省电力勘测设计院.国电民权电厂一期工程桩基原体试验报告[R].郑州:河南省电力勘测设计院,2005.
[100] 化工地质郑州地基基础检测中心.国电民权电厂一期工程试桩报告[R].郑州:化工地质郑州地基基础检测中心,2005.
[101] 河南火电第一建设公司郑州桩基公司.国电民权电厂试桩施工报告(管桩方案)[R].郑州:河南火电第一建设公司郑州桩基公司,2005.
[102] 河南省地矿建设工程(集团)有限公司.北京华电漯河热电厂一期支盘灌注桩、PHR桩、RFG桩试

桩工程竣工报告[R].郑州:河南省地矿建设工程(集团)有限公司,2007.

[103] 黄河勘测规划设计有限公司.漯河热电厂一期试桩(PHR桩)检测报告[R].郑州:黄河勘测规划设计有限公司,2007.

[104] 河南省电力勘测设计院.漯河热电厂一期工程岩土工程勘测报告(施工图)[R].郑州:河南省电力勘测设计院,2007.

[105] 河南省电力勘测设计院.漯河热电厂一期工程支盘灌注桩、PHR桩、RFG桩复合地基原体试验报告(综合)[R].郑州:河南省电力勘测设计院,2007.

[106] 河南省电力勘测设计院.开封火电厂2×600 MW机组扩建工程岩土工程勘测报告[R].郑州:河南省电力勘测设计院,2004.

[107] 黄委会基本建设工程质量检测中心.开封火电厂2×600 MW机组扩建工程试桩检测报告[R].郑州:黄委会基本建设工程质量检测中心,2004.

[108] 河南日盛建筑工程检测有限公司.周口隆达发电有限公司2×600 MW机组工程试桩检测报告[R].洛阳:河南日盛建筑工程检测有限公司,2010.

[109] 河北建设勘察研究院有限公司.周口隆达发电有限公司2×600 MW机组工程试桩竣工报告[R].石家庄:河北建设勘察研究院有限公司,2010.

[110] 郑州迪森电力勘测有限公司.周口隆达发电有限公司2×600 MW机组工程原体试验报告[R].郑州:郑州迪森电力勘测有限公司,2010.

[111] 河南省电力勘测设计院.周口隆达发电有限公司2×600 MW机组工程岩土工程勘测报告[R].郑州:河南省电力勘测设计院,2010.

[112] 河南省电力勘测设计院.禹州电厂二期2×660 MW工程岩土工程勘测报告(主厂房地段)[R].郑州:河南省电力勘测设计院,2008.

[113] 河南省电力勘测设计院.禹州电厂二期2×660 MW工程桩基原体试验检测报告(主厂房支盘桩)[R].郑州:河南省电力勘测设计院,2007.

[114] 河南省电力勘测设计院.禹州电厂二期2×660 MW工程桩基原体试验施工报告(主厂房支盘桩)[R].郑州:河南省电力勘测设计院,2007.